“十二五”职业教育国家规划教材
经全国职业教育教材审定委员会审定

高职

U0682967

ASP.NET
网站开发实例教程

（第2版）

李锡辉　王　樱◎主　编
朱清妍　冯改娥　彭晓红◎副主编

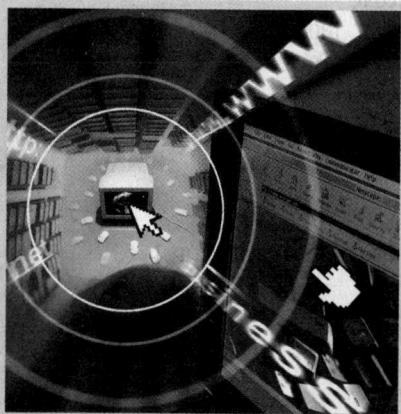

清华大学出版社
北　京

内 容 简 介

本书以 Web 应用开发中的典型模块为载体，以实际项目为中心，全程推演使用 ASP.NET 技术开发 Web 应用程序的过程，包括系统平台搭建、界面定制、数据验证、外观和导航设计、状态管理、数据访问和数据呈现、部署和维护、图形编程、jQuery 和 AJAX 技术等。

本书以.NET Web 程序员的岗位能力要求，结合学习者的认知规律，采用基于目标分解的设计模式，将基于.NET Web 应用开发技术的主要知识内容通过 27 个典型任务由浅入深一一呈现，每个任务都按"任务情景→知识引入→任务实施"展开，有效地融"教、学、做"于一体。

本书可作为计算机应用技术、软件技术和网络技术等信息类相关专业的教学用书，也可作为相关领域的培训教材和.NET Web 程序员的参考用书。

图书在版编目（CIP）数据

ASP.NET 网站开发实例教程/李锡辉，王樱主编．—2 版．—北京：清华大学出版社，2014（2020.1重印）
高职高专新课程体系规划教材·计算机系列
ISBN 978-7-302-35976-0

I.①A… II.①李… ②王… III.①网页制作工具-程序设计-高等职业教育-教材 IV.①TP393.092

中国版本图书馆 CIP 数据核字（2014）第 207403 号

责任编辑：朱英彪
封面设计：刘　超
版式设计：文森时代
责任校对：赵丽杰
责任印制：沈　露

出版发行：清华大学出版社
　　　网　　址：http://www.tup.com.cn，http://www.wqbook.com
　　　地　　址：北京清华大学学研大厦 A 座　　　邮　　编：100084
　　　社 总 机：010-62770175　　　　　　　　邮　　购：010-62786544
　　　投稿与读者服务：010-62776969，c-service@tup.tsinghua.edu.cn
　　　质量反馈：010-62772015，zhiliang@tup.tsinghua.edu.cn
印 装 者：北京嘉实印刷有限公司
经　　销：全国新华书店
开　　本：185mm×260mm　印　　张：22.25　字　　数：525 千字
版　　次：2011 年 3 月第 1 版　2014 年 9 月第 2 版　印　　次：2020 年 1 月第10次印刷
定　　价：59.00 元

产品编号：055262-03

前　言

本书出版之际，首先要感谢本书第 1 版的读者，特别是要感谢使用本书第 1 版作为教材的老师们，他们为本书的修订和第 2 版的出版提出了宝贵意见。

本书是国家级精品资源共享课、国家级精品课程"ASP.NET 程序设计"和湖南省"十一五"重点项目"软件技术"精品专业的研究成果。本书是作者在总结课程团队教师多年的开发和教学经验的基础上编写的，以 Web 应用开发中的典型模块为载体，以实际项目为中心，全程推演使用 ASP.NET 技术开发 Web 应用程序的全过程，包括系统平台搭建、界面定制、数据验证、外观和导航设计、状态管理、数据访问和数据呈现、部署和维护、图形编程、jQuery 和 AJAX 技术等内容。

本书保留了第 1 版教材的整体设计思路，对原有内容进行了修订和增删，包括增加 URL 路由功能、LINQ 数据访问技术、Chart 图表控件及前台特效脚本 jQuery 等内容；将集成开发环境由 Visual Studio 2008 更新为 Visual Studio 2010，.NET 框架由 3.5 升级为 4.0；所有案例均添加了代码解析；为每一个项目精选了 IT 企业面试题；增加了项目小节和项目实训环节，所有的项目实训通过"B2C 网上商城"一个大案例贯穿，附录中提供了"B2C 网上商城"的系统设计说明书；第 1 版中原有知识均提供教学录像网址；同时修正了第 1 版中存在的少量错误。

本书主要特色如下：

（1）项目、案例相融合。以 Web 典型应用为任务，设计和组织教材内容。通过 27 个典型任务和 70 多个案例将 Web 典型模块实例融入真实项目中，读者每完成一个任务，就完成了项目的一个具体功能，实现了案例和项目的一体化。

（2）理论、实践一体化。坚持"理论知识够用，技能知识会用"原则，将知识讲解和技能训练有机结合，每一个案例的实现过程都是知识学习和应用的过程。融"教、学、做"于一体，任务设计按"任务情景→知识引入→任务实施"展开，结构清晰，步骤明确，讲解细致，突出实践性和实用性。

（3）贴近行业需求。项目知识涵盖了.NET Web 应用开发的核心技术，具有较强的针对性和适用性。每个项目都精心筛选了与之相关的 IT 企业面试题，以帮助读者对项目的相关知识进行重点探究。

（4）教学资源多元化。课程团队为该教材建设了丰富的配套教学资源库，包括课程标准、教学日历、教学录像、电子教案、教学任务书、引导文、演示动画、案例源代码、习题解答及课程考核方案等资源。这些资源都通过中国大学精品开放课程网向社会公布，读者可访问本课程精品资源共享课网址（http://www.icourses.cn/coursestatic/course_3803.html），进行注册和登录，并参与本课程的讨论和学习，课程团队也将不断地对资源进行维护和更新。

　　本书由李锡辉和王樱主编，湖南信息职业技术学院朱清妍、山西青年职业学院冯改娥、湖南沅江职业中专彭晓红任副主编。感谢湖南信息职业技术学院陈焕文教授以及湖南力唯中天科技发展有限公司项目经理刘俊清为本书编写提供的无私帮助；感谢彭顺生、石玉明老师为本书做的代码调试、文字校对等工作；感谢我可爱的学生周魁、刘佐昌、林华、谭仕良、李平等，他们参与了本书部分项目的编码和调试；感谢清华大学出版社的朱英彪和贾小红两位老师，他们对本书的编写提出了许多宝贵意见。

　　本书在第 1 版和第 2 版的编写过程中，参阅了大量 ASP.NET 相关技术的书籍和网络资源，从中汲取了有益经验，在参考文献中注明了出处。由于编者水平有限，书中难免存在疏漏和不妥之处，敬请读者和同仁多提宝贵意见和建议（E-mail: lixihui@mail.hniu.cn）。

编　者

目　录

项目 1　创建 ASP.NET Web 应用程序

ASP.NET 是目前 Web 应用程序开发中最流行和最前沿的技术。它以尽可能少的代码提供了生成企业级 Web 应用程序所需的各种服务，使 Web 应用开发变得简单、快捷和高效，是众多 Web 编程开发技术中的佼佼者，自发布以来便受到广大 Web 开发人员的青睐。

本项目通过完成两个任务，掌握 Visual Studio 2010 窗口的基本操作方法，了解.NET Web 应用程序的一般开发过程。

任务 1　安装 Visual Studio 2010 集成开发环境
任务 2　创建第一个 ASP.NET Web 应用程序

任务 1　安装 Visual Studio 2010 集成开发环境

任务场景

工欲善其事，必先利其器。一个好的开发环境可以使开发工作事半功倍，而使用.NET 框架进行应用程序开发的最好工具莫过于 Visual Studio。Visual Studio 系列产品被认为是当前最好的开发环境之一。

创建 ASP.NET 4.0 应用程序的关键工具是 Visual Studio 2010。Visual Studio 2010 集成开发环境为 ASP.NET 4.0 应用程序提供了一个操作简单且界面友好的可视化开发环境，在该环境下可使用 ASP.NET 控件高效地进行应用程序开发，简化 Web 开发工作流程，极大地提高开发工作的效率。

知识引入

视频精讲：

http://www.icourses.cn/jpk/changeforVideo.action?resId=380882&courseId=3803&firstShowFlag=2

1.1　认识 ASP.NET

ASP.NET 是 Microsoft 公司推出的新一代 Web 应用开发模型，是目前最流行的一种建立动态 Web 应用程序的技术。ASP.NET 通常被描述成一门技术而不是一种语言，这是因为它可以使用任何与.NET 平台兼容的语言（包括 VB.NET、C#和 JScript.NET）来创建应用程序。

　　ASP.NET 是基于 Microsoft .NET 平台的，作为.NET Framework 的一部分提供给用户。只有对.NET Framework 体系结构有一定的了解，才能更深入地理解 ASP.NET 是什么。

1.1.1 .NET Framework 体系结构

　　.NET Framework 通常称为.NET 框架，代表了一个集合、一个环境、一个可以作为平台支持下一代 Internet 的可编程结构。通俗地说，.NET Framework 的作用是为应用程序开发提供一个更简单、快速、高效和安全的平台。

　　.NET Framework 最初推出的是 1.0 版本，经过 1.1、2.0、3.0、3.5、4.0 版本的升级，现在已经到了 4.5 版本。.NET Framework 框架的内容非常丰富和庞大，为便于理解，在此暂不做过多深入的挖掘。.NET Framework 框架的结构如图 1-1 所示。

　　.NET Framework 体系结构中的核心组件是公共语言运行时（Common Language RunTime，CLR）和.NET Framework 类库。

　　CLR 架构在操作系统之上，是 .NET Framework 的基础。在 Microsoft .NET 平台上，所有的语言都是等价的，CLR 负责编译和执行应用程序，以满足所有针对 Microsoft .NET 平台的应用程序的需求，如内存管理、代码验证和优化、安全问题处理以及不同程序语言的整合等，并保证应用和底层操作系统之间必要的分离，从而实

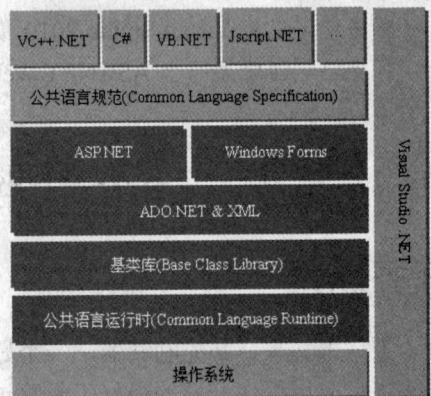

图 1-1　.NET 框架结构

现跨平台性。正因为它提供了许多核心服务，才使得应用程序的开发过程得以简化。因此从技术方面来说，.NET 支持的这些语言之间没有很大的区别，使用者可以根据自己熟悉的编程语言进行开发。

　　开发者面对的是架构在 CLR 上的基础类库，包含了.NET 应用程序开发中所需要的类和方法，可以被任何程序语言所使用。因此，开发者不需要再学习多种对象模型或是对象类库，就可以做到跨语言的对象继承、错误处理及除错，开发者可以自由地选择所偏好的程序语言。无论是基于 Windows 的应用程序、基于 Web 的 ASP.NET 应用程序还是移动应用程序，都可以使用现有的.NET Framework 中的类和方法进行开发。

　　位于框架最上方的是 ASP.NET 与 Windows Forms 两个不同的应用程序开发方式，是应用程序开发人员开发的主要对象，也就是通常所说的 Web 应用程序开发和 Windows 应用程序开发。

　　以上叙述的是.NET Framework 各版本之间的相同之处，即主要框架结构。主要框架结构从最初的 1.0 版本到现在的 4.5 版本，基本上没什么大的变化，只是内容上有所增加。本书中所使用的.NET Framework 4.0 是在以前版本的基础上逐步完善而成的，所以保持着向下兼容的功能，即用低版本开发的程序仍然可以在.NET Framework 4.0 运行环境中执行。

相比之前的版本，.NET Framework 4.0 版本在旧版本的基础上提供了新的改进，包括一致的 HTML 标签、会话状态的压缩、选择性的视图状态、Web 表单的路由和映射、简洁的 web.config 文件、Chart 控件等新特性。微软 Windows 7 及更高版本的操作系统也全面集成了.NET Framework 框架，它已经作为微软新操作系统不可或缺的一部分，并已经形成成熟的.NET 平台，在该平台上用户可以开发各种各样的应用，尤其是对网络应用程序的开发，这也是微软推出.NET 平台最主要的目的之一。

1.1.2 什么是 ASP.NET

ASP.NET 是.NET Framework 的一部分，是实现.NET Web 应用程序开发的主流技术，它以尽可能少的代码提供生成企业级 Web 应用程序所必需的各种服务。开发人员在编写 ASP.NET 应用程序的代码时，可以直接访问.NET Framework 类库，并可以使用与 CLR 兼容的任何语言来编写应用程序代码，这些语言包括 VB.NET、C#、JScript .NET 和 J#等，使用这些语言可以开发基于 CLR、类型安全、继承等方面的.NET Web 应用程序。

ASP.NET 程序开发还有微软公司的 Visual Studio.NET 集成开发环境的支持，通过使用各种控件提供的强大的可视化开发功能，使得开发 Web 应用程序变得非常简单、高效。

ASP.NET 最常用的开发语言还是 VB.NET 和 C#。C#相对比较常用，因为它是.NET 独有的语言，VB.NET 适合于以前的 VB 程序员。如果读者是新接触.NET，没有其他开发语言经验，建议直接学习 C#。对于初学者来说，C#比较容易入门，而且功能强大。本书所有的应用开发都是基于 C# 进行编程的。

ASP.NET 使用代码分离机制将 Web 应用程序逻辑从表示层（通常是 HTML 格式）中分离出来。通过逻辑层和表示层的分离，ASP.NET 允许多个页面使用相同的代码，从而使维护更容易。开发者不需要为了修改一个编程逻辑问题而去浏览 HTML 代码，Web 设计者也不必为了修正一个页面错误而通读所有代码。

1.2 Visual Studio 2010

Visual Studio 是编写.NET 程序的最佳开发工具。熟悉 Visual Studio 集成开发环境，是利用该环境实现 ASP.NET 应用程序开发的前提。

Visual Studio 是一套完整的开发工具集，用于生成 ASP.NET Web 应用程序、XML Web Services、桌面应用程序和移动应用程序。VB.NET、Visual C++和 Visual C#等开发语言全都使用相同的集成开发环境（IDE），利用 IDE 可以共享工具且创建混合语言的解决方案。此外，这些语言利用.NET Framework 的功能，可以简化 Web 应用程序的关键技术。

随着.NET 的诞生，Visual Studio 也随之同步完善。Visual Studio 2010 是微软推出专门支持.NET Framework 4.0 的集成开发环境。

1.2.1 Visual Studio 2010 的特性

本节主要介绍 Visual Studio 2010 中与 ASP.NET 应用程序有关的特性。

1. 集成的 Web 服务器

开发部署 ASP.NET Web 应用程序时，需要提供 Web 服务器软件，如 Internet 信息服务（IIS）。为了有效支持.NET Web 应用程序开发，Visual Studio 2010 内部集成的本地 Web 服务器 ASP.NET Development Server，在没有安装 IIS 的情况下也能够快速地调试和执行 ASP.NET 应用，如图 1-2 所示。

在图 1-2 中，"49370"只是运行时随机分配的一个端口号。Visual Studio 2010 内嵌的集成 Web 服务器是一种默认的选择，如果从现有的 IIS 虚拟目录中打开项目，Visual Studio 2010 仍会使用 IIS 运行和测试应用程序。

图 1-2　集成的 Web 服务器

嵌入的 Web 服务器只是一小段可执行的代码，并不能取代真正的 Web 服务器的所有功能。这种内嵌的 Web 服务器只能用于应用开发测试，若想让其他用户也能够访问所创建的 ASP.NET 应用，则要将其部署到 IIS 上。

2. 项目设计器多目标支持

多目标支持特性让开发人员可以在 Visual Studio 2010 中选择开发多个版本的.NET Framework 应用程序，例如.NET Framework 2.0、.NET Framework 3.0 或者.NET Framework 4.0，这意味着开发人员可以在任何时候选择系统支持的高版本或低版本的目标平台，如图 1-3 所示。

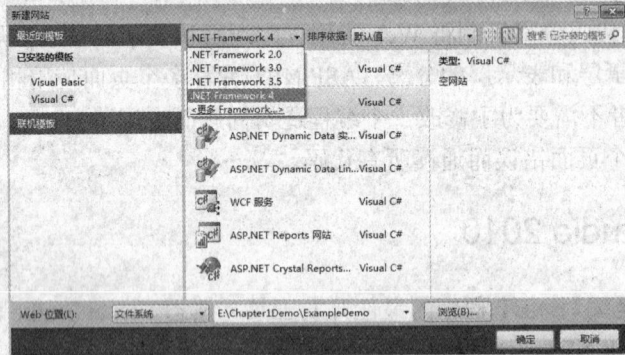

图 1-3　为 Visual Studio 2010 的项目选择一个目标平台

3. 多种访问站点的方式

Visual Studio 2010 支持多种打开 Web 站点的方式，包括通过文件系统路径、通过访问本地 IIS 以及通过 FTP 或远程站点及源代码管理来打开网站，在使用文件系统路径打开网站时，将使用 Visual Studio 集成的 Web 服务器来测试站点，如图 1-4 所示。

4. AJAX 开发

使用 Visual Studio 2010 开发平台，可以在页面中轻松地进行部分页面的异步更新，以避免整页回发所产生的系统开销。将现有的控件或标记放在 UpdatePanel 控件内，

UpdatePanel 控件内部的回发将变为异步回发，且只刷新 UpdatePanel 面板内的页面部分，从而使用户体验更加顺畅。

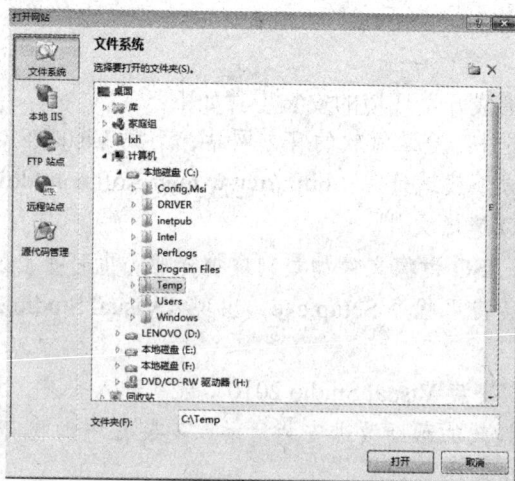

图 1-4　访问 Web 站点的多种方式

5. 直观的界面设计和 CSS 设计工具

Visual Studio 2010 使用 WYSIWYG（What You See Is What You Get，所见即所得）可视布局工具在"设计"视图中更改定位、填充和边距；通过使用"CSS 属性"网格、"应用样式"和"管理样式"窗格以及"直接样式应用"工具，可以在"设计"视图中完成布局设计和内容样式设置的大部分工作；同时提供对 IntelliSense 功能的支持，使开发人员能够快速访问应用程序中使用的方法和类。

6. 语言集成查询（LINQ）

Visual Studio 2010 提供的 LINQ 可以将强大的查询功能扩展到 C#和 Visual Basic 的语法中。LINQ 引入了标准的、易于学习的查询和转换数据模式，并且可以进行扩展以支持任何类型的数据源。Visual Studio 2010 包括 LINQ 提供程序的程序集，借助这些程序集，可以启用.NET Framework 集合（LINQ to Objects）、SQL 数据库（LINQ to SQL）、ADO.NET 数据集（LINQ to ADO.NET）以及 XML 文档（LINQ to XML）的语言集成查询功能。

1.2.2　安装 Visual Studio 2010 的系统要求

Visual Studio 2010 需要安装在 Windows 操作系统中，并且对系统的硬件性能及兼容性有一定的要求，具体介绍如下。

- **支持的操作系统**：Microsoft Windows XP Server Pack 3、Microsoft Windows Server 2003 Pack 2 和 Windows 7 或更高版本。
- **处理器**：1GHz 处理器。建议为 2GHz 处理器或双核处理器。
- **内存**：1GB，建议为 2GB 以上。
- **硬盘空间**：完全安装需要 1.3GB 的可用磁盘空间，建议有 5GB 以上的可用磁盘空间或更高。

任务实施

Visual Studio 2010 集成开发环境的安装步骤如下：

步骤 1. 获取安装文件。登录微软的官方网站，下载 Visual Studio 2010 团队开发版或专业版的安装程序。官方下载地址为：http://www.microsoft.com/downloads/en/default.aspx，下载后的安装文件是 ISO 镜像文件。

步骤 2. 将安装程序 ISO 镜像文件加载到虚拟光驱（也可手动双击该安装应用程序），操作系统会自动运行安装应用程序 Setup.exe，出现"Visual Studio 2010 安装程序"开始界面，如图 1-5 所示。

步骤 3. 单击图中"安装 Visual Studio 2010"选项进入安装，打开如图 1-6 所示界面，用户可以选择是否参与微软的帮助改进安装活动，安装程序加载安装组件进度条完成后，"下一步"按钮变为可用状态。

图 1-5　Visual Studio 2010 安装程序开始界面

图 1-6　加载安装组件

步骤 4. 单击"下一步"按钮，打开"安装程序选项"界面，选中"我已阅读并接受许可条款"单选按钮，如图 1-7 所示。

步骤 5. 在接受协议信息后，单击"下一步"按钮，选择安装方式，如图 1-8 所示。一般选择"完全"安装方式，也可以通过"自定义"的安装方式定制需要的组件，同时单击"浏览"按钮选择安装路径。

步骤 6. 单击"安装"按钮，安装程序执行安装过程，其进度如图 1-9 所示。

步骤 7. 当安装完成之后，弹出如图 1-10 所示的界面，表示安装成功。

步骤 8. 至此，Visual Studio 2010 已经安装完成了。可以单击图 1-10 中"安装文档"按钮，也可以单击"完成"按钮，结束安装。

步骤 9. 安装结束后，选择"开始"→"程序"→Microsoft Visual Studio 2010 命令，就可以启动 Visual Studio 2010。

步骤 10. 首次运行 Microsoft Visual Studio 2010 集成开发环境时，需要选择默认环境设置，这里选择"Web 开发"选项，如图 1-11 所示。开发人员也可打开 Visual Studio 2010 后，通过"工具"→"导入和导出设置"命令来更改默认的环境设置。

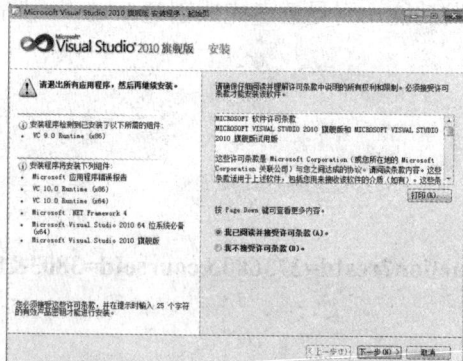

图 1-7 确认许可协议和产品密钥

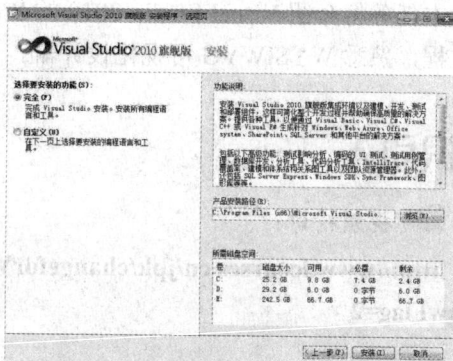

图 1-8 选择安装功能和安装目录

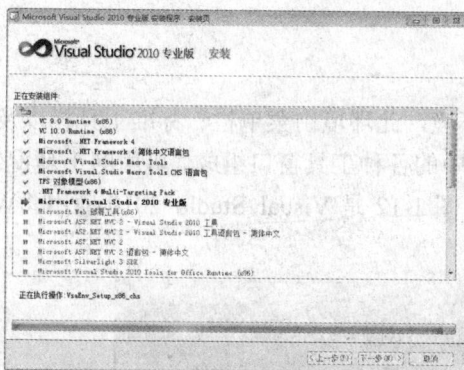

图 1-9 安装进度显示

图 1-10 安装成功界面

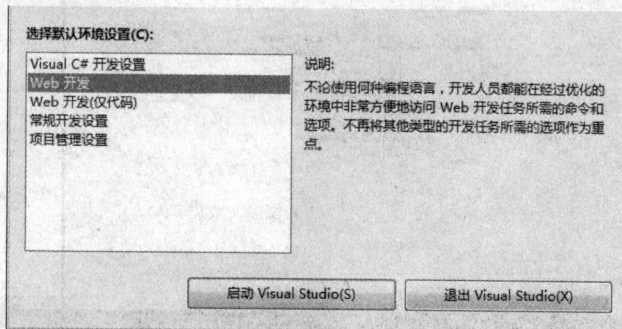

图 1-11 选择默认环境设置

任务 2 创建第一个 ASP.NET Web 应用程序

任务场景

Visual Studio 2010 是开发.NET 网站的最佳工具，可以帮助软件开发团队更好地交流和协作。借助于 Visual Studio 2010，可以在整个开发过程中获得更好的可预测性，提高产品质量。

本任务将介绍 Visual Studio 2010 的 Web 开发功能，引导读者完成创建 Web 应用程序的过程，熟悉 WYSIWYG 可视化设计器。

知识引入

📹 **视频精讲：**

http://www.icourses.cn/jpk/changeforVideo.action?resId=373680&courseId=3803&firstShowFlag=2

1.3 Visual Studio 2010 集成开发环境

1.3.1 Visual Studio 2010 **主界面**

Visual Studio 产品系列共用一个集成开发环境，此环境由菜单栏、标准工具栏以及停靠或自动隐藏在左侧、右侧、底部和编辑器空间中的各种工具窗口组成。可用的工具窗口、菜单和工具栏取决于所处理的项目或文件类型。图 1-12 是 Visual Studio 2010 应用"Web 开发"环境设置后启动显示的起始页界面。

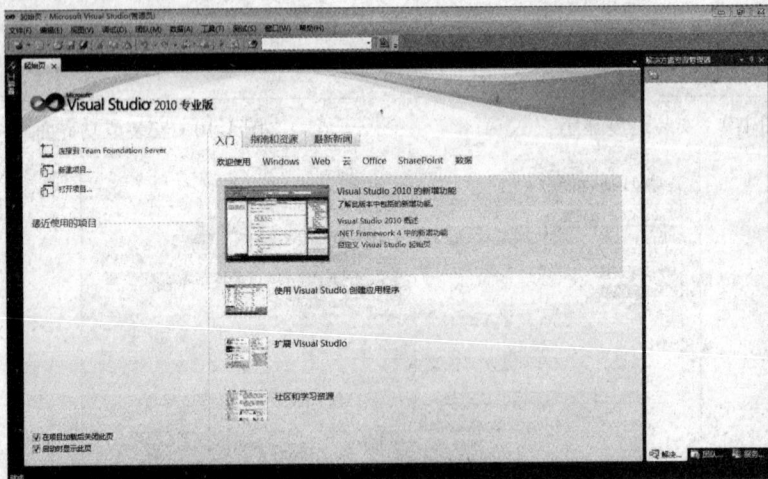

图 1-12　Visual Studio 2010 起始页

关闭起始页后，若要重新显示起始页，可以选择"视图"→"其他窗口"→"起始页"命令将其打开。从起始页可以快速打开最近编辑过的项目和网站或创建新的项目和网站，并且可以查找联机资源以及配置 Visual Studio 2010。

Visual Studio 2010 提供了进行 Web 开发的相应环境和工具。创建 ASP.NET Web 应用程序时，Visual Studio 2010 主界面中包含的常用窗口和工具如图 1-13 所示。

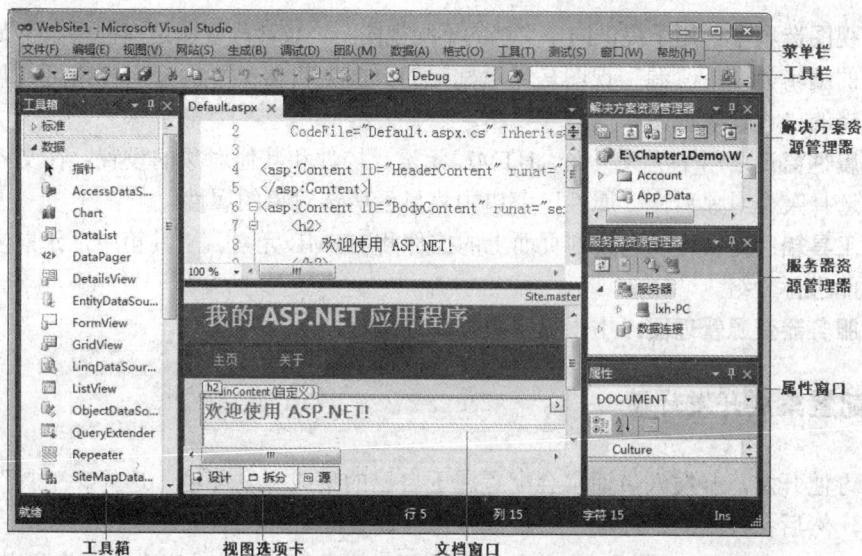

图 1-13 包含常用窗口和工具箱的主界面

所应用的设置不同，主界面工具窗口及其他元素的布置也会有所不同。选择"工具"
→"导入和导出设置向导"命令可以更改这些设置，也可以使用可视的引导标记轻松地移
动和停靠窗口，或使用自动隐藏功能临时隐藏窗口，如图 1-14 所示。

图 1-14 窗口的移动与停靠

下面简单介绍最常用的窗口和工具，请结合图 1-13 来阅读和学习以下内容。

- **工具栏**：提供格式化文本、查找文本等命令。一些工具栏只有在"设计"视图下
  才可用。在"视图"→"工具栏"菜单项的子菜单中列出了所有可用的工具栏。
- **解决方案资源管理器**：用于显示和管理 Web 应用程序中的文件和文件夹。
- **文档窗口**：显示当前正在视图选项卡窗口中处理的文档。单击视图选项卡，可以
  在文档间进行切换。

- **视图选项卡**：用于提供同一文档的不同视图。"设计"视图是一种近似 WYSIWYG 的编辑界面；"源"视图是显示标记的页面编辑器；"拆分"视图可同时显示文档的"设计"视图和"源"视图。
- **属性窗口**：用于更改页面、HTML 元素、控件和其他对象的设置。在文档窗口中选择某个对象后，"属性"窗口中将显示所选对象的属性。
- **工具箱**：提供可以拖放到页面上的控件和 HTML 元素。工具箱中，元素按常用功能进行分组。
- **服务器资源管理器**：用于显示数据库连接。

1.3.2 配置集成开发环境

为了方便开发，开发人员通常会配置属于自己的集成开发环境。选择"工具"→"选项"命令，然后在打开的"选项"对话框中进行设置即可。

启动 Visual Studio 2010 后，在菜单栏中选择"工具"→"选项"命令，将弹出"选项"对话框，如图 1-15 所示。选中左下角的"显示所有设置"复选框，可以看到配置"环境"、"项目和解决方案"和"源代码管理"等多个选项。

"选项"对话框使用户可以根据自己的需要配置集成开发环境。例如，可以建立项目的默认保存位置，改变窗口的默认外观和行为，以及创建常用命令的快捷方式等。对话框中还包含一些用于设置用户的开发语言和开发平台的选项。

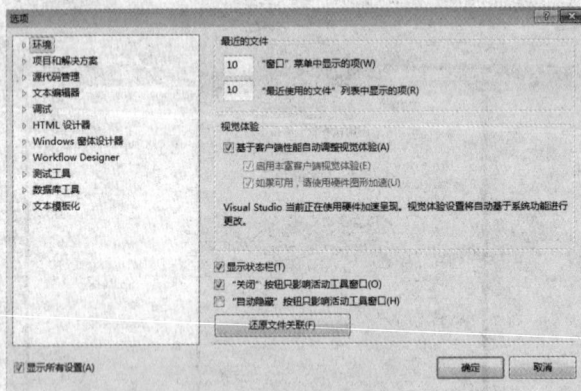

图 1-15 "选项"对话框

1.4 网站类型

通过 Visual Studio 2010 可以创建和使用具有如下 4 种配置类型的 Web 应用程序（也称 ASP.NET 网站），包括本地 IIS 站点、文件系统站点、FTP 站点和远程站点。

1. 本地 IIS 站点

本地 IIS（Internet 信息服务）站点是本地计算机上的一个 IIS Web 应用程序。使用该类型站点的优点是，可以允许其他计算机访问此类网站，并可以使用基于 HTTP 的身份验证、应用程序池和 ISAPI 筛选器等 IIS 功能测试此类网站；在本地 IIS 网站中，路径将按照其在正式服务器上的方式进行解析，从而逼真地模拟站点在正式服务器中的情况。

使用该类型的网站必须具备如下条件：

- 必须装有 Internet 信息服务。
- 必须具有管理员权限，才能创建或调试 IIS 站点。
- 一次只可以有一个计算机用户调试 IIS 站点。
- 默认情况下，为本地 IIS 站点启用远程访问功能。

2. 文件系统站点

Visual Studio 2010 集成了内置 Web 服务器，可将站点文件存储在本地硬盘的某个文件夹中，或存储在局域网的某个共享位置。使用该类型的站点具有以下特点：

- 不希望或无法在自己的计算机上安装 IIS。
- 文件夹中已有一组 Web 文件，希望将这些文件作为项目打开。
- 文件存储在中心服务器某一特定的文件夹中。
- 在工作组设置中，工作组成员可访问中心服务器上的公共站点。

使用该类型站点的缺点是：不能使用基于 HTTP 的身份验证、应用程序池和 ISAPI 筛选器等 IIS 功能测试文件系统站点。

3. FTP 站点

当某一站点已位于配置为 FTP 服务器的远程计算机上时，可使用 FTP 部署的网站。例如，Internet 服务提供商（ISP）已在服务器提供了一定的空间。使用该类型的站点可以在部署 FTP 网站的服务器上测试网站。其缺点是：该类型站点没有 FTP 部署的网站文件的本地副本，除非自己复制这些文件；另一方面，它不能创建 FTP 部署的网站，只能打开一个这样的网站。连接 FTP 站点时，需要提供 FTP 服务器名称、端口、目录、用户名和密码。

4. 远程站点

当要通过远程计算机上运行的 IIS 来创建站点时，可使用远程站点。远程计算机必须配置 FrontPage 服务器进行扩展且在站点级别上启用它。连接远程站点时需要输入用户名和密码。这类站点可以在部署站点的服务器上进行测试，且可以多个开发人员同时使用同一远程站点。其缺点是：针对远程站点调试的配置可能很复杂，且一次只可以有一个开发人员调试远程站点；当开发人员单步调试代码时，所有其他请求均会被挂起。

1.5　ASP.NET 网站结构

1.5.1　ASP.NET 站点布局

为了易于使用 Web 应用程序，ASP.NET 保留了一些可用于特定类型内容的文件和文件夹名称。在解决方案资源管理器中，右击所创建的网站，在弹出的快捷菜单中选择"添加 ASP.NET 文件夹"命令，可以根据需要添加特定类型内容的文件和文件夹，如图 1-16

所示。

ASP.NET 识别可用于特定类型内容的某些文件夹名称。ASP.NET 应用程序通常包含的文件夹如下。

- App_Code：包含作为应用程序进行编译的实用工具类和业务对象的源代码文件。
- App_Data：包含应用程序数据文件，包括 MDF 文件、XML 文件和其他数据存储文件。
- App_Themes：包含用于定义 ASP.NET 网页和控件外观的文件集合（.skin 文件、.css 文件、图像文件和一般资源）。

图 1-16 解决方案资源管理器

- App_Browsers：包含 ASP.NET 用于标识个别浏览器并确定其功能的浏览器定义（.browser）文件。
- App_WebReferences：包含用于定义在应用程序中使用的 Web 引用的引用协定文件（.wsdl 文件）、架构（.xsd 文件）和发现文档文件（.disco 和 .discomap 文件）。
- Bin：包含要在应用程序中引用的控件、组件或其他代码的已编译程序集（.dll 文件）。
- Web config：应用程序配置文件。

1.5.2 网站文件类型

Web 应用程序中可以包含多种文件类型，有些文件类型由 ASP.NET 支持和管理，如 .aspx、.ascx 等；有些文件类型则由 IIS 服务器支持和管理，如 .html、.gif 等。表 1-1 列出了部分 ASP.NET 中常用的文件类型及存储位置和说明。

表 1-1　ASP.NET 管理的主要文件类型

文 件 类 型	存 储 位 置	说　明
.aspx	应用程序根目录或子目录	ASP.NET Web 窗体文件（页），该文件可包含 Web 控件和其他业务逻辑
.cs、.jsl	App_Code 子目录；若页面的代码隐藏类文件，则与网页位于同一目录	运行时要编译的类源代码文件。类可以是 HTTP 模块、HTTP 处理程序、ASP.NET 页的代码隐藏文件或包含应用程序逻辑的独立类文件
.ascx	应用程序根目录或子目录	Web 用户控件文件，用于定义可重复使用的自定义控件
.asax	应用程序根目录	通常是指应用程序配置文件 Global.asa。该文件包含应用程序生存期开始或结束时运行的可选方法
.master	应用程序根目录或子目录	母版页，定义应用程序中其他网页的布局
.asmx	应用程序根目录或子目录	XML Web services 文件
.config	应用程序根目录或子目录	配置文件（通常是 web.config），包含表示 ASP.NET 功能设置的 XML 元素
.sitemap	应用程序根目录	站点地图文件，包含网站的结构。ASP.NET 中附带了一个默认的站点地图提供程序，使用站点地图文件可以很方便地在网页上显示导航控件

续表

文 件 类 型	存 储 位 置	说　明
.skin	App_Themes 子目录	外观文件
.axd	应用程序根目录	处理程序文件，用于管理网站管理请求，通常为 Trace.axd
.browser	App_Browsers 子目录	浏览器定义文件，用于标识客户端浏览器的功能
.compile	Bin 子目录	预编译的 stub 文件，指向已编译的网站文件的程序集。可执行文件类型（.aspx、.ascx、.master、主题文件）已经过预编译并放在 Bin 子目录下
.csproj	Visual Studio 项目目录	Visual Studio 客户端应用程序项目的项目文件
.dll	Bin 子目录	已编译的类库文件（程序集）
.mdf	App_Data 子目录	SQL 数据库文件，用于 SQL Server Express

1.6　事件驱动编程

1.6.1　事件驱动编程

传统程序一般是按照从上至下的顺序执行的，即便使用的是函数，也不会改变程序的执行顺序。ASP 页面按照从上到下的顺序处理，其 ASP 代码和静态 HTML 的每一行都按其在文件中的显示顺序进行处理，在往返过程中通过用户操作将页面请求发送到服务器。然而，事件驱动的编程模式却改变了这一传统。

1. 事件驱动编程

事件是指一个对象发送消息通知另一个对象执行相应操作的机制，可以用于对象间的同步和信息传递。ASP.NET 的事件可以是系统自动触发的，如页面的加载、页面的显示等，也可以通过用户操作（如单击、双击、拖动等）来触发。

在 ASP.NET 中，页面显示在浏览器上，等待用户交互。当用户单击按钮时就发生一个事件，程序会执行相应代码的响应事件。事件驱动编程使 ASP.NET 编程更接近于 Windows 编程。开发人员只需要编写响应事件的代码即可，并且可以将事件驱动编程的知识从 Windows 桌面应用程序迁移到 Web 应用程序的开发。

2. 事件处理

ASP.NET 的事件处理采用委托机制，如按钮的 Click 事件，编程时在设计界面上双击按钮，程序会自动添加事件的响应方法，代码如下所示。

```
01    protected void Button1_Click(object sender, EventArgs e)
02    {      //事件处理代码
03    }
```

【代码解析】声明 Button1 对象的单击事件；参数 sender 表示触发事件的对象，由于引发事件的对象是不可预知的，因此将其声明成为 object 类型（object 类是所有对象的基类），适用于所有对象；参数 e 是监听事件类型，用于传递事件的细节，EventArgs 类是所有事件信息的基类。

在 ASP.NET 中，通过声明委托的方式将 Button1_Click 方法与 Button1 对象的 Click 操作关联起来，代码如下。

```
01    System.EventHandler eh= new System.EventHandler(Button1_Click);
02    Button1.Click+=eh;
```

【代码解析】第 1 行声明委托；第 2 行为 Button1.Click 增加事件处理 Button1_Click，其中，"+="运行符表示订阅事件。

实际应用中，除了双击页面元素可以产生元素与事件关联外，还可以通过设置页面元素的事件属性进行绑定。

学习提示：若开发人员想手动绑定页面元素与事件的联系，可以在页面的 Page_PreInit 事件中编写声明委托和绑定事件的代码。

1.6.2 Web 窗体

随着 Web 应用的不断发展，微软在.NET 战略中提出了全新的 Web 开发技术 ASP.NET，并引入了 Web 窗体的概念。窗体界面元素被称为 Web 控件，像 Windows 窗体编程一样，可将 Web 控件拖放至窗体中进行可视化设计，大大提高了 Web 应用的开发效率。

1. Web 窗体概述

Web 窗体是 ASP.NET 网页的主容器，其页框架可以在服务器上动态生成 Web 页的可缩放公共语言运行库的编程模型。通过该模型不仅可以快速创建复杂的Web应用程序界面，而且可以实现功能复杂的业务逻辑和数据库访问。

Web 窗体采用代码分离编程模式，由界面元素（HTML、服务器控件和静态文本）和该页的编程逻辑两部分组成。Visual Studio 将这两个组成部分分别存储在单独的文件中，界面元素在一个.aspx 文件中创建；代码则位于一个单独的类文件中，该文件称做代码隐藏类文件（.aspx.vb 或 .aspx.cs）。Web 窗体主要特点如下：

- 基于 Microsoft ASP.NET 技术，在服务器上运行的代码动态生成界面并发送到浏览器或客户端设备输出。
- 兼容所有浏览器或移动设备。ASP.NET 界面自动为样式、布局等功能呈现正确的、符合浏览器的 HTML。
- Web 窗体可以输出任何支持客户端浏览的语言，包括 HTML、XML 和 Script 等。
- 兼容.NET CLR 所支持的任何语言，包括 C#、VB.NET 和 JScript.NET 等。
- 基于.NET Framework 生成，具有其托管环境、类型安全性和继承等所有优点。
- 灵活性高，可以添加用户创建的控件和第三方控件。

2. Web 窗体的界面语法

Web 窗体界面文件的扩展名为.aspx，该文件的语法结构主要由指令、head 元素、form

元素、Web 服务器控件或 HTML 控件、客户端脚本和服务器端脚本等组成。

（1）指令

窗体文件通常包含一些指令，这些指令允许为该页指定属性和配置信息，但不会作为发送到浏览器的标记的一部分被呈现。常见的指令如表 1-2 所示。

表 1-2 指令的主要属性

指　令　名	说　　明
@Page	页面指令。定义 ASP.NET 页分析器和编译器使用的页面特定属性，在 Web 窗体界面文件的第一行中使用
@Control	用户控件指令。定义自定义用户控件的特定属性，在用户控件界面文件的第一行中使用
@Register	注册指令。在页面中注册其他控件时使用，作用是声明控件的标记前缀和控件程序集的位置
@Master	母版页指令。定义母版页的特定属性，在母版页界面文件的第一行中使用
@OutputCache	缓存指令。指定允许缓存的页面，并设置缓存策略
@Import	导入命名空间指令。使所导入的命令空间的所有类和接口可以在页中使用

呈现给用户的每一个.aspx 页面中都包含有@Page 指令，其在页面中的声明代码如下。

```
<%@ Page Language="C#" AutoEventWireup="true" CodeFile="Default.aspx.cs" Inherits="_Default" %>
```

【代码解析】Language 属性指定编程使用的语言，其值可为任何.NET 支持的语言；AutoEventWireup 属性决定是否自动装载 Page_Init 和 Page_Load 方法，该属性默认值为 true；CodeFile 属性指定与界面文件关联的后台隐藏代码类文件的名称；Inherits 定义继承的代码隐藏类的类名。

学习提示：当 Web 窗体的页面文件被创建时，系统会自动添加@Page 指令。

（2）head 元素

head 表示网页头部，用于存放页面标题、样式表、脚本代码等内容，其中的内容不会直接显示在页面上（除标题外）。

```
01    <head runat="server">
02        <title>页面标题</title>
03        <meta http-equiv="Content-Type" content="text/html; charset=gb2312" />
04        <meta name=" ASP.NET " content="ASP.NET 网站开发实例教程" />
05        <style type="text/css">
06            body{margin:0 auto; font-size:12px;}
07        </style>
08    </head>
```

【代码解析】第 1 行 runat="server"表示运行在服务器端；第 3 行声明页面使用的文字为简体中文；第 4 行为对网页的简要说明；第 5～7 行定义了页面使用的样式表。

（3）form 元素

当页面文件包含允许用户与页面交互的服务器控件时，须包含且只包含一个 form 元素，页面中可执行回发的服务器控件都必须位于 form 元素之中。form 元素还必须包含 runat="server"的属性，以允许在服务器代码中以编程方式引用页面上的元素。

```
01    <form id="form1" action="Test.aspx" method="post" runat="server">
02    </form>
```

【代码解析】id 表示元素在页面中的唯一标识；action 属性用于设置处理表单的页面；method 属性用于设置页面如何发送表单数据，值为 post 时，表示将数据按分段传输方式发送给服务器，值为 get 时，数据直接依附在表单的 Url 之后。

（4）Web 控件

Web 控件是在 ASP.NET 页中用户与页面交互的界面元素，包括 HTML 控件、HTML 服务器控件、Web 服务器控件及用户自定义控件。

```
01    <form id="form1" method="post" runat="server">
02        <input id="Button1" type=" button" value="button" />
03        <input id="Button2" type="button" value="button" runat="server" />
04        <asp:Button ID="Button3" runat="server" Text="Button" />
05    </form>
```

【代码解析】第 2 行声明了 HTML 的 Button 控件；第 3 行声明了 HTML 服务器控件，为 HTML 控件添加 runat="server"属性，就可以将 HTML 控件转换为 HTML 服务器控件；第 4 行声明了 Web 服务器控件。

（5）客户端代码

客户端代码运行在浏览器中，执行客户端代码不需要向服务器回发 Web 窗体。客户端代码支持的语言包括 JavaScript、VBScript、JScript 和 ECMAScript。

```
01    <script language="javascript" type="text/javascript">
02        function button1Click() {
03            alert('客户端事件');
04        }
05    </script>
06    <form id="form1" method="post" runat="server">
07        <input id="Button1" type=" button" value="客户端按钮" onclick="return button1Click();" />
08    </form>
```

【代码解析】第 1 行声明了脚本使用的语言为 JavaScript；第 2～4 行定义了脚本方法 button1Click；第 3 行弹出用户确认对话框；第 7 行声明了 HTML 控件 Button1，其客户端单击事件由 button1Click 方法进行处理。

（6）服务器端代码

服务器端代码运行在服务器端，页面代码可以位于 script 元素和代码隐藏类文件中。若位于 script 元素中，则 script 元素的开始标记必须包含 runat="server"属性。

```
01    <script language="c#" runat="server">
02        private void Button2_Click(object sender, System.EventArgs e){
03            Response.Write("服务器端事件")
04        }
```

```
05    </script>
06    <form id="form1" method="post" runat="server">
07        <asp:Button ID="Button2" runat="server" Text="服务器按钮" OnClick="Button2_Click" />
08    </form>
```

【代码解析】第1行声明使用语言为C#,运行在服务器端；第2～4行定义Button2_Click事件处理方法；第3行向页面输出提示信息；第7行声明了Web服务器控件Button2，其单击事件由Button2_Click方法进行处理。

3. Web 窗体的生命周期

Web 窗体的生命周期是指 Web 窗体从实例化分配内存空间到处理结束、释放内存的过程，该过程实质上就是 Web 窗体的事件处理流程。一个 Web 窗体的事件处理流程主要阶段如下。

- **页面初始化**：完成页面及页面中控件的创建工作，由 Page.PreInit 事件和 Page.Init 事件完成。
- **页面装载**：完成页面中元素的初始化工作，包括配置控件属性等，由 Page.Load 事件完成。不管页面是第一次被请求还是页面回发，该事件都会被触发。
- **事件处理**：Web 窗体上的每个动作都激活一个发送给服务器的事件。当单击页面中的按钮、链接时，会调用 JavaScript 方法 _doPostBack 来触发一次回发。
- **资源清理**：页面呈现完后，将触发 Page.Unload 事件，完成资源清理，如关闭文件、关闭数据库连接等。.NET Framework 提供垃圾回收功能，当垃圾收集器回收页面时，Page.Disposed 事件被触发，此时页面及其中创建的所有对象都会被销毁。

4. Page 类

Page 类定义在 System.Web.UI 命名空间中，所有 Web 窗体的代码隐藏类都是 Page 类的子类。当开发人员在 Visual Studio 中创建新的 Web 窗体时，该窗体本身就已具有大量的功能，包括 Web 状态管理、IsPostBack 属性、IsValid 属性和 FindControl 方法等，有关状态管理的知识将在项目 3 中讨论。

（1）IsPostBack 属性

IsPostBack 属性用于指示该页是否为首次加载。页面第一次请求时，IsPostBack 值为 false，当页面由客户端返回数据而加载时，IsPostBack 值为 true。

```
01    private void Page_Load(object sender, System.EventArgs e)
02    {   if(!IsPostBack)
03            Response.Write("首次加载");
04        else
05            Response.Write("页面回送");
06    }
```

【代码解析】第 2 行判断 IsPostBack 属性的值；第 3 行在页面中输出"首次加载"的消息；第 5 行在页面中输出"页面回送"的消息。

（2）IsValid 属性

IsValid 属性用于指示页面验证是否成功。在实际应用中，往往会验证页面提交的数据是否符合预期设定的格式要求等，如果符合则 IsValid 值为 true，否则为 false。

```
01    private void Button1_Click(object sender, System.EventArgs e)
02    {    if(IsValid)
03              Response.Write("页面验证通过");
04    }
```

【代码解析】第 2 行判断页面是否通过验证。

（3）FindControl 方法

Page 类的 FindControl 方法可以帮助开发者在 Web 窗体中查找指定 ID 的控件。

```
01    private void Button1_Click(object sender, System.EventArgs e)
02    {
03          Label lb=(Label)Page.FindControl("Label1");
04          lb.Text = "标签控件";
05    }
```

【代码解析】第 3 行在 Page 中查找 ID 值为 Label1 的控件，并赋值给 Label 类的对象 lb；第 4 行给 lb.Text 属性赋值。

学习提示：Web 应用程序中，母版页、容器类或模板类控件都具有 FindControl 方法，开发者可以通过该方法轻松访问类中的控件。

任务实施

使用 Visual Studio 2010 创建一个简单的 ASP.NET 应用程序，步骤如下：

步骤 1. 启动 Visual Studio 2010。选择"开始"→"程序"→Microsoft Visual Studio 2010 命令启动 Visual Studio 2010。

步骤 2. 创建 ASP.NET 网站。选择"文件"→"新建网站"命令，在弹出的"新建网站"对话框中，选择版本为.NET Framework 4.0，在已安装模板下选择 Visual C#作为开发语言，选择"ASP.NET 空网站"模板，在"Web 位置"右边的下拉列表中选择"文件系统"选项，在其后的输入框中确定网站存储的位置，具体设置如图 1-17 所示。单击"确定"按钮，将创建名为 FirstWebSite 的新网站。

学习提示：在已安装模板中若选择"ASP.NET 网站"模块，则会创建一个功能完整的 ASP.NET 网站，并提供基本框架；选择"ASP.NET 空网站"模块，会创建一个只含有 web.config 配置文件的网站，开发者可根据需要添加新的内容。对于 ASP.NET 的初学者，建议从 ASP.NET 空网站开始入手。

步骤 3. 添加新项。在解决方案资源管理器中，右击网站根目录，在弹出的快捷菜单中选择"添加新项"命令，打开"添加新项"对话框，如图 1-18 所示。选择已安装模板中"Web 窗体"，名称为 Default.aspx，选中"将代码放在单独的文件中"复选框，单击"添加"按钮，将 Default.aspx 页面添加到网站中。

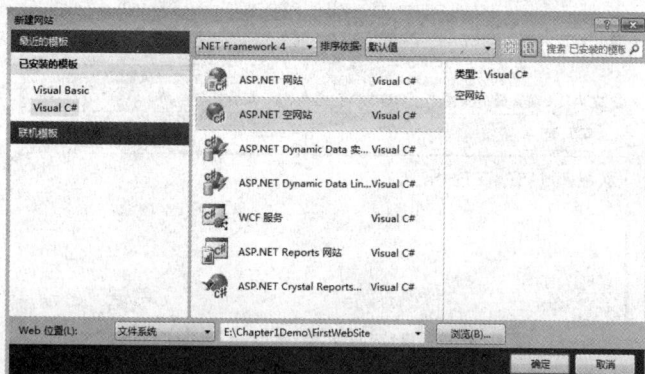

图 1-17　新建 FirstWebSite 网站

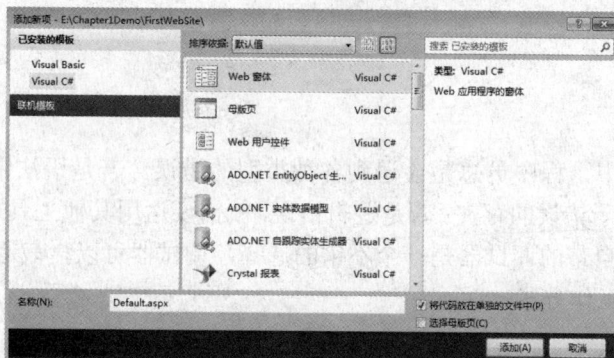

图 1-18　添加新项对话框

步骤 4. 设计 Default.aspx 页。双击解决方案管理器中的 Default.aspx 页。选择"视图"→"拆分视图"命令，将光标定位在"源"视图的虚线框中，输入"欢迎来到 ASP.NET 世界"；在<title>标签中输入"第一个 ASP.NET 程序"，如图 1-19 所示。

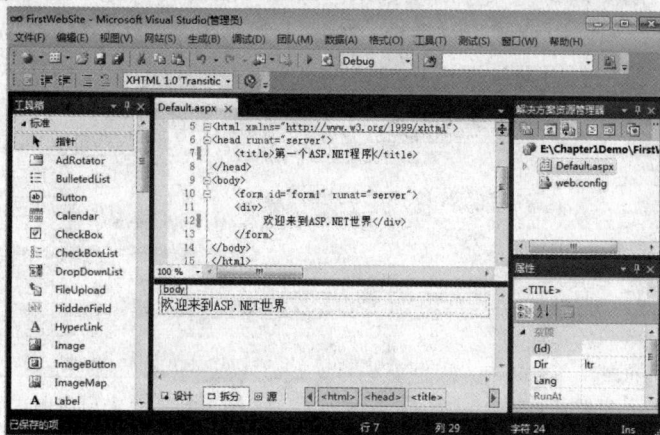

图 1-19　设计 Default.aspx 页面

步骤 5. 浏览页面。在设计视图中右击空白区域，在弹出的快捷菜单中选择"在浏览器中查看"命令，运行效果如图 1-20 所示。

图 1-20　运行效果

知识拓展

应用程序调试

实际开发过程中，程序员总是会遇到各种类型的错误。若是语法错误，Visual Studio 2010 的编译器会提示错误的存在；若是逻辑错误，就需要运用其他工具来进行错误的排查。使用 Visual Studio 自带的调试器是一个不错的选择，调试器可以拦截运行的程序，让程序员深入程序的内部工作方式。

（1）设置断点

断点就是程序运行时需要中断的位置。在需要设置断点的语句行单击最左侧或按 F9 键，就为该语句行设置了一个断点。此时，该行代码变为红色背景并被选中，如图 1-21 所示。

（2）启动调试

断点设置好后，就可以启动应用程序的调试功能了。单击工具栏上的"启动调试"按钮或选择菜单栏中的"调试"→"启动调试"命令，启动调试。若应用程序是第一次启动调试功能，则打开"未启用调试"对话框，如图 1-22 所示。选中"修改 Web.config 文件以启用调试"单选按钮，启用网站调试功能。

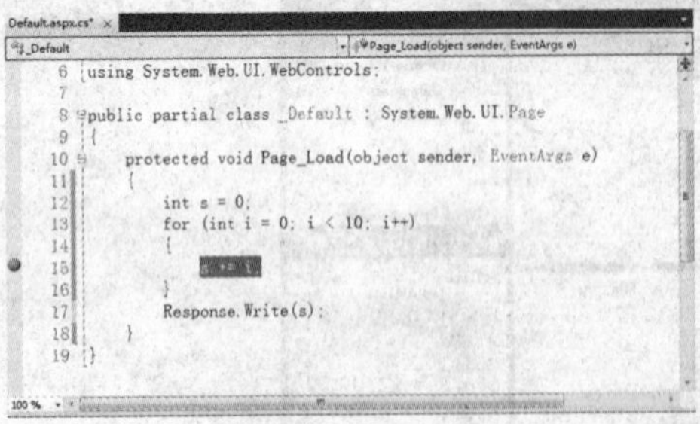

图 1-21　设置断点

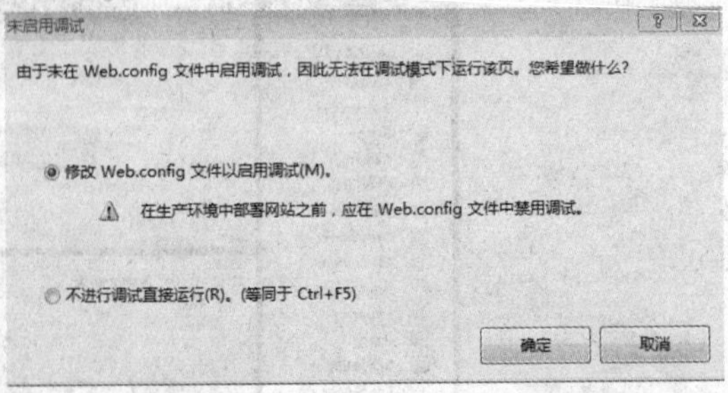

图 1-22　"未启用调试"对话框

学习提示：网站启用调试功能，表示允许以调试的方式来运行网站程序。虽然会降低一部分性能，但却可以检查程序的运行情况。当网站开发完成、部署到服务器时，

　　最好关闭调试开关。

　　单击"确定"按钮,程序运行至断点处,如图 1-23 所示。

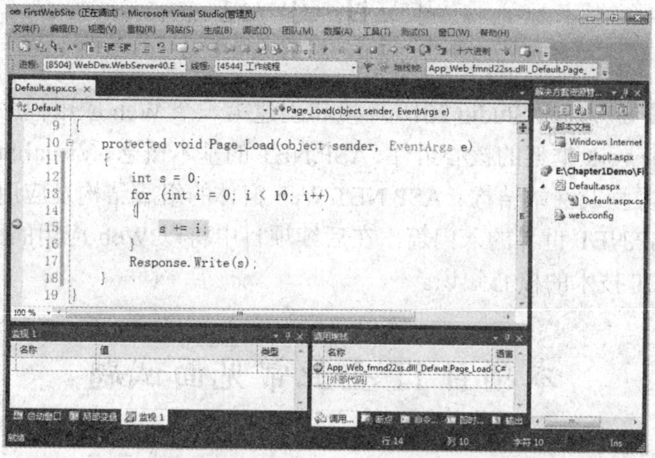

图 1-23　处于调试状态的应用程序

　　按 F10 键进行逐个进程调试,按 F11 键进行逐个语句调试,也可以单击调试工具栏中相应的按钮进行调试,如图 1-24 所示。

图 1-24　调试工具栏

　　调试过程中可以查看局部变量的值或监视对象的运行情况,如图 1-25 所示。从图中可以看出局部变量 i 和 s 的变化情况。

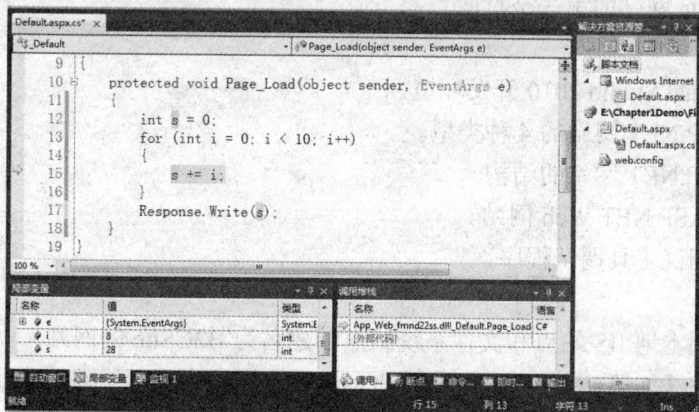

图 1-25　监视变量

　　关闭浏览器或单击调试工具栏上的"停止"按钮,可以退出调试状态。

学习提示:一旦进入调试状态,就无法在 Visual Studio 2010 中进行页面以及类库等源代码的修改。若要修改，需退出调试状态。

项 目 小 结

本项目通过安装 Visual Studio 2010 环境和创建第一个 Web 应用程序两个任务的实现，介绍了.NET Framework 框架的核心组件、ASP.NET 的基本概念、Visual Studio 的编程环境、ASP.NET 的网站类型及网站结构、ASP.NET Web 窗体的组成结构及应用程序的调试方法。本项目是开启 ASP.NET 世界的入门篇，在后续项目中将以 Web 应用的典型任务为需求，逐步介绍 ASP.NET 技术的核心知识。

本项目 IT 企业常见面试题

1. 静态网页与动态网页最主要的区别是什么？
2. .NET Framework 的核心组件有哪些，作用分别是什么？
3. ASP.NET 相对于 ASP 的优势有哪些？
4. GET 请求和 POST 请求有何区别？
5. 简述 Web 窗体的生命周期。

项 目 实 训

实训任务：
创建 B2CSite 网站的第一个页面。
实训目的：
1. 熟悉 Visual Studio 2010 开发环境。
2. 理解 ASP.NET 网站的 4 种类型。
3. 了解 ASP.NET 网站的结构。
4. 会创建 ASP.NET Web 网站。
5. 会使用调试工具调试程序。
实训内容：
1. 分别使用本地 IIS 站点和文件系统站点创建名为 B2CSite 的网站。
2. 在网站中添加第一个 Web 页 Default.aspx，在页面中显示"欢迎来到 B2CSite！"。
3. 在 Default.aspx 页的 Page_Load 事件中添加代码，输出 1～100 之间的偶数和，并使用调试工具观察程序中各变量的运行情况。

项目 2 Web 应用程序的界面设计

在一个网站中，网页是最基本也是最重要的载体，承载了各种页面元素和脚本效果，是 Web 应用程序与用户交互的接口。随着 Web 应用技术的不断发展，网站建设越来越注重网页的界面设计和用户的体验，一个主题鲜明、风格统一、设计友好的网站总能给用户留下深刻的印象和良好的操作体验，并能充分展示其良好的形象和丰富的文化内涵。

在本项目中，通过完成 4 个任务详细介绍网站中页面设计的方法和技巧。

任务 1 设计会员注册页面
任务 2 使用母版页设计网站
任务 3 使用主题样式化网站
任务 4 站点导航

任务 1 设计会员注册页面

任务场景

用户注册是网站的常见功能，网站可以通过注册来保存用户信息，从而方便用户访问网站和维护个人信息。在实现用户注册功能时，开发人员可以使用丰富的 ASP.NET Web 服务器控件设计用户注册页面，轻松地实现用户与 Web 页之间的数据交互。

本任务通过会员注册页面的设计，使读者掌握 ASP.NET Web 控件的应用，其中重点掌握标准控件和验证控件的使用方法。

知识引入

2.1 ASP.NET Web 服务器控件

视频精讲：

http://www.icourses.cn/jpk/viewCharacterDetail.action?courseId=3803&sectionId=21912

ASP.NET Web 服务器控件是 ASP.NET 网页上的对象，这些对象在请求网页时运行并向浏览器呈现标记。在创建 ASP.NET 网页时，可以使用以下类型的控件。

1. HTML 服务器控件

HTML 服务器控件属于 HTML 元素（或采用其他支持的标记元素，如 XHTML），它包含多种属性，可以在服务器代码中进行编程。默认情况下，服务器上无法使用 ASP.NET 网页中的 HTML 元素（这些元素被视为不透明文本传递给浏览器）然而可以通过将 HTML 元素转换为 HTML 服务器控件，将其公开为能在服务器上编程的对象。

2．Web 服务器控件

Web 服务器控件比 HTML 服务器控件具有更多的内置功能，不仅包括窗体控件（如按钮和文本框），还包括特殊用途的控件（如日历、菜单和树视图控件等）。Web 服务器控件与 HTML 服务器控件相比，更为抽象，因为其对象模型不一定反映 HTML 的语法。

3．验证控件

验证控件能够对用户输入的内容进行验证，包括对填写字段进行检查，对字符的特定值或模式进行测试，验证某个值是否在限定范围之内等。

4．用户控件

用户控件是使用 ASP.NET 基本控件创建的自定义控件，可以嵌入到其他 ASP.NET 页面中，是创建可重复使用对象的捷径。

在 Visual Studio 2010 集成开发环境的工具箱中，可以很方便地查找和使用这些控件，如图 2-1 所示。

工具箱中只列出了部分常用的控件，开发人员可以通过快捷菜单中的"选择项"命令添加所需控件，或通过"删除"命令移除控件。

图 2-1　Visual Studio 2010 工具箱

2.2　HTML 服务器控件

HTML 服务器控件的类型都集中在 System.Web.UI.HtmlControls 命名空间下，从 HtmlControl 基类中直接或间接派生而来。HTML 服务器控件的对象模型十分紧密地映射到相应控件所呈现的 HTML 元素中。页中的任何 HTML 元素都可以通过添加 runat="server" 属性，转换为服务器端的 ASP.NET 控件。

2.2.1　HTML 服务器控件的属性

作为.NET Framework 的一部分，ASP.NET 共享命名空间和类之间的继承。容器控件和输入控件是两个 HTML 控件的子集，它们共享不同基类的属性。

在 HTML 控件上声明的任何属性都将添加到该控件的 Attributes 集合中，并且可以像属性那样，以编程的方式对其进行操作。

1．所有 HTML 控件共享的常用属性

● Attributes：获取选定的 HTML 服务器控件表示的所有属性名称和键值对。

- Style：设置 HTML 服务器控件的级联样式表（CSS）属性。
- Visible：设置 HTML 服务器控件是否显示在页面上。

2. 所有 HTML 输入控件共享的属性

HTML 输入控件映射到标准 HTML 输入元素。
- Name：获取或设置 HtmlInputControl 控件的唯一标识符名称。
- Type：获取 HtmlInputControl 控件的类型。例如，如果将该属性设置为 text，则 HtmlInputControl 控件是用于输入数据的文本框。
- Value：获取或设置输入控件关联的值。

学习提示：与某个控件关联的 Value 值取决于该控件的上下文。例如，在允许输入文本的控件（如 HtmlInputText 控件）中，Value 为控件中输入的文本。在不允许输入文本的控件（如 HtmlInputButton 控件）中，Value 为控件中显示的标题。

3. 所有 HTML 容器控件共享的属性

HTML 容器控件映射到 HTML 元素，这些元素必须具有开始和结束标记，如 select、a、button 和 form 元素。HtmlTableCell、HtmlTable、HtmlTableRow、HtmlButton、HtmlForm、HtmlSelect 和 HtmlTextArea 控件共享下列属性。
- InnerHtml：获取或设置指定 HTML 控件开始和结束标记之间的内容。
- InnerText：获取或设置指定 HTML 控件开始和结束标记之间的所有文本。

2.2.2　添加 HTML 服务器控件

默认情况下，页面文件中的 HTML 元素被作为文本进行处理，且不能在服务器端代码中引用。若要使这些元素能以编程方式进行访问，可以通过添加 runat="server" 属性声明将 HTML 元素作为服务器控件进行处理。另外，还可以通过设置元素的 ID 属性实现以编程方式引用控件，并通过设置属性来声明服务器控件实例上的属性参数和事件绑定。

下面以按钮控件为例，介绍如何将传统 HTML 元素转化为 HTML 服务器控件。

案例演练　例 2-1：添加 HTML 服务器控件。

在站点中添加一个新的 Web 窗体，命名为"2_1.aspx"。在 2_1.aspx"源"视图中 <form></form> 标记中添加 HTML 控件，关键代码如下。

```
01    <!--程序名称：2_1.aspx-->
02    <body>
03        <form id="form1" runat="server">
04        <div>
05            <input id="Button1" type="button" value="button" />
06        </div>
07        </form>
08    </body>
```

【代码解析】第 5 行设置了 HTML 控件 Input(Button)。

为第 5 行代码添加 runat="server"属性，可将控件 Button1 转化为 HTML 服务器控件，代码如下。

```
<input id="Button1" type="button" value="button" runat="server" />
```

此时就可以在服务器代码中对该控件进行编程了。以上操作也可以通过在 Visual Studio 2010 的工具箱中选择 HTML 项，并在"设计"视图中添加。

学习提示：页中的每个 HTML 服务器控件都使用资源，因此要尽量减少 ASP.NET 网页必须使用的控件数目。如果不需要将其公开为在服务器上编程的元素，则应从控件标记中移除 runat="server"属性，将其转换为纯 HTML 元素。但注意不要移除 ID 属性。

2.2.3 设置 HTML 服务器控件属性

设置控件的属性，实际上就是重写现有属性（不修改现有属性上的值）。因此，如果希望修改属性，必须先读取再修改，然后将其重新添加到控件中。

例 2-1 中添加了一个 HTML 服务器控件，怎样在网页中设置该控件的 HTML 属性呢？

首先，打开 2_1.aspx 页对应的代码类文件 2_1.aspx.cs，在该类代码中添加 Button1 控件服务器端单击事件 Button_Click，设置 Button1 控件的 Value 值，关键代码如下。

```
01   //程序名称：2_1.aspx.cs
02   //程序功能：设置 HTML 服务器控件的属性
03   public partial class _2_1 : System.Web.UI.Page
04   {   ......
05       protected void Button1_Click(object sender, EventArgs e)
06       {
07           Button1.Value = "HTML 服务器控件";
08   }    }
```

【代码解析】第 7 行设置 Button1 控件属性 Value 的值为"HTML 服务器控件"。

当页面加载后，要使 Button1 控件上的文字显示为"HTML 服务器控件"，还需将页面与 Button1 控件事件相关联。切换到 2_1.aspx 页面代码，修改后 Button1 的页面代码如下。

```
<input id="Button1" type="button" value="button" runat="server" onserverclick="Button1_Click"/>
```

其中，onserverclick 属性用于设置该控件的服务器端响应事件。

执行完上述操作后，在浏览器中显示该页，单击页面中的 button 按钮，查看运行结果。

2.3 Web 服务器控件

📹 视频精讲：

http://www.icourses.cn/jpk/changeforVideo.action?resId=381102&courseId=3803&firstShowFlag=7

一个 Web 服务器控件就是一个运行在服务器端并将实际的内容呈现在浏览器上

的.NET 类。Web 服务器控件包括传统的窗体控件（如按钮、文本框和表等），还包括提供常用窗体功能（如在网格中显示数据、选择日期或显示菜单等）的控件。

除了提供 HTML 服务器控件的功能外，Web 服务器控件还提供如下附加功能。

- 提供功能丰富的对象模型，该模型具有类型安全编程功能。
- 支持主题，可以使用主题为站点中的控件定义一致的外观。
- 可将事件从嵌套控件（如表中的按钮）传递到容器控件。
- 对于某些控件，可以使用模板（Templates）定义其控件布局。

Web 服务器控件页面代码的语法如下。

```
<asp:控件类型名 属性集 runat="server" id="指定 ID"/>
```

以下是声明一个 Label 标签控件的示例代码。

```
<asp:Label ID="Label1" runat="server" Text="Web 服务器控件示例"></asp:Label>
```

其中，ID 属性是获取或设置分配给服务器控件的编程标识符。当声明 Web 服务器控件的 ID 属性以编程方式访问该控件时，ASP.NET 页框架将自动确保声明的 ID 在整个 ASP.NET Web 应用程序中是唯一的。

学习提示：这里的属性或属性集并不是 HTML 元素的属性，而是 Web 服务器控件的属性，虽然它们在名称和功能上可能有一定重合。其中 asp 前缀用于映射到运行时组件的命名空间。这些控件类型都集中在 System.Web.UI.WebControls 命名空间下，继承自 WebControl 类。WebControl 类提供所有 Web 服务器控件的公共属性、方法和事件。通过设置在此类中定义的属性，可以控制 Web 服务器控件的外观和行为。

2.3.1　Web 服务器控件属性

每个控件都有一些公共属性，如字体、颜色、样式等。当开发人员在页面中添加控件后，选择此控件，属性窗口便会列出该控件的所有属性。选择相应的属性，属性栏下方会简单地介绍该属性的作用，如图 2-2 所示。

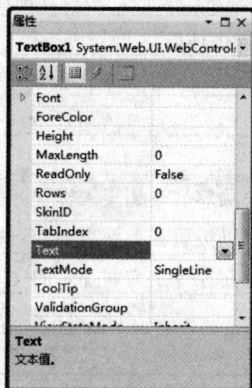

图 2-2　属性窗口

通过属性窗口中的属性栏，可以设置控件的属性。当控件在页面中被初始化时，这些属性设置将被应用到控件。

控件的属性也可以通过编程的方法在页面相应代码区域编写，示例代码段如下。

```
01    protected void Page_Load(object sender, EventArgs e)
02    {
03        Label1.Text = "你好";        //设置 Label1 的文本属性
04    }
```

【代码解析】本段代码定义了页面的 Page_Load（页面加载）事件，第 3 行设置了控件 Label1 的 Text 属性。当页面加载时，执行 Page_Load 事件，控件的属性设置会被应用并呈现在浏览器中。

表 2-1 列举了 Web 服务器控件的常用属性，这些控件主要由 WebControl 类派生。

表 2-1 Web 服务器控件的常用属性

属　　性	描　　述
AccessKey	控件的键盘快捷键（AccessKey）。此属性指定用户在按住 Alt 键的同时可以按下的单个字母或数字。例如，如果用户希望按下 Alt+K 键后可以访问控件，则指定 K
Attributes	控件上未由公共属性定义但仍需呈现的附加属性集合。任何未由 Web 服务器控件定义的属性都添加到此集合中。这使得可以使用未被控件直接支持的 HTML 属性。该属性只能在编程时使用，声明控件时不能设置该属性
BackColor	控件的背景色。BackColor 属性可以使用标准的 HTML 颜色标识符来设置：颜色名称（如 black 或 red）或者以十六进制格式（如#ffffff）表示的 RGB 值
BorderColor	控件的边框颜色
BorderWidth	控件边框（如果存在）的宽度（以像素为单位）
BorderStyle	控件的边框样式（如果存在）。可包括的值有 NotSet、None、Dotted、Dashed、Solid、Double、Groove、Ridge、Inset 和 Outset
CssClass	分配给控件的级联样式表（CSS）类
Style	作为控件外部标记的 CSS 样式属性呈现的文本属性集合
Enabled	当此属性设置为 true（默认值）时，控件起作用
EnableTheming	当此属性设置为 true（默认值）时，对控件启用主题；否则，对该控件禁用主题
Font	为 Web 服务器控件提供字体信息
ForeColor	控件的前景色
Height	控件的高度
SkinID	控件的外观
TabIndex	控件的位置（按 Tab 键顺序）。如果未设置此属性，则控件的位置索引为 0。具有相同选项卡索引的控件可以按照其在网页中的声明顺序用 Tab 键导航
ToolTip	当用户将鼠标指针定位在控件上方时显示的文本
Text	控件呈现的文本值
Width	控件的固定宽度

2.3.2 标准控件

标准控件是指工具箱的"标准"选项下的 Web 服务器控件，也是最常用的控件。这些控件主要用于呈现一些标准的表单元素，如按钮、输入框和标签等。下面介绍一些常用的标准控件，也是完成本任务所必需的知识。

1. 标签控件（Label）

Label 控件用于在网页的设置位置上显示文本。通常，当希望在运行时更改页面中的文本（例如响应按钮单击）时，就可以使用 Label 控件。其常用属性如下。

- Text：标签显示的文本。可以将 Label 控件的 Text 属性设置为任何表符串（包括包含标记的字符串）。如果字符串包含标记，Label 控件将解释该标记。例如，将 Text 属性设置为Test，则 Label 控件中的文本 Test 将以粗体呈现。
- Visible：指示该控件是否可见，默认值为 true。

2. 文本框控件（TextBox）

在交互式网页中，TextBox 控件是最常用的控件之一，用于输入或编辑文本，并能实现单行、多行和密码的显示格式。常用属性如下。

- AutoPostBack：用于在文本框的内容发生变化时，自动把包含该 TextBox 控件的表单回传给服务器。
- Text：文本值。通过该属性可以获取和设置 TextBox 控件中显示的值。
- TextMode：文本框的行为模式，共支持 3 种模式。其中，SingleLine 为显示单行文本框；MultiLine 为显示多行文本框；Password 则屏蔽显示用户输入的单行文本框。
- ReadOnly：指示该控件是否只读。默认值为 False。

TextBox 控件的 HTML 标签：

```
<asp:TextBox ID="TextBox1" runat="server" AutoPostBack="true" TextMode="Password">
```

设置或获取名为 TextBox1 控件的属性值的方式为：

```
01    string pwd=TextBox1.Text;          //获取 TextBox1 控件的 Text 属性值
02    TextBox1.Text=pwd;                 //设置 TextBox1 控件的 Text 属性值
```

当 TextBox 控件失去焦点时，该控件将引发 TextChanged 事件。默认情况下，TextChanged 事件并不马上向服务器发送 Web 窗体页，而是当下次发送窗体时才在服务器代码中引发此事件。若要使 TextChanged 事件引发即时发送，应将 TextBox 控件的 AutoPostBack 属性设置为 true。

3. 按钮控件（Button、LinkButton 和 ImageButton）

用户浏览网页时，常常需要将已完成的表单提交到服务器，由服务器执行特定命令，获取相应信息等操作。按钮控件具有为用户提供向服务器发送页的能力，当用户单击按钮控件时，该控件会在服务器代码中触发事件，并将该页发送到服务器，以进行处理。

ASP.NET 包括 3 个用于向服务器端提交表单的控件，如表 2-2 所示。这 3 个控件拥有相同的功能，但它们在网页上显示的外观却不同。单击按钮时，触发 Click 和 Command 事件。

表 2-2　按钮控件类型

控　件	说　　明
Button	显示一个标准命令按钮
LinkButton	显示为页面中的一个超链接，包含使窗体发回服务器的客户端脚本
ImageButton	将图形呈现为按钮，并提供有关图形内已单击位置的坐标信息

按钮控件用于事件的提交，表 2-3 列出了按钮控件的常用通用属性。

表 2-3　按钮控件常用属性

属　性	描　　述
CommandName	指定传给 Command 事件的命令名
CommandArgument	指定传给 Command 事件的命令参数
CausesValidation	指定单击按钮是否执行验证检查。将此属性设置为 false 时，不执行验证检查操作
Enable	禁用该按钮控件
OnClientClick	指定单击按钮执行的客户端脚本
PostBackUrl	设置将表单传给某个页面

下面的语句分别声明了 3 种不同的按钮，代码如下。

```
01    <asp:Button ID="Button1" runat="server" Text="Button" OnClick="Button1_Click"/>
02    <asp:LinkButton ID="LinkButton1" runat="server">LinkButton</asp:LinkButton>
03    <asp:ImageButton ID="ImageButton1" runat="server" ImageUrl="~/login.gif" />
```

【代码解析】第 1 行声明了一个标准命令按钮，其对应的单击处理事件是 Button1_Click；第 2 行声明了一个显示超链接的按钮；第 3 行声明了一个显示图像的按钮。

```
01    protected void Button1_Click(object sender, EventArgs e)
02    {
03        TextBox1.Text = "标准按钮测试";
04    }
```

【代码解析】定义 Button1_Click 事件处理方法，单击按钮 Button1，文本框中显示"标准按钮测试"。

在按钮控件中，Click 事件不能传递参数。当网页中有多个 Button 控件且这些控件具有相似的行为时，通常用按钮的 Command 命令事件进行处理。Command 命令事件通过 CommandName 和 CommandArgument 属性来传递参数。

案例
演练　例 2-2：按钮 Command 命令事件。

（1）在页面中添加一个 Label 控件和 3 个按钮控件，页面布局效果如图 2-3 所示。

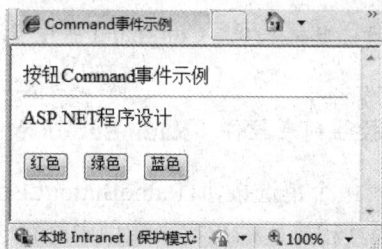

图 2-3　Command 命令事件

（2）分别设置 3 个按钮的 CommandName 属性值为 red、green、blue，设置 3 个按钮的 OnCommand 事件处理均为 Button_Click，页面关键代码如下。

```
01    <!--程序名称：2_2.aspx-->
02    <asp:Label ID="Label1" runat="server" Text="ASP.NET 程序设计" /><br/><br/>
03    <asp:Button ID="lbtnRed" runat="server" Text="红色"
04                    CommandName="red" OnCommand="Button_Click"/>  
05    <asp:Button ID="lbtnGreen" runat="server" Text="绿色"
06                    CommandName="green" OnCommand="Button_Click" />  
07    <asp:Button ID="lbtnBlue" runat="server" Text="蓝色"
08                    CommandName="blue" OnCommand="Button_Click" />  
```

【代码解析】第 1 行声明了一个 Label 控件；第 3～8 行声明了 3 个 Button 控件，与这 3 个 Button 控件关联的命令事件均为 Button_Click。

（3）编写 3 个按钮的公共处理事件 Button_Click，关键代码如下。

```
01    //程序名称：2_2.aspx.cs
02    //程序功能：分别单击 3 个按钮，文字颜色发生相应变化
03    using System.Drawing;
04    protected void Button_Click(object sender, CommandEventArgs e)
05    {
06        Color color = Color.White;
07        switch (e.CommandName)
08        {
09            case "red": color = Color.Red; break;
10            case "green": color = Color.Green; break;
11            case "blue": color = Color.Blue; break;
12        }
13        Label1.ForeColor = color;      //设置字体颜色
14    }
```

【代码解析】第 3 行导入 Color 类所需的命令空间；第 6 行声明 Color 对象 color；第 7 行判断触发该事件的命令按钮的 CommandName 属性值；第 9 行当 CommandName 属性值为 red 时，设置 color 的值为 Color.Red；第 13 行设置 Label1 控件的前景颜色。

（4）浏览页面，单击"红色"按钮，"ASP.NET 程序设计"文本显示为红色；单击"绿色"按钮，则文字变成绿色。

学习提示：当按钮同时具有 Click 单击事件和 Command 命令事件时，通常情况下执行

Command 命令事件。也就是说，Command 命令事件比 Click 单击事件具有更高的可控性。

4. 单选按钮控件和单选按钮列表控件（RadioButton 和 RadioButtonList）

RadioButton 控件用于显示单个单选按钮，RadioButtonList 控件用于显示一组单选按钮。这两种控件都能使用户从一组互相排斥的预定义选项中进行选择。

单选按钮很少单独使用，而是进行分组以提供一组互斥的选项。在一个组内，通过设置 RadioButton 控件的 GroupName 属性来实现分组，以保证每次只能选择一个单选按钮。

案例演练 例2-3：使用 RadioButton 控件。

添加两个 RadioButton 控件，分别用来显示"男"和"女"，并将两个控件的 GroupName 属性设置为 sex 来保证两个控件的互斥性，代码如下所示。

```
01    <!--程序名称：2_3.aspx-->
02    <asp:RadioButton ID="Rbn1" Text="男" GroupName="sex" Checked="true" runat="server" />
03    <asp:RadioButton ID="Rbn2" Text="女" GroupName="sex" runat="server" />
```

【代码解析】第1行声明 RadioButton 控件，Checked 属性值为"true"，表示选中，否则为未选中，GroupName 分组名称为 sex；第2行也声明一个 RadioButton 控件，其分组名也为 sex，表示与第2行定义的单选控件为同一组，以保持两个单选按钮的互斥。

同样，RadioButtonList 控件也可实现单选列表的选择，该控件中的列表项将自动进行分组，其常用属性如表2-4所示。

表2-4　RadioButtonList 控件的常用属性

属　　性	描　　述
RepeatColumns	显示单选按钮组时要使用的列数
RepeatDirection	规定单选按钮组为水平重复还是垂直重复
SelectedItem	单选按钮组中被选中的项

案例演练 例2-4：使用 RadioButtonList 控件。

```
01    <!--程序名称：2_4.aspx-->
02    <asp:RadioButtonList ID="RadioButtonList1" runat="server" RepeatDirection="Horizontal">
03        <asp:ListItem Selected="True">男</asp:ListItem>
04        <asp:ListItem>女</asp:ListItem>
05    </asp:RadioButtonList>
```

【代码解析】第2~4行声明 RadioButtonList 控件，按钮组为水平重复；第3~4行声明该按钮组有两项，其中第一项"男"默认被选中。

RadioButtonList 控件使用 ListItem 管理单选按钮集，其中 Selected 属性表示该单选按钮是否被选中。如要获取 RadioButtonList 控件的选中项，只需访问 SelectedItem 属性，代码如下。

```
string s=RadioButtonList1.SelectedItem.Value;
```

学习提示：单个 RadioButton 控件在用户单击该控件时引发 CheckedChanged 事件。当用户更改 RadioButtonList1 列表中选中的单选按钮时，RadioButtonList 控件会引发 SelectedIndexChanged 事件。默认情况下，这两个事件不会向服务器发送页。通过将 AutoPostBack 属性设置为 true，可以强制该控件立即执行回发。

5. 复选框控件和复选框列表控件（CheckBox 和 CheckBoxList）

CheckBox 控件用于显示单个复选框，CheckBoxList 控件用于显示一组复选框。这两类控件都为用户提供了一种指定是/否（真/假）选择的方法。在 ASP.NET 网页中，可以向页面添加单个 CheckBox 控件，并单独使用这些控件；也可以添加 CheckBoxList 控件，使用一个复选框列表项集合，控件列表中的各项相对应的项的集合可以通过"编辑项"来编辑，也可以绑定到数据库中的数据。

使用 CheckBox 控件和 CheckBoxList 控件可以执行以下操作：

- 当选中某个复选框时，将引起页面回发。
- 当用户选中某个复选框时，捕获用户交互。
- 将每个复选框都绑定到数据库中的数据。

这两类控件有各自的优点，使用 CheckBox 控件比使用 CheckBoxList 控件能更好地控制页面上各个复选框的布局。若想使用数据源中的数据创建一系列复选框，则 CheckBoxList 控件是更好的选择。控件的使用方法同 RadioButton 和 RadioButtonList 控件类似。

案例演练 例 2-5：使用 CheckBoxList 控件。

（1）首先在页面添加 CheckBoxList、Button 和 Label 控件，其页面代码如下。

```
01  <!--程序名称：2_5.aspx-->
02  <asp:CheckBoxList ID="chkHobby" runat="server"
03              RepeatColumns="3" RepeatDirection="Horizontal" >
04      <asp:ListItem>看书</asp:ListItem>
05      <asp:ListItem>打球</asp:ListItem>
06      <asp:ListItem>旅游</asp:ListItem>
07  </asp:CheckBoxList>
08  <asp:Button ID="btnView" runat="server" onclick="btnView_Click" Text="显示" />
09  <asp:Label ID="lblView" runat="server"></asp:Label>
```

【代码解析】第 2～7 行声明 CheckBoxList 控件 chkHobby，每一行显示 3 项，水平重复；第 4～6 行分别声明 chkHobby 控件中包含的项；第 8 行声明命令按钮 btnView。

（2）为按钮 btnView 添加单击事件。当单击按钮时，将选中复选框的值连接起来，显示在标签控件 lblView 中，代码如下所示。

```
01  //程序名称：2_5.aspx.cs
02  //程序功能：输出选中的兴趣项
03  protected void btnView_Click(object sender, EventArgs e)
04  {
```

```
05          lblView.Text = "你的兴趣有：";
06          for (int i = 0; i < chkHobby.Items.Count; i++)
07              if (chkHobby.Items[i].Selected == true)
08                  lblView.Text += " " + chkHobby.Items[i].Value;
09      }
```

【代码解析】第 6 行遍历复选按钮组中的每一项，chkHobby.Items.Count 用来统计复选框列表控件中的项数；第 7 行 chkHobby.Items[i].Selected 用来判断列表中的第 i 项是否被选中；chkHobby.Items[i].Value 用来获取列表中第 i 项的值。

（3）浏览页面，选中"看书"和"旅游"，单击"显示"按钮，效果如图 2-4 所示。

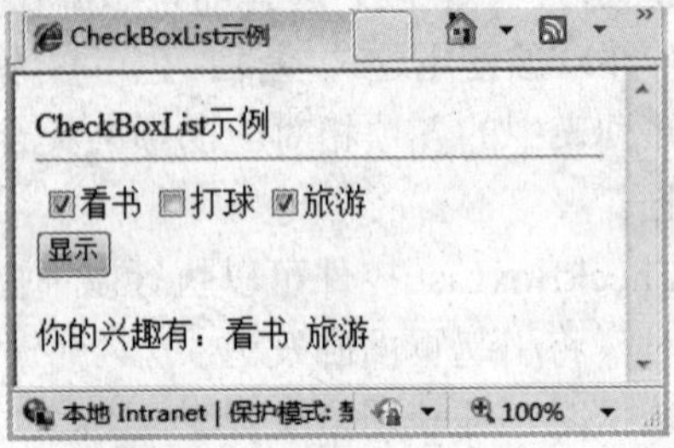

图 2-4   CheckBoxList 控件

6. 列表控件（DropDownList，ListBox）

用户在与 Web 窗体交互的过程中，为了方便用户的输入，经常需要使用列表控件。用户从列表控件预定义的列表项中选择值。列表控件简化了用户的输入，并且可以有效地防止用户输入不存在或不符合要求的数据。

（1）DropDownList 控件

DropDownList 控件使用户可以从预定义的下拉列表中选择单个项，其选项列表在用户单击下拉按钮之前一直保持隐藏状态。DropDownList 控件不支持多重选择模式。

| 案例演练 | 例 2-6：使用 DropDownList 控件。 |

```
01  <!--程序名称：2_6.aspx-->
02  请选择您最喜欢的颜色：<asp:Label ID="lblView" runat="server"></asp:Label>
03  <asp:DropDownList ID="ddlColor" runat="server">
04      <asp:ListItem>红色</asp:ListItem>
05      <asp:ListItem>蓝色</asp:ListItem>
06      <asp:ListItem>绿色</asp:ListItem>
07  </asp:DropDownList>
```

【代码解析】第 3～7 行声明 DropDownList 控件 ddlColor；第 4～6 行分别声明 ddlColor 控件中包含的项。

DropDownList 控件与 RadioButtonList 和 CheckBoxList 控件一样，也是列表项的容器控件，每一个列表项都属于 ListItem 类型。每一个 ListItem 对象都是具有自己属性的独立对象，其常用属性如表 2-5 所示。

表 2-5　ListItem 类型的常用属性

属　　性	描　　述
Text	指定在列表中显示的文本
Value	指定列表项对应的隐藏值。设置此属性可以将该值与特定的项关联而不显示该值
Selected	表示一个列表项被选中

若要向例 2-6 的 ddlColor 中动态添加项，代码如下。

```
01    ListItem item = new ListItem("黄色");
02    ddlColor.Items.Add(item);
```

【代码解析】第 1 行定义 ListItem 的对象 item；第 2 行将 item 添加至 ddlColor 下拉列表。

图 2-5 显示了例 2-6 执行后的页面显示状态。当用户选择其中一项时，DropDownList 控件可以引发 SelectedIndexChanged 事件。在"设计"视图中双击 ddlColor 控件，在后台代码中编辑该事件，代码如下。

```
01    //程序名称：2_6.aspx.cs
02    //程序功能：显示选中的下拉列表项
03    protected void ddlColor_SelectedIndexChanged(object sender, EventArgs e)
04    {    lblView.Text = ddlColor.SelectedItem.Text;
05    }
```

【代码解析】第 3 行将选中项的 Text 属性赋值给标签控件 lblView 的 Text 属性。

图 2-6 是用户选择蓝色后的显示效果。

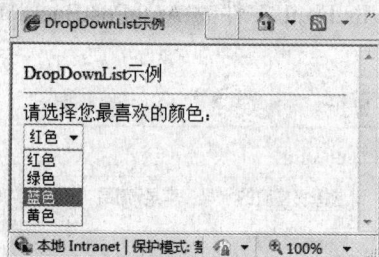

图 2-5　DropDownList 控件的显示

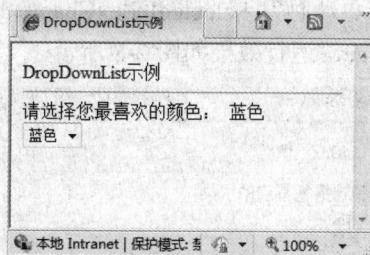

图 2-6　选择蓝色的显示

学习提示：默认情况下，DropDownList 控件的 SelectedIndexChanged 事件不会向服务器发送页。可以通过将 AutoPostBack 属性设置为 true，强制该控件立即回发。

（2）ListBox 控件

ListBox 控件也是列表类控件，与 DropDownList 控件的不同之处是它可以一次显示多个项且用户能够同时选择多个项。当属性 SelectionMode 值为 Single 时，只能选择一行；值为 Multiple 时，可以选择多行。

案例演练　例 2-7：使用 ListBox 列表控件。

```
01    <!--程序名称：2_7.aspx-->
02    请选择您喜欢的水果：<asp:Label ID=" lblView" runat="server"></asp:Label><br />
```

```
03    <asp:ListBox ID="listFruit" runat="server" SelectionMode= "Multiple">
04         <asp:ListItem>西瓜</asp:ListItem>
05         <asp:ListItem>苹果</asp:ListItem>
06         <asp:ListItem>香蕉</asp:ListItem>
07         <asp:ListItem>葡萄</asp:ListItem>
08         <asp:ListItem>橙子</asp:ListItem>
09    </asp:ListBox>
```

【代码解析】第 3～9 行声明 ListBox 控件 listFruit，设置 SelectionMode 属性值为 Multiple，允许选择多行；第 4～8 行定义 listFruit 中包含的项。

从结构上看，ListBox 列表控件与 DropDownList 控件十分相似，但显示的效果却不相同，如图 2-7 所示。

SelectedIndexChanged 事件是 ListBox 列表控件中最常用的事件。当选中列表中的一项或多项时，触发该事件，代码如下。

```
01    //程序名称：2_7.aspx.cs
02    //程序功能：显示选中的列表项
03    protected void listFruit_SelectedIndexChanged(object sender, EventArgs e)
04    {
05         foreach (ListItem item in listFruit.Items)
06              if (item.Selected)
07                   lblView.Text += item.Value + "   ";
08    }
```

【代码解析】第 5 行遍历 listFruit 列表控件中的每一项；第 6 行判断当前项是否被选中。

要自动触发 SelectedIndexChanged 事件，需要将 listFruit 控件的 AutoPostBack 属性设置为 true，运行效果如图 2-8 所示。

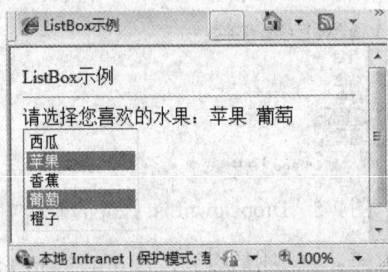

图 2-7　ListBox 控件的显示　　　　　图 2-8　选择了"苹果"和"葡萄"的显示

7. 超链接控件（HyperLink）

HyperLink 控件可在网页上创建链接，使用户可以在不同页面之间跳转。不同于 LinkButton 控件，HyperLink 控件不向服务器端提交表单，仅用于页面间的导航。表 2-6 列出了 HyperLink 控件的常用属性。

表 2-6　HyperLink 控件的常用属性

属　　性	描　　述
Enable	启用或禁用超链接

属　　性	描　　述
ImageUrl	为超链接指定一个图片
NavigateUrl	指定超链接代表的 URL
Target	获取或设置单击 HyperLink 控件时显示链接到的网页内容的目标窗口或框架
Text	标注超链接

下列语句声明了一个<HyperLink>控件，单击"湖南信息职院"时，页面将跳转到域名为 http://www.hniu.cn 的网站。

```
<asp:HyperLink ID="HyperLink1" runat="server"
        NavigateUrl="http://www.hniu.cn">湖南信息职院</asp:HyperLink>
```

8. 图像控件（Image）

使用 Image 控件可以在页面中显示图像。表 2-7 列出了图像控件常用的属性。

表 2-7　Image 控件的常用属性

属　　性	描　　述
AlternateText	在图像无法显式时为图像提供的代替文本
ImageAlign	用于将图像和页面中的其他 HTML 元素对齐。其取值可以是 AbsBottom、AbsMiddle、Baseline、Bottom、Left、Middle、NotSet、Rigth、TextTop 和 Top
ImageUrl	指定图像的 URL

下列代码使用 Image 控件将当前目录下的图片 flower.jpg 呈现在网页中。

```
<asp:Image ID="Image1" runat="server" ImageUrl="flower.jpg" />
```

与大多数 Web 服务器控件不同，Image 控件不支持任何事件。例如，Image 控件不响应鼠标单击事件。根据需要，可以通过使用 ImageMap 或 ImageButton 服务器控件来创建交互式图像。

2.3.3　验证控件

🎬 视频精讲：

http://www.icourses.cn/jpk/changeforVideo.action?resId=382348&courseId=3803&firstShowFlag=7

Web 应用系统中常需要检查用户输入信息的有效性，并给出错误提示。使用 ASP.NET 提供的验证控件可以轻松实现数据检验。ASP.NET 提供的验证控件类型如表 2-8 所示。

表 2-8　验证控件的类型

验 证 类 型	使用的控件	说　　明
必需项	RequiredFieldValidator	要求用户必须在表单中输入值
特定值比较	CompareValidator	将用户输入与一个常数值或另一个控件或特定数据类型的值进行比较

验 证 类 型	使用的控件	说　　明
范围检查	RangeValidator	检查用户的输入是否在指定的上下限定范围内
模式匹配	RegularExpressionValidator	检查项与正则表达式定义的模式是否匹配。能够检查可预知的字符序列，如电子邮件地址、电话号码等
用户自定义	CustomValidator	使用自定义的验证逻辑检查用户输入
验证组控件	ValidationSummary	用于在页面中或对话框中显示所有验证错误的摘要。ShowMessageBox 为 True 时，错误摘要显示在对话框中；ShowSummary 为 True 时，错误摘要显示在页面中

（1）必需项验证

RequiredFieldValidator 控件是验证必需项控件，要求用户在特定控件中必须提供信息。例如，用户在提交注册窗体之前必须填写"姓名"文本框，如果用户没有输入，则页面提交不通过，且提示错误信息。该控件的常用属性如表 2-9 所示。

表 2-9　RequiredFieldValidator 控件的常用属性

属　　性	说　　明
ControlToValidate	被验证的控件 ID。每个验证控件必须提供该属性的值，否则就会报错
Text	验证失败时显示的错误信息。赋值给 Text 属性的信息显示在页面主体中
ErrorMessage	验证控件无效时在 ValidationSummary 中显示的消息。若未给 Text 属性赋值，则 ErrorMessage 属性的信息会显示在页面主体中
Display	用于决定如何呈现验证错误信息。该属性接受 3 个值：Static、Dynamic 和 None

案例演练　例 2-8：必需项验证。

用户在提交页面前，要求 TextBox 文本框中必须输入用户名，页面代码如下。

```
01  <!--程序名称：2_8.aspx-->
02  用户名：<asp:TextBox ID="txtUName" runat="server"></asp:TextBox>
03  <asp:RequiredFieldValidator ID="RequiredFieldValidator1" runat="server" ForeColor="Red"
04    ControlToValidate="txtUName" ErrorMessage="（用户名不能为空）" Font-Size="Small">
05  </asp:RequiredFieldValidator><br />
06  <asp:Button ID="btnCmf" runat="server" Text="确定" />
```

【代码解析】第 3～5 行声明了 RequiredFieldValidator 控件，用于验证文本框 txtUName 必须输入内容。

图 2-9 显示了用户没有输入用户名而提交页面时出现的错误信息提示。

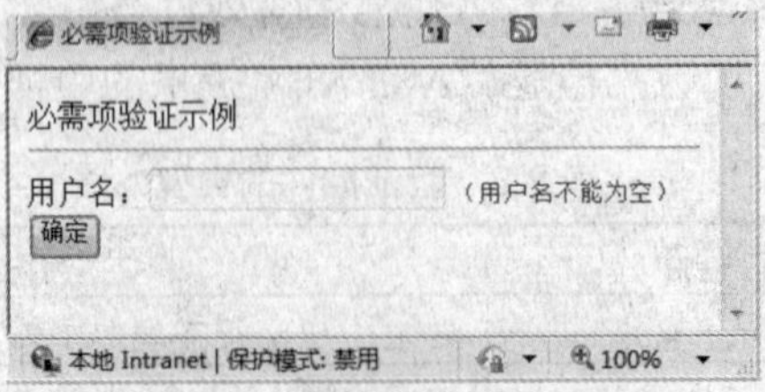

图 2-9　必需项验证

（2）特定值比较验证

通过使用 CompareValidator 验证控件，可以使用逻辑运算符对照一个特定值来验证用户输入。例如，可以指定用户输入的必须是"2010 年 1 月 1 日"之后的日期。

除了具有验证控件的一般属性，CompareValidator 验证控件的常用属性如表 2-10 所示。

表 2-10 CompareValidator 控件的常用属性

属　　性	说　　明
ControlToValidate	被验证的控件 ID
ControlToCompare	待比较的控件 ID
Type	待比较的值的数据类型。类型使用 ValidationDataType 枚举指定，该枚举允许使用 String、Integer、Double、Date 或 Currency 类型名
Operator	比较运算符。该运算符使用 ValidationCompareOperator 枚举类型，包括 Equal（等于）、NotEqual（不等于）、GreaterThan（大于）、GreaterThanEqual（大于等于）、LessThan（小于）、LessThanEqual（小于等于）、DataTypeCheck（数据类型检验）

案例
演练　例 2-9：特定值比较验证。

对用户输入的数据类型进行检验，并将用户输入的值与另一控件的值进行比较，检查用户是否输入了早于到达日期的离开日期，代码如下所示。

```
01  <!--程序名称：2_9.aspx-->
02  到达日期：<asp:TextBox ID="txtArrivalDate" runat="server"></asp:TextBox>
03  <asp:CompareValidator ID="CompareValidator1" runat="server" Display="Dynamic"
04      ErrorMessage="请输入正确的日期格式，如：2013/02/01" Font-Size="Small"
05      Operator="DataTypeCheck" ControlToValidate="txtArrivalDate" Type="Date" /><br />
06  离开日期：<asp:TextBox ID="txtDepartureDate" runat="server"></asp:TextBox>
07  <asp:CompareValidator ID="CompareValidator2" runat="server" Display="Dynamic"
08      ErrorMessage="离开日期不能早于到达日期！" Font-Size="Small"
09      Operator="GreaterThanEqual" ControlToValidate="txtDepartureDate"
10      Type="Date" ControlToCompare="txtArrivalDate" /><br />
11  <asp:Button ID="btnCmf" runat="server" Text="确定" />
```

【代码解析】第 3～5 行声明了一个 CompareValidator 控件，用于验证文本框 txtArrivalDate 的输入数据必须是一个 Date 类型，运算符为 DataTypeCheck；第 8～10 行声明了另一个 CompareValidator 控件，用于验证文本框 txtDepartureDate 的输入数据必须是一个 Date 类型，且大于等于文本框 txtArrivalDate，运算符为 GreaterThanEqual。

（3）范围检查验证

通过使用 RangeValidator 控件，可以确定用户的输入是否介于特定的取值范围内，如介于两个数字、两个日期或两个字母字符之间。要对照取值范围进行验证，需要将 RangeValidator 控件添加到页中，该控件常用属性如表 2-11 所示。

表 2-11　RangeValidator 控件的常用属性

属　　性	说　　明
ControlToValidate	被验证的控件 ID
Text	验证失败时显示的错误信息
Type	所执行的比较类型，可能的值有 String、Integer、Double、Date 或 Currency
MinimumValue	验证范围的最小值
MaximumValue	验证范围的最大值

学习提示：使用 RangeValidator 控件时，不要忘记设置 Type 属性。如果用户输入的信息无法转换为指定的数据类型，如无法转换为日期，则验证将失败。如果用户将控件保留为空白，则此控件将通过范围验证。若要强制用户输入值，则还要添加 RequiredFieldValidator 控件。

（4）模式匹配验证

RegularExpressionValidator 控件用于将用户输入的值和预定义的模式（正则表达式）进行比较，来验证用户的输入是否匹配预定义的模式，例如，电话号码、邮编或电子邮件地址等。预定义的模式由 RegularExpressionValidator 控件的 ValidationExpression 属性指定，其他属性同 RequiredFieldValidator 控件。

案例
演练　**例 2-10**：模式匹配验证页面中用户输入的电子邮件地址。

```
01   <!--程序名称：2_10.aspx-->
02   电子邮箱：<asp:TextBox ID="txtEmail" runat="server" />
03   <asp:RegularExpressionValidator ID="RegularExpressionValidator1" runat="server"
04       ControlToValidate="txtEmail" ErrorMessage="邮箱格式不正确！"
05       ValidationExpression="\w+([-+.']\w+)*@\w+([-.]\w+)*\.\w+([-.]\w+)*">
06   </asp:RegularExpressionValidator>
07   <asp:Button ID="btnCmf" runat="server" Text="确定" />
```

【代码解析】第 3～6 行声明了 RegularExpression 控件，用于验证文本框 txtEmail 的输入要和电子邮箱的格式相匹配，电子邮箱的正则表达式由 ValidationExpression 指定。

例 2-10 的代码也可以在 Visual Studio 2010 的设计器中设置，打开 RegularExpression-Validator 的属性窗口，选择 ValidationExpression 属性打开正则表达式编辑器，开发人员可以使用标准表达式，如电子邮件地址、电话号码和 URL 等，如图 2-10 所示。

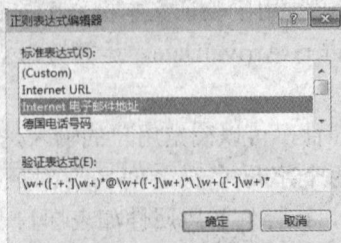

图 2-10　正则表达式编辑器

（5）用户自定义验证

当上述提到的验证控件不能满足数据验证要求时，开发人员可以使用自定义验证控件 CustomValidator 编程来实现验证需求。验证可以在客户端或服务器端进行，可以通过 ClientValidationFunction 属性设置客户端的验证函数，也可以设置 OnServerValidate 属性来定义服务器端的验证事件，其他属性同 RequiredFieldValidator 控件。

案例
演练　例 2-11：验证手机号码是 1 开头的 11 位数字。

在页面上添加 TextBox 控件和 CustomValidator 控件，设置 CustomValidator 控件的验证属性，代码如下。

```
01    <!--程序名称：2_11.aspx-->
02    手机号：<asp:TextBox ID="txtPhone" runat="server"></asp:TextBox>
03    <asp:CustomValidator ID="CustomValidator1" runat="server" ErrorMessage="手机号格式不正确"
04          ControlToValidate="txtPhone" ClientValidationFunction="phoneCheck" />
```

【代码解析】第 3～4 行声明了 CustomValidator 控件，用于验证文本框 txtPhone 的输入，ClientValidationFunction 属性设置处理验证的客户端函数为 phoneCheck。

在页面中编写 JavaScript 脚本，定义函数 phoneCheck 如下。

```
05    <script type="text/javascript">
06        function phoneCheck(source, args) {
07            var phone = args.Value;
08            args.IsValid = false;
09            if (phone.length == 11)
10                if (phone.charAt(0) == '1') {
11                    for (var i = 1; i < phone.length; i++)
12                        if (phone.charAt(i) < '0' && phone(i) > '9')
13                            break;
14                        if (i == phone.length)
15                            args.IsValid = true;
16        }        }
17    </script>
```

【代码解析】第 7 行 args.Value 将包含要验证的用户输入内容；第 8 行设置验证有效性，默认为 false；第 9 行判断 phone 的长度是否为 11；第 10 行判断 phone 的第 1 位是否为 1；第 11～13 行遍历 phone 的其余字符，判断其是否为数字；第 15 行设置验证有效性为 true，表示验证通过。

学习提示：在实际的应用程序中，可以根据需要同时对一个控件进行多项验证。

任务实施

视频精讲：

http://www.icourses.cn/jpk/changeforVideo.action?resId=383330&courseId=3803&firs

tShowFlag=7

http://www.icourses.cn/jpk/changeforVideo.action?resId=387172&courseId=3803&firs

tShowFlag=7

用户注册页面设计的具体步骤如下：

步骤 1. 新建一个 ASP.NET 空网站，命名为 UserRegDemo。

步骤 2. 在解决方案资源管理器中右击 UserRegDemo 网站，在弹出的快捷菜单中选择"添加新项"命令。

步骤 3. 在弹出的"添加新项"对话框中选择 Web 窗体，命名为 Register.aspx，如图 2-11 所示，然后单击"确定"按钮。

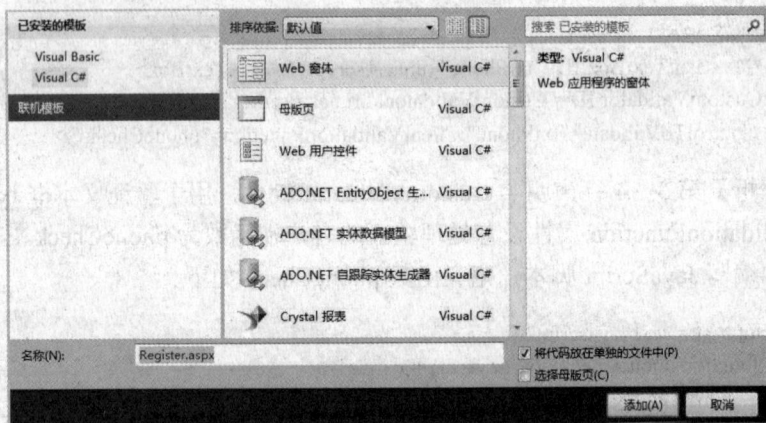

图 2-11　新建 Web 窗体

步骤 4. 选择菜单中"表"→"插入表格"命令，在"插入表格"对话框中进行如图 2-12 所示设置。设置完成后，单击"确定"按钮插入表格，为注册界面进行页面布局。

步骤 5. 设计"用户注册"页面。添加文字，将所需控件拖放到页面中，页面具体情况如图 2-13 所示。页面中各服务器控件的设置如表 2-12 所示。

图 2-12　"插入表格"对话框

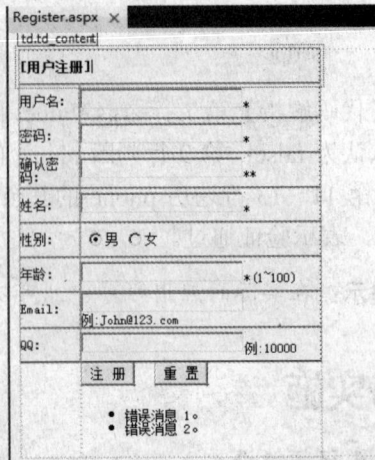

图 2-13　"用户注册"页面设计

表 2-12　用户注册页面控件设置

控件 ID	控 件 类 型	属 性 名	属 性 值
txtUname	TextBox		
reqtxtUname	RequiredFieldValidator	ControlToValidate	txtUsername
		ErrorMessage	必须填写用户名
		Text	*
txtPwd	TextBox	TextMode	Password
reqtxtPwd	RequiredFieldValidator	ControlToValidate	txtPwd
		ErrorMessage	必须填写密码
		Text	*
txtRePwd	TextBox	TextMode	Password
reqtxtRePwd	RequiredFieldValidator	ControlToValidate	txtRePwd
		Display	Dynamic
		ErrorMessage	必须填写确认密码
		Text	*
comPwd	CompareValidator	ControlToCompare	txtPwd
		ControlToValidate	txtRePwd
		Display	Dynamic
		ErrorMessage	确认密码与密码不相同
		Text	*
txtName	TextBox		
reqtxtName	RequiredFieldValidator	ControlToValidate	txtName
		ErrorMessage	必须填写姓名
		Text	*
radioSex	RadioButtonList	Items[0].Value	男
		Items[1].Value	女
txtAge	TextBox		
rantxtAge	RangeValidator	ControlToValidate	txtAge
		ErrorMessage	必须填写有效的年龄
		Text	*(1~100)
		MaximumValue	100
		MinimumValue	1
		Type	Integer
txtEmail	TextBox		
regtxtEmail	RegularExpressionValidator	ControlToValidate	txtEmail
		ErrorMessage	必须填写有效的 E-mail
		Text	例：John@123.com
		ValidationExpression	\w+([-+.']\w+)*@\w+([-.]\w+)*\.\w+([-.]\w+)* 注：Internet 电子邮件地址

续表

控件 ID	控 件 类 型	属 性 名	属 性 值
txtQQ	TextBox		
regtxtQQ	RegularExpressionValidator	ControlToValidate	txtQQ
		ErrorMessage	必须填写有效的 QQ 号码
		Text	例：10000
		ValidationExpression	\d{5,12}
valError	ValidationSummary	ShowMessageBox	True
		ShowSummary	False
btnOK	Button	Text	注册
Reset1	Reset	Value	重置

　　步骤 6. 在网站中添加新页面 Default.aspx，双击打开 Default.aspx 文件，在页面中输入文字"恭喜，注册完毕。"，如图 2-14 所示。

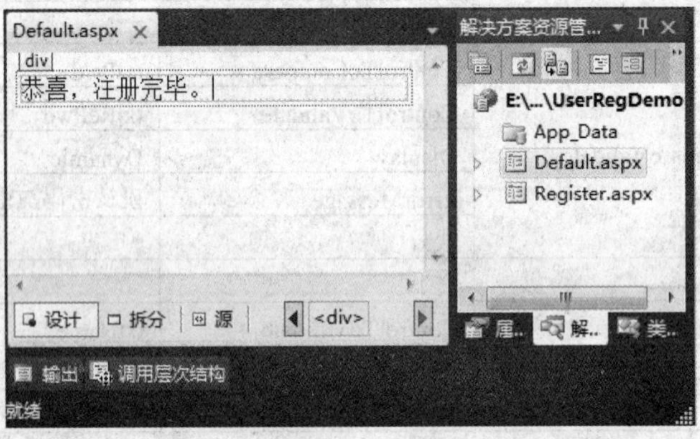

图 2-14　编辑 Default.aspx 页面

　　步骤 7. 添加代码。打开 Register.aspx 文件，双击注册按钮，在创建的按钮单击事件中添加如下代码。

```
01    //程序名称：Register.aspx.cs
02    //程序功能：判断页面是否通过验证
03    protected void btnOK_Click(object sender, EventArgs e)
04    {   if(Page.IsValid)
05            Response.Redirect("~/Default.aspx");
06    }
```

　　【代码解析】 第 4 行判断页验证是否成功；第 5 行页面跳转至 Default.aspx 页。

　　步骤 8. 保存并在浏览器中查看运行效果。如果所有的内容输入无误，全部验证通过，则跳转到 Default.aspx。

知识拓展

用户自定义控件

视频精讲：

http://www.icourses.cn/jpk/changeforVideo.action?resId=388136&courseId=3803&firstShowFlag=7

除了在 ASP.NET 网页中使用 Web 服务器控件外，开发人员还可以创建可重复使用的自定义控件，这些控件称做用户控件。

用户控件是一种复合控件，其工作原理类似于 ASP.NET 网页。开发人员可以向用户控件添加现有的 Web 服务器控件和标记，并定义控件的属性和方法，然后将控件嵌入到 ASP.NET 网页中充当一个单元。

（1）用户控件结构

ASP.NET Web 用户控件与完整的 ASP.NET 网页（.aspx 文件）相似，也具有用户界面页和代码隐藏类。可以采取与创建 ASP.NET 页相似的方式创建用户控件。但用户控件与 ASP.NET 网页有一些的区别，主要如下：

- 用户控件的文件扩展名为.ascx。
- 用户控件中没有@ Page 指令，但包含@Control 指令，该指令对配置及其他属性进行定义。
- 用户控件不能作为独立文件运行，而必须像处理其控件一样，将它们添加到 ASP.NET 页中。
- 用户控件中没有 html、body 或 form 元素（这些元素必须位于 ASP.NET 页中）。

（2）创建 ASP.NET 用户控件

创建 ASP.NET 用户控件的操作步骤如下：

① 打开要添加用户控件的网站项目。在解决方案资源管理器中右击网站项目的名称，在弹出的快捷菜单中选择"添加新项"命令。

② 在"添加新项"对话框中的"Visual Studio 已安装的模板"内，选择"Web 用户控件"选项，并在"名称"文本框中输入用户控件名称 UserControl。如果要将用户控件的所有代码都放置在一个单独的文件中，需选中"将代码放在单独的文件中"复选框，如图 2-15 所示，完成后单击"添加"按钮。

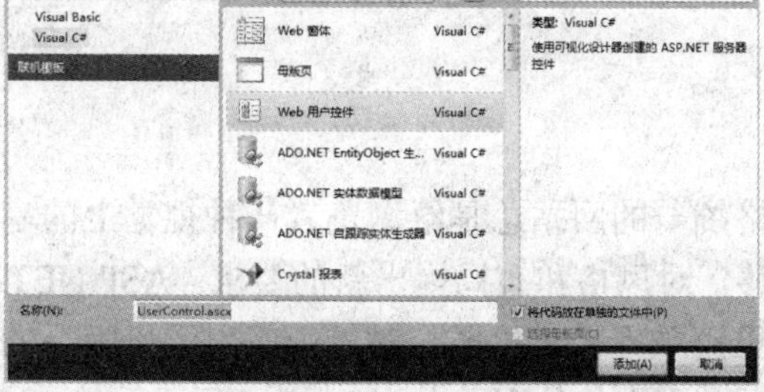

图 2-15　添加用户控件

③ 将新创建的 ASP.NET 用户控件在设计器中打开。向新用户控件中添加表 2-13 中列出的控件。

表 2-13　控件设置

控件 ID	控件类型	属性名	属性值
Panel1	Panel（界面元素的容器）	BackColor	#0099FF
		Height	35px
		Width	300px
TextBox1	TextBox	Width	180px
Button1	Button	Text	确定

④ 双击 Button1 按钮，在创建的 Button1_Click 事件中添加如下代码。

```
01    //程序名称：UserControl.aspx.cs
02    //程序功能：用户控件中按钮的事件处理
03    protected void Button1_Click(object sender, EventArgs e)
04    {
05        TextBox1.Text = "这是一个用户控件";
06    }
```

⑤ 保存操作，完成用户控件的定义。

学习提示：用户控件不能独立运行，必须将其拖放到 ASP.NET 网页中才能运行。

（3）使用 ASP.NET 用户控件

用户控件不会出现在工具箱中，需要直接从解决方案资源管理器中拖曳。操作过程如下：

① 打开要添加 ASP.NET 用户控件的网页，切换到"设计"视图。

② 在解决方案资源管理器中选择自定义用户控件文件，并将其拖至页面上。ASP.NET 用户控件被添加到该页面上时，设计器会自动创建@Register 指令，以识别用户控件。

```
<%@ Register src="UserControl.ascx" tagname="UserControl" tagprefix="uc1" %>
```

此时，就能在页面设计器中查看到用户控件设计时的样式，并且可以处理该控件的公有属性和方法。

任务2　使用母版页设计网站

任务场景

一个布局一致和风格统一的网站总是给浏览者一种视觉上的享受，然而任何网站总会随着需求变更和时间推移，对风格和布局提出新的要求。ASP.NET 提供的母版页技术使网站风格和布局的维护变得简单且易于扩展，对一个应用了母版页的网站来说，只需修改母版页就可以动态地改变所有页面的外观。

本任务通过母版页来设计个人网站，阐述使用母版页技术实现网站布局和风格统一的基本方法。

知识引入

2.4 母版页的工作原理

视频精讲：

http://www.icourses.cn/jpk/changeforVideo.action?resId=381406&courseId=3803&firstShowFlag=9

一个应用了母版页的网页实际由两部分组成，即母版页与内容页。母版页定义的是网站中所有页面的公共部分，内容页包含的则是页面中的非公共内容。

2.4.1 母版页

母版页是扩展名为.master（如 MySite.master）的 ASP.NET 文件，可以包括静态文本、HTML 元素和服务器控件的预定义布局。母版页由特殊的@Master 指令识别，该指令替换了普通.aspx 页的@ Page 指令。母版页指令代码如下所示。

```
01    <%@ Master Language="C#" AutoEventWireup="true" CodeFile="MasterPage.master.cs"
02            Inherits="MasterPage" %>
```

除@Master 指令外，母版页包含页的所有顶级 HTML 元素，如 html、head 和 form 等，开发人员可以在母版页中使用任何 HTML 元素和 ASP.NET 元素。

母版页还包括一个或多个 ContentPlaceHolder 占位符控件，这些占位符控件定义了可替换内容出现的区域。母版页的页面代码定义如下。

```
01    <%@ Master Language="C#" AutoEventWireup="true" CodeFile="MasterPage.master.cs"
02            Inherits="MasterPage" %>
03    <html xmlns="http://www.w3.org/1999/xhtml">
04        <head runat="server">
05            <title>无标题页</title>
06            <asp:ContentPlaceHolder id="head" runat="server"> </asp:ContentPlaceHolder>
07        </head>
08        <body>
09            <form id="form1" runat="server">
10                <div>
11                    <asp:ContentPlaceHolder id="ContentPlaceHolder1" runat="server">
12                    </asp:ContentPlaceHolder>
13    </div> </form></body></html>
```

【代码解析】第 1 行母版页的页指令；第 6 行和第 11 行均为占位符控件，可看作内容页的容器。

母版页必须包含以下内容：

● 基本的 HTML 和 XML 类型标记。
● 位于第一行的<%@ Master Language="C#"… %>指令。
● 带有 ID 的<asp:ContentPlaceHolder>标记的服务器控件。

页面主体包含的 ContentPlaceHolder 控件，是母版页中的一个区域，其中的可替换内容将在运行时由内容页合并给出。对于页面的非公共部分，需要在母版页中使用一个或多个 ContentPlaceHolder 控件来占位，而每个页面的具体内容则被放置在内容页中。定义好的母版页可以作为内容页的容器。

2.4.2 内容页

内容页也是.aspx 的文件，但是其代码结构与普通的 Web 窗体有很大的差异。内容页和母版页关系紧密，开发人员通过创建各个内容页来定义母版页占位符控件中的内容，通过在内容页中添加 Content 控件的 ContentPlaceHolderID 属性来指示页面内容映射到母版页的 ContentPlaceHolder 占位符控件上，并通过内容页中@Page 指令的 MasterPageFile 属性建立内容页和母版页间的绑定。

```
01  <%@ Page Language="C#" MasterPageFile="~/MasterPage.master" AutoEventWireup="true"
02      CodeFile="Default.aspx.cs" Inherits="Default" Title="test" %>
03  <asp:Content ID="Content1" ContentPlaceHolderID="ContentPlaceHolder1" Runat="Server">
04      <h1>母版页和内容页</h1>
05  </asp:Content>
```

【代码解析】第 1 行内容页的页指令，MasterPageFile 属性指示当前内容页的母版页是 MasterPage.master，内容页标题为 test；第 3～5 行为 Content 控件，用于定义页的具体内容，ContentPlaceHolderID 属性为 ContentPlaceHolder1，表示 Content 控件中定义的具体内容将映射到 MasterPage.master 母版页的 ContentPlaceHolder1 占位符控件中。

ASP.NET 页中执行的所有任务都可以在内容页中执行。开发人员可以创建多个母版页来为网站的不同部分定义不同的布局，并可以为每个母版页创建一组不同的内容页。

学习提示：内容页包含的所有 HTML 标记都应包含在 Content 控件中，Content 控件外的任何内容（除服务器代码的脚本块外）都将导致错误。

2.4.3 运行机制

使用了母版页的网页其运行过程归纳如下。
（1）用户通过输入内容页的 URL 来请求浏览某页。
（2）获取该页后，读取@ Page 指令。如果该指令引用一个母版页，则读取该母版页。如果这是第一次请求，则母版页和内容页都要进行编译。
（3）包含更新内容的母版页合并到内容页的控件中。
（4）各个 Content 控件的内容合并到母版页对应的各 ContentPlaceHolder 控件中。

（5）浏览器中呈现得到的合并页。

图 2-16 对母版页的运行机制进行了较好的阐释。

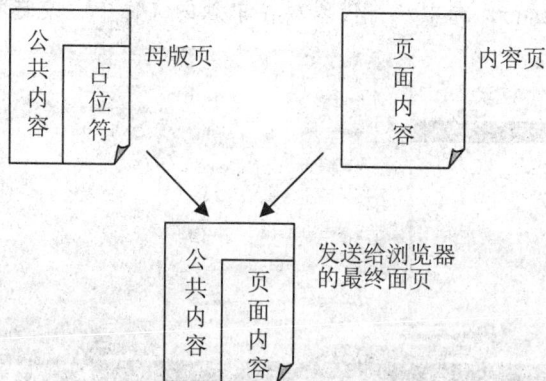

图 2-16　运行时的母版页

2.5　确定网站布局

一个好的网站通常得益于一致的外观。所以在创建网站前，应综合考虑网站的布局。网站布局通常包括以下几个方面：

● 整个网站的公共标题和菜单系统。

● 网站的导航设计。

● 在页脚提供版权信息和与网站管理员的联系方式。

这些元素通常会出现在每个页面上，为用户提供必要的功能。本任务中个人网站的总体布局如图 2-17 所示。

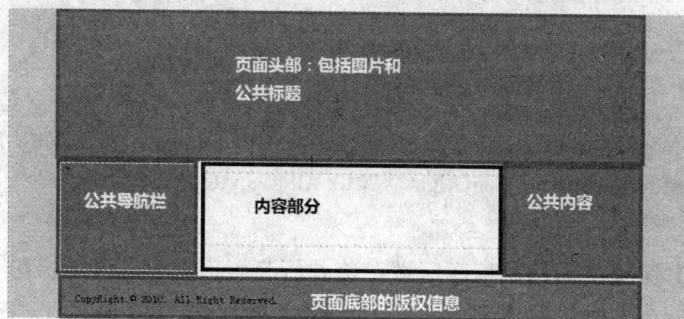

图 2-17　个人网站的布局

任务实施

视频精讲：

http://www.icourses.cn/jpk/changeforVideo.action?resId=383693&courseId=3803&firstShowFlag=10

步骤 1. 创建一个 ASP.NET 的空网站，命名为 MasterPageDesignDemo。

步骤 2. 在解决方案资源管理器中，右击网站名称，在弹出的快捷菜单中选择"添加新项"命令。在"Visual Studio 已安装的模板"内选择"母版页"选项。在"名称"文本框中输入 MyMaster.master，选中"将代码放在单独的文件中"复选框，如图 2-18 所示。

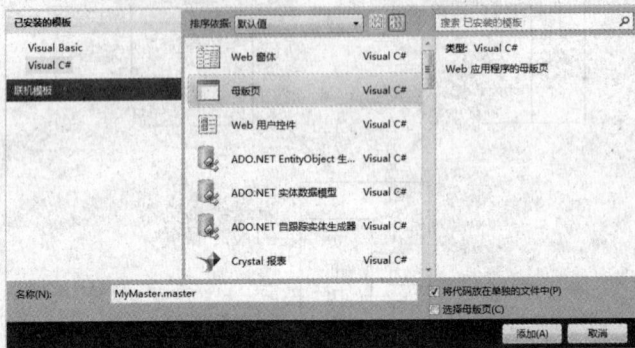

图 2-18　添加母版页

步骤 3. 对母版页进行页面布局，采用 DIV+CSS 布局方式。在"源"视图中选定 MyMaster.master 文件，先删除页中的内容占位符，将页面代码中<form>标签的内容修改如下。

```
01    <!--程序名称：MyMaster.master-->
02    <form id="form1" runat="server">
03      <div id="wrapper">
04        <div id="branding"><h1>我的网站</h1></div>
05        <div id="content">
06          <div id="mainContent"></div>
07          <div id="secondaryContent"><h2>每周推荐</h2><p>请在这里添加文字</p></div>
08        </div>
09        <ul id="mainNav">
10          <li><a href="Default.aspx">我的首页</a></li>
11          <li><a href="Live.aspx">生活艺术</a></li>
12          <li><a href="Study.aspx">学习天地</a></li>
13          <li><a href="Link.aspx">友情链接</a></li>
14          <li><a href="Message.aspx">有话要说</a></li> </ul>
15        <div id="footer"><p>CopyRight © 2013. All Right Reserved. </p></div>
16      </div></form>
```

【代码解析】第 4 行为网站标题区域；第 6 行为主内容显示区域；第 7 行为右侧显示区域；第 9～14 行为左侧导航栏区域；第 15 行为页脚区域。

步骤 4. 添加内容占位符。将 MyMaster.master 文件切换到"设计"视图，将光标放置在<div id="mainContent"></div>标记中，将标准工具栏中的 ContentPlaceHolder 占位符控件拖放到其中，完成后的效果如图 2-19 所示。

步骤 5. 为了进一步完善 MyMaster.master 页面的布局，下面为其添加一个样式表 css.css 来进行美化。在解决方案资源管理器中右击网站项目的名称，在弹出的快捷菜单中选择"添加新项"命令，在打开的对话框中的"Visual Studio 已安装的模板"内选择"样式表"选项，将样式表命名为 css.css。在打开的 css.css 样式表文件中添加如下内容。

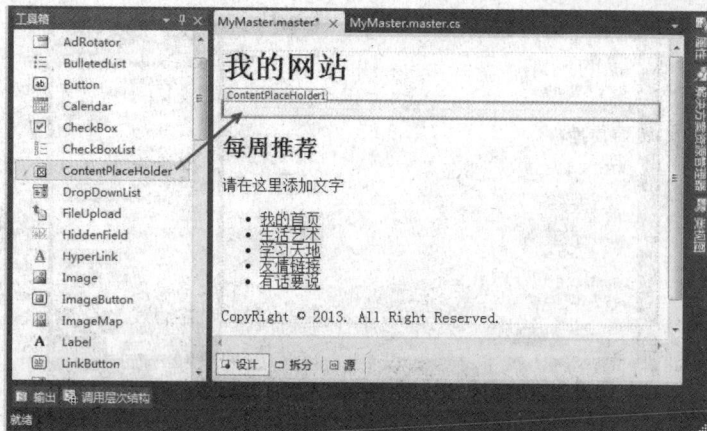

图 2-19　拖放 ContentPlaceHolder 控件

```
01  <!--程序名称：css.css-->
02  * {    margin: 0;  padding: 0;}
03  body { font: 62.5%/1.6 宋体, Arial, Helvetica, sans-serif;
04          background-color: #D4D4D4; text-align: center; min-width: 760px;}
05  p, li { font-size: 1.4em; }
06  #branding{ height: 150px; background-color: #438BF9; padding: 20px;}
07  #branding h1{margin: 0;color: #FFFFFF;font-family: 宋体, Arial, Helvetica, sans-serif;}
08  #mainNav { list-style: none;}
09  #secondaryContent h2 {font-size: 1.6em; margin: 0;}
10  #secondaryContent p {font-size: 1.2em;}
11  #footer { background-color:#438BF9; padding: 1px 20px;}
12  #wrapper{ width: 85%; margin: 0 auto; text-align: left; background: #fff;}
13  #mainNav { width: 23%; float: left;}
14  #content { width: 75%; float: right;}
15  #mainContent { width: 66%; margin: 0; float: left;}
16  #secondaryContent { width: 31%; min-width: 10em; display: inline; float: right;}
17  #footer { clear: both;}
18  #mainNav, #secondaryContent { padding-top: 20px; padding-bottom: 20px;}
19  #mainNav *, #secondaryContent * { padding-left: 20px; padding-right: 20px;}
20  #mainNav * *, #secondaryContent * * { padding-left: 0; padding-right: 0;}
```

【代码解析】第 2 行定义所有边界为 0；第 3～4 行定义 body 的字体、背景色、对齐方式和最小宽度；第 5 行定义所有段落和列表的字体大小；第 6～20 行分别定义 MyMaster.master 文件中各 div 的样式。

步骤 6. 保存样式表 css.css，打开母版页 MyMaster.master 的设计视图，从解决方案资源管理器中将 css.css 拖放到 MyMaster.master 页面的空白处。图 2-20 显示了拖放的过程，拖放完成后的效果图如图 2-21 所示。

步骤 7. 在解决方案资源管理器中添加名为 Default.aspx 的 Web 窗体。在"添加新项"文本框中选中"将代码放在单独的文件中"和"选择母版页"两个复选框，单击"添加"按钮后，在打开的"选择母版页"对话框的"文件夹内容"中，选择 MyMaster.master，然后单击"确定"按钮。

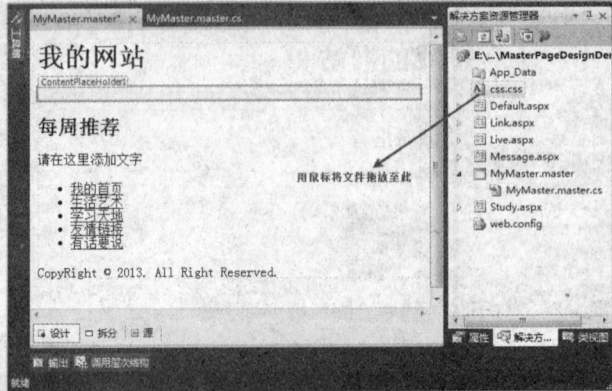

图 2-20　将样式表拖放到 MyMaster.master 页面中

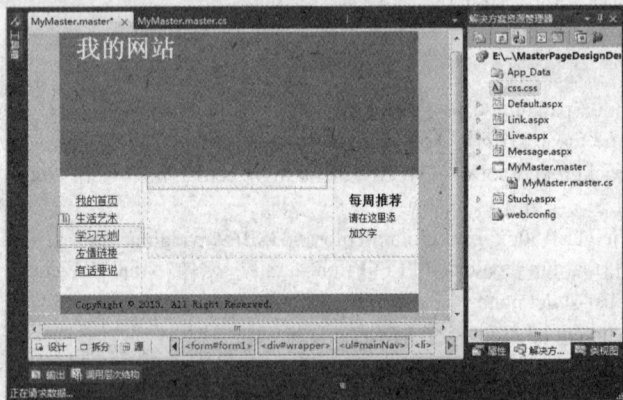

图 2-21　应用样式表后的 MyMaster.master

步骤 8. 将 Default.aspx 页面在设计视图中打开。此时，除了占位符的部分可以编辑外，其余的部分都是禁止修改的。在内容占位符中添加文字"这是首页"。

步骤 9. 浏览 Default.asxp 页，效果如图 2-22 所示。

步骤 10. 继续为网站添加新 Web 窗体 Live.aspx、Study.aspx、Link.aspx、Message.aspx，并为这些页面添加相应的内容。

图 2-22　浏览 Default.aspx 页的效果图

知识拓展

嵌套母版页

母版页可以嵌套，即一个母版页可以引用其他页作为其母版页。利用嵌套的母版页可以创建组件化的母版页。例如，大型站点可能包含一个用于定义站点外观的总体母版页，然后，不同的站点内容合作伙伴又可以定义其各自的子母版页，这些子母版页引用站点母版页，并定义该合作伙伴的相应内容外观。

与母版页一样，子母版页文件扩展名也是.master，它通常会包含一些内容控件，这些控件将映射到父母版页上的内容占位符，就这方面而言，子母版页的布局方式与所有内容页类似，但是子母版页还有自己的内容占位符，可用于显示其子页提供的内容。

一个简单的嵌套母版页的配置步骤如下。

（1）打开要创建嵌套母版页的网站项目。如果还没有网站项目，可以创建一个。

（2）为网站项目添加一个母版页 MasterPage.master。将文件在"源"视图中打开，在 form 标记中添加如下代码。

```
01  <!--程序名称：MasterPage.master-->
02  <form id="form1" runat="server">
03      <h1>父母版页</h1>
04      <p style="font:color=red">这是父母版页的内容.</p>
05      <asp:ContentPlaceHolder ID="ContentPlaceHolder1" runat="server" />
06  </form>
```

【代码解析】第 3 行按标题 1 显示文字；第 5 行声明占位符控件 ContentPlaceHolder1。

（3）继续为网站项目添加一个母版页 Child.master，添加该母版页时选择"选择母版页"选项，为 Child.master 选择 MasterPage.master 作为母版页。将 Child.master 在"源"视图中打开，添加如下代码。

```
01  <!--程序名称：Child.master-->
02  <%@ Master Language="C#" MasterPageFile="~/MasterPage.master"
03      AutoEventWireup="false" CodeFile="Child.master.cs" Inherits="Child" %>
04  <asp:Content ID="Content2" ContentPlaceHolderID="ContentPlaceHolder1" Runat="Server">
05    <asp:panel runat="server" id="panelMain" backcolor="lightyellow">
06      <h2>子母版页</h2>
07      <asp:panel runat="server" id="panel1" backcolor="lightblue">
08          <p>这是子母版页的内容。</p>
09          <asp:ContentPlaceHolder ID="ChildContent1" runat="server" />
10      </asp:panel>
11      <asp:panel runat="server" id="panel2" backcolor="pink">
12          <p>这也是子母版页的内容。</p>
13          <asp:ContentPlaceHolder ID="ChildContent2" runat="server" />
14      </asp:panel>
15    </asp:panel>
16  </asp:Content>
```

【代码解析】第 2～3 行 Child.master 文件的@Master 指令，其关联的母版页文件为
MasterPage.master；第 4～16 行定义 Child.master 的内容，该区域所有内容映射到
MasterPage.master 页的 ContentPlaceHolder1 占位符中；第 7～10 行声明 panel 面板控件；
第 9 行声明占位符控件 ChildContent1。

（4）为网站添加一个新的 Web 窗体。添加页面时选中"选择母版页"复选框，并且
选择 Child.master 作为母版页。将创建好的 Web 窗体在"源"视图中打开，添加如下代码。

```
01    <!--程序名称：Default.aspx-->
02    <%@ Page Language="C#" MasterPageFile="~/Child.master" AutoEventWireup="true"
03              CodeFile="Default.aspx.cs" Inherits="_Default" Title="嵌套母版页" %>
04    <asp:Content ID="Content1" ContentPlaceHolderID="ChildContent1" Runat="Server">
05        <asp:Label runat="server" id="Label1" text="页面内容一" font-bold="true" />    <br />
06    </asp:Content>
07    <asp:Content ID="Content2" ContentPlaceHolderID="ChildContent2" Runat="Server">
08        <asp:Label runat="server" id="Label2" text="页面内容二" font-bold="true"/>
09    </asp:Content>
```

【代码解析】第 2～3 为 Default.aspx 页的@Page 指令，其关联的母版页文件为
Child.master；第 4～6 行定义 Default.aspx 页面内容一，该区域所有内容映射到 Child.master
页的 ChildContent1 占位符中；第 7～9 行定义 Default.aspx 页面内容二，该区域所有内容映
射到 Child.master 页的 ChildContent2 占位符中。

（5）浏览 Default.aspx 页，运行效果如图 2-23 所示。

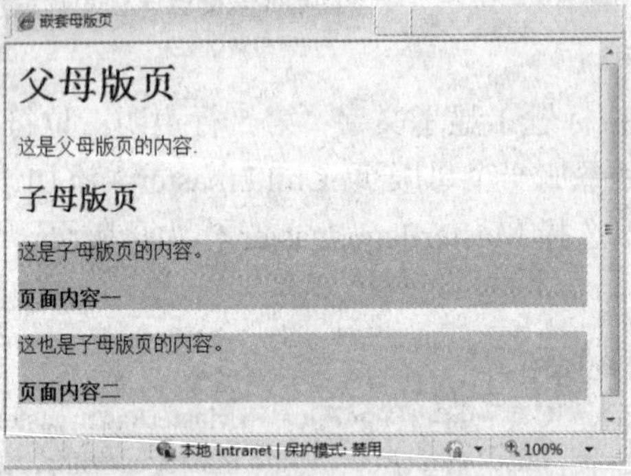

图 2-23 嵌套母版页面后的运行结果

任务3 使用主题样式化网站

任务场景

设计友好、外观一致的交互界面有助于提高用户的使用体验。主题是 ASP.NET Web
应用进行界面设计的常用方法，使用主题可以简单地实现和维护网站风格。ASP.NET 主题
是属性设置的集合，使用这些设置可以定义页面和控件的外观，并可以在某个 Web 应用程
序的所有页或服务器上的所有 Web 应用程序中统一应用此外观。ASP.NET 主题与母版页

不同，母版页用于在网站的多个页面间共享内容，而主题的作用是保持控件内容的外观。

本任务通过主题在个人网站中的应用，解读如何将美观友好的界面效果灵活地应用到网站中。

知识引入

2.6　主题与外观控件

📹 视频精讲：

http://www.icourses.cn/jpk/changeforVideo.action?resId=391036&courseId=3803&firstShowFlag=11

主题是网站的布局和风格，由外观、级联样式表（CSS）以及图像等资源元素组成。

2.6.1　*外观*

外观是指页面中元素呈现的样式，在扩展名为.skin 的文件中定义，这类文件被称为外观文件或皮肤文件。外观文件包含各个控件（如 Button、Label、TextBox 或 Calendar 控件）的属性设置，它可以包含一个或多个控件类型的一个或多个控件外观。Web 控件的外观设置类似于控件标记本身，但只设置要作为主题的属性。

ASP.NET 提供了两种类型的控件外观：默认外观和已命名外观，以控件外观的定义中是否设置了 SkinId 属性来区分。

如果控件外观没有 SkinId 属性，则是默认外观。当向页面应用主题时，默认外观自动应用于同一类型的所有控件。例如，为 Button 控件创建一个默认外观，则该控件外观适用于使用本主题的页面上的所有 Button 控件。默认外观的示例代码如下所示。

```
<asp:Button runat="server" BackColor="#00FF99" BorderColor="#009933" />
```

已命名外观是设置了 SkinId 属性的控件外观。它不会自动按类型应用于控件，需要通过设置 Web 控件的 SkinId 属性来显式应用。通过创建已命名外观，可以为应用程序中同一控件的不同实例设置不同的外观。已命名外观的示例代码如下所示。

```
<asp:Button runat="server" SkinId="btSkin" BackColor="#00FF99" BorderColor="#009933" />
```

若页面中某一 Button 控件中的 SkinId 被设置为 btSkin，则该控件就运用这一外观。

学习提示：*默认外观严格按控件类型来匹配，因此 Button 控件外观只适用于所有 Button 控件，并不适用于 LinkButton 控件或从 Button 对象派生的控件。*

2.6.2　**级联样式表（CSS）、图形和其他资源**

主题还可以包含级联样式表（.css 文件）、图形和其他资源文件。通常将这些资源文件放在主题文件夹中时，资源文件自动作为主题的一部分加以应用。也可以将它们放置在主题目录以外的位置，通过使用"~"符号来引用资源。

2.7 创建主题

2.7.1 创建页面主题

主题需要在网站或 Web 服务器的特殊文件夹中定义。在一个网站中，主题必须位于网站根目录下的 App_Themes 文件夹中。

> **案例演练** 例 2-12：在网站中添加主题。

在网站中添加主题，可以通过在解决方案资源管理器中右击网站项目名，在弹出的快捷菜单中选择"添加 ASP.NET 文件夹"→"主题"命令，如图 2-24 所示。

Visual Studio 2010 将会在网站根目录下创建名为 App_Themes 的文件夹，并默认包含一个名为"主题 1"的子文件夹，该文件夹的名称也是页面主题的名称，开发人员可以对此名称进行重命名。创建好的主题文件夹如图 2-25 所示。

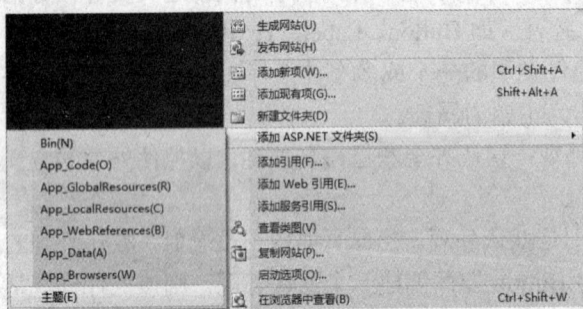

图 2-24　创建主题

图 2-25　主题文件夹

若想在网站中添加更多的主题，只需右击"App_Themes 文件夹"，在弹出快捷菜单中选择"添加 ASP.NET 文件夹"→"主题"命令即可。

2.7.2 在主题中添加外观文件

一个主题可以包含一个或多个外观文件，每个文件都是对一种或多种控件的外观定义。在主题文件夹中如何组织这些外观并不重要，因为所有文件夹最终会被编译成一个主题类。

> **案例演练** 例 2-13：为主题添加外观文件。

右击主题的名称，在弹出的快捷菜单中选择"添加新项"命令，打开"添加新项"对话框，在对话框的模板中选择"外观文件"选项。在"名称"框中输入 Control.skin 文件的名称，单击"添加"按钮。此时，即在"主题 1"下创建了一个名为 Control.skin 的外观文件，如图 2-26 所示。

图 2-26　添加外观文件

打开 Control.skin 文件使用声明语句添加控件的属性定义，代码如下。

```
01    <!--程序名称：Control.skin-->
02    <asp:TextBox runat="server"  BackColor="Blue"  ForeColor="Red"  Font-Size="9px" />
03      <asp:Image runat="server" ImageUrl="~/images/mouse.jpg" />
04    <asp:TextBox runat="server" SkinId="bxSkin"     BackColor="Blue"  ForeColor="Red" />
05    <asp:Image runat="server" ImageUrl="~/images/rabbit.jpg" SkinId="imgSkin" />
```

【代码解析】第 2 行和第 3 行分别定义了 TextBox 控件和 Image 控件的默认外观；第 4 行和第 5 行定义了 TextBox 控件和 Image 控件的已命名外观。

在外观文件中编辑控件属性时，由于没有智能感应功能，编辑起来很不方便，比较简单的方法是使用设计器来设置控件的外观属性，然后将控件定义复制到外观文件中。

学习提示：外观文件中，控件定义必须包含 runat="server"属性，不能包含 ID 属性。在将页面中控件的 HTML 代码复制到外观文件中时，必须移除控件的 ID 属性。

外观文件可以任意命名，建议与待定义的控件类名一致。通常的做法是为每类控件创建一个.skin 文件，如 Button.skin 或 TextBox.skin，也可以根据需要创建任意数量的.skin 文件。

2.7.3　在主题中添加 CSS

除了使用外观文件外，也可以使用 CSS 来控制页面上的 HTML 元素和 ASP.NET 控件的外观。在主题文件夹中可以添加任意多个 CSS 文件。在页面中应用主题时，所有的 CSS 都会自动应用到页面上。

为主题添加 CSS 的操作如下：右击主题的名称，在弹出的快捷菜单中选择"添加新项"命令，打开"添加新项"对话框，在对话框的模板中选择"样式表"选项，在"名称"文本框中输入.css 文件的名称，然后单击"添加"按钮。

当主题应用于页时，ASP.NET 将向页的 head 元素添加对样式表的引用，应用该样式表。

2.7.4　创建全局主题

全局主题是应用于服务器上所有网站的主题。当需要维护同一个服务器上的多个网站时，可以使用全局主题定义域的整体外观。

全局主题与页面主题类似，都包括属性设置、样式表设置和图形。但全局主题存储在对 Web 服务器具有全局性质的文件夹 Themes 中。服务器上的任何网站以及网站中的任何页面都可以引用全局主题。

全局主题在 Web 服务器上的保存路径如下所示。

%windows%\Microsoft.NET\Framework\version\ASP.NETClientFiles\Themes

其中，Themes 文件夹需要创建，其子文件夹用来保存全局主题文件，子文件夹的名称即是主题的名称。例如，在 Theme 文件夹中创建一个名为\Themes\FirstTheme 的文件夹，则主题的名称就是 FirstTheme。

学习提示：在定义全局主题时，不能使用 Visual Studio 2010 直接将外观和样式表文件添加到全局主题中。简单的做法是将主题作为页主题进行定义和测试，然后将其复制到 Web 服务器上用于全局主题的文件夹中。

创建的主题文件夹只要保存到上述路径，就可以在基于文件系统的网站中使用该主题。

若要使用本地 IIS 网站测试主题，则需打开 Windows 操作系统的命令窗口，运行 aspnet_regiis -c 命令，然后在运行 IIS 的服务器上安装主题。

若要在远程网站或 FTP 网站上测试主题，则需要按照如下路径手动创建 Themes 文件夹。

IISRootWeb\aspnet_client\system_web\version\Themes

2.8　应用 ASP.NET 主题

开发人员可以对页面或网站应用主题。在网站级设置主题，则站点上的所有页面和控件都将应用其样式和外观，除非是个别页面重写了主题；在页面级设置主题，则样式和外观会应用于该页面及其所有控件。

1. 对网站应用主题

设置 web.config 文件中的 pages 元素的 Theme 属性，可以使网站中所有页面都应用该主题，代码如下。

```
01    <configuration>
02        <system.web>
03            <pages Theme="主题 1" />
04        </system.web>
05    </configuration>
```

【代码解析】第 3 行设置网站中所有页面的主题应用为"主题 1"。

设置过程中，如果页面主题与全局主题同名，则页面主题优先。如果要将主题设置为样式表主题，则应设置 StyleSheetTheme 属性，代码如下。

```
01    <configuration>
02        <system.web>
03            <pages StyleSheetTheme="主题 1" />
```

```
04          </system.web>
05      </configuration>
```

【代码解析】第 3 行设置网站中所有页面的样式表主题为"主题 1"。

StylesheetTheme 属性与 Theme 属性的工作方式相同，都可以把主题应用于页面，但两者执行的优先级不同。

如果设置了页面的 Theme 属性，则主题和页面中的控件设置将进行合并，以构成控件的最终设置；如果同时在控件和主题中定义了控件设置，则主题中的控件设置将重写控件上的任何页设置。

如果设置了页面的 StyleSheetTheme 属性，则将主题作为样式表主题来应用。在这种情况下，本地页面设置优先于主题中定义的设置。如果既希望设置页面上各个控件的属性，又想对整体外观应用主题，则可以将主题作为样式表主题来应用。

2. 对单个页面应用主题

对单个页面应用主题时，打开应用主题的页面，设置其 Theme 或 StyleSheetTheme 的属性为要使用的主题的名称即可，如图 2-27 所示。

图 2-27　为单个页面应用主题进行设置

也可以直接将页面@ Page 指令的 Theme 或 StyleSheetTheme 属性设置为要使用的主题的名称，代码如下所示。

```
01      <%@ Page Theme="主题 1" %>
02      <%@ Page StyleSheetTheme="主题 1" %>
```

3. 对控件应用外观

主题中定义的外观应用于已应用该主题的 Web 应用程序或页中的所有控件实例。当用户希望对单个控件应用一组特定属性时，可以通过创建命名外观（.skin 文件中设置了 SkinID 属性的一项），然后按 ID 将其应用于各个控件来实现。实现代码如下所示。

```
<asp:TextBox runat="server" ID="DatePicker" SkinID=" bxSkin " />
```

如果页面主题不包括与 SkinID 属性匹配的控件外观，则使用该控件类型的默认外观。

· 59 ·

4. 母版页与主题

不能直接将 ASP.NET 主题应用于母版页。若在@ Master 指令上添加主题属性，则页面在运行时会引发错误。但在以下两种情况下，主题可以应用于母版页：

（1）如果主题是在内容页中定义的，母版页在内容页的上下文中解析，内容页的主题也会应用于母版页。

（2）通过 pages 元素中包含主题定义的方式可将整个站点配置为使用主题。

2.9 禁用 ASP.NET 主题

在 Visual Studio 2010 中，可以通过配置页或控件来忽略主题。默认情况下，主题将重写页面和控件外观的本地设置。当控件或页面已经有预定义的外观，不希望主题重写它时，可以禁用 ASP.NET 主题。

1. 禁用页面的主题

Web 应用程序启用主题后，通过在特定页面中将@Page 指令的 EnableTheming 属性设置为 false，可以禁用页的主题设置代码如下。

```
<%@ Page EnableTheming="false" %>
```

2. 禁用控件的主题

每个 ASP.NET 控件都包含 EnableTheming 属性。将其属性设置为 false，可以阻止页面中的该控件应用皮肤。禁用日历控件主题的代码如下。

```
<asp:Calendar id="Calendar1" runat="server" EnableTheming="false" />
```

任务实施

步骤 1. 创建一个 ASP.NET 空网站，命名为 ThemeDesignDemo。

步骤 2. 添加新的 Web 页 Default.aspx，并在该页的<form>标签中添加如下代码。

```
01    <!--程序名称：Default.aspx-->
02    <form id="form1" runat="server">
03    <div id="wrapper">
04        <div id="branding"><h1>我的网站</h1></div>
05        <div id="content">
06          <div id="mainContent">
07            <h1>大学生活</h1> <p>请在这里添加文字</p>
08            <h2>心灵鸡汤</h2> <p>请在这里添加文字</p>
09            <h2>影视天地</h2> <p>请在这里添加文字</p>    </div>
10          <div id="secondaryContent">
11            <h2>我的日记</h2>
12            <p><asp:Calendar ID="Calendar1" runat="server" /></p>    </div>
```

13	`</div>`
14	`<ul id="mainNav">`
15	`<li><a href="#">我的首页</a></li>`
16	`<li><a href="#">生活艺术</a></li>`
17	`<li><a href="#">学习天地</a></li>`
18	`<li><a href="#">友情链接</a></li>`
19	`<li><a href="#">有话要说</a></li>`
20	`</ul>`
21	`<div id="footer"><p>CopyRight © 2013. All Right Reserved. </p></div>`
22	`</div></form>`

【代码解析】采用 Div 对 Default.aspx 页进行布局。

步骤 3. 创建主题 Blue 和 Red。在解决方案资源管理器中创建两个主题，分别命名为 Blue 和 Red，如图 2-28 所示。

步骤 4. 导入图片资源。右击解决方案资源管理器中主题文件夹，在弹出的快捷菜单中选择"添加现有项"命令，将准备好的两张风格不同的图片分别导入两个主题文件夹中，如图 2-29 所示。

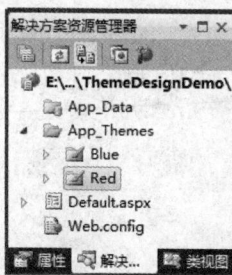

图 2-28　创建主题 Blue 和 Red

图 2-29　导入图片资源

步骤 5. 在主题中添加 CSS 样式表。右击 Blue 主题文件夹，在弹出的快捷菜单中选择"添加现有项"命令，将"资源\代码\Chapter2Demo\ThemeDesignDemo"中名为 styleBlue.css 的样式文件添加至 Blue 主题文件夹中。采用相同的方法，将名为 styleRed.css 的样式文件添加至 Red 主题文件夹中。

步骤 6. 为 Blue 主题添加外观文件。右击 Blue 主题文件夹，在弹出的快捷菜单中选择"添加新项"命令，添加一个名为 Calendar.skin 的外观文件，在该外观文件中添加如下内容。

```
01    <!--程序名称：Blue/Calendar.skin-->
02    <asp:Calendar runat="server" BackColor="White" BorderColor="#3366CC"
03        BorderWidth="1px" CellPadding="1" DayNameFormat="Shortest" Font-Names="Verdana"
04        Font-Size="8pt" ForeColor="#003399" Height="200px" Width="220px">
05        <SelectedDayStyle BackColor="#009999" Font-Bold="True" ForeColor="#CCFF99" />
06        <SelectorStyle BackColor="#99CCCC" ForeColor="#336666" />
07        <WeekendDayStyle BackColor="#CCCCFF" />
08        <TodayDayStyle BackColor="#99CCCC" ForeColor="White" />
```

```
09        <OtherMonthDayStyle ForeColor="#999999" />
10        <NextPrevStyle Font-Size="8pt" ForeColor="#CCCCFF" />
11        <DayHeaderStyle BackColor="#99CCCC" ForeColor="#336666" Height="1px" />
12        <TitleStyle BackColor="#438BF9" BorderColor="#3366CC" BorderWidth="1px"
13            Font-Bold="True" Font-Size="10pt" ForeColor="#CCCCFF" Height="25px" />
14    </asp:Calendar>
```

【代码解析】上述代码是 Blue 主题下日历控件的外观文件。

步骤 7．为 Red 主题添加外观文件。右击 Red 主题文件夹，选择"添加新项"命令，添加一个名为 Calendar.skin 的外观文件，在该文件中添加如下内容。

```
01    <!--程序名称：Red/Calendar.skin-->
02    <asp:Calendar runat="server" BackColor="#FFFFCC" BorderColor="#FFCC66"
03        BorderWidth="1px" DayNameFormat="Shortest" Font-Names="Verdana" Font-Size="8pt"
04        ForeColor="#663399" Height="200px" ShowGridLines="True" Width="220px">
05        <SelectedDayStyle BackColor="#CCCCFF" Font-Bold="True" />
06        <SelectorStyle BackColor="#FFCC66" />
07        <TodayDayStyle BackColor="#FFCC66" ForeColor="White" />
08        <OtherMonthDayStyle ForeColor="#CC9966" />
09        <NextPrevStyle Font-Size="9pt" ForeColor="#FFFFCC" />
10        <DayHeaderStyle BackColor="#FFCC66" Font-Bold="True" Height="1px" />
11        <TitleStyle BackColor="#F35468" Font-Bold="True" Font-Size="9pt"
12            ForeColor="#FFFFCC" />
13    </asp:Calendar>
```

【代码解析】上述代码是 Red 主题下日历控件的外观文件。

步骤 8．应用 Blue 主题。打开 Default.aspx 的页面属性，将 Theme 属性值设置为 Blue。应用该主题后，在浏览器中查看结果，如图 2-30 所示。

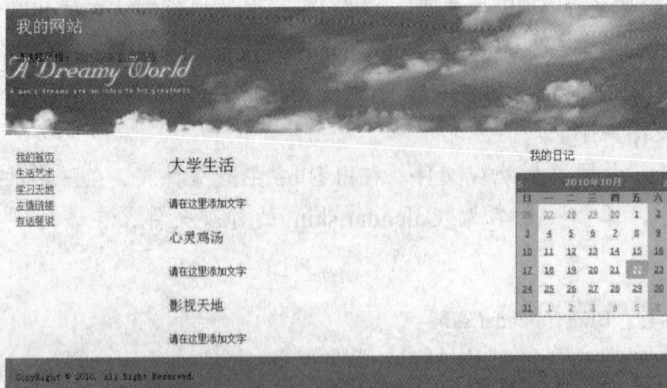

图 2-30 应用 Blue 主题

步骤 9．应用 Red 主题。修改 Default.aspx 页的 Theme 属性值为 Red。应用该主题后，在浏览器中查看结果，如图 2-31 所示。

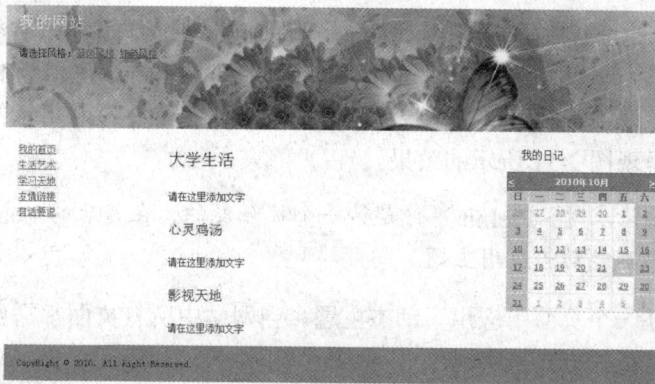

图 2-31　应用 Red 主题

知识拓展

动态应用主题

视频精讲：

http://www.icourses.cn/jpk/changeforVideo.action?resId=391245&courseId=3803&firstShowFlag=13

除在页面声明和配置文件中指定主题和外观首选项之外，还可以通过编程方式动态地应用主题，使用户可以根据自己的喜好来选择页面风格。通过编程方式动态地对主题进行设置时，应用每种类型主题的过程会有所不同。

在页面中动态应用主题需要处理页面的 PreInit 事件来实现，在该事件代码中，只需设置页面的 Theme 属性。下面的代码将演示如何根据查询字符串中传递的值按条件设置页面主题。首先在本章任务 3 的基础上打开 Default.aspx 的后台代码，添加 Page_PreInit 事件定义，代码如下。

```
01    //程序名称：Default.aspx
02    //程序功能：动态应用页面主题
03    protected void Page_PreInit(object sender, EventArgs e)
04    {    switch (Request.QueryString["theme"])
05        {    case "Blue":    Page.Theme = "Blue";break;
06            case "Red":    Page.Theme = "Red";break;
07        }    }
```

【代码解析】第 4 行获取查询字符串 theme 的值；第 5 行定义当 theme 的值为 Blue 时，设置页面主题为 Blue；第 6 行定义当 theme 的值为 Red 时，设置页面主题为 Red。

打开 Default.aspx 文件，切换到源视图，在页面中 id="branding" 的 div 中添加如下代码。

```
01    <!--程序名称：Default.aspx-->
02    请选择风格：<a href="Default.aspx?theme=Blue">蓝色风格</a>
03    <a href="Default.aspx?theme=Red">红色风格</a>
```

【代码解析】第 2 行添加超链接标签<a>，页面链接到当前页并传递参数 theme，theme 的值为 Blue；第 3 行同第 2 行的形式一样，只是传递参数 theme 的值为 Red。

保存并在浏览器中查看。单击"蓝色风格"，页面呈现图 2-30 所示的效果；单击"红色风格"，页面呈现图 2-31 所示的效果。

学习提示： 在页面请求时，PreInit 事件是第一个被触发的，在其后的 Load 或 PreRender 等事件中不能动态应用主题。

以上方式只在一个页面中应用了动态主题。当网站中所有页面都需要实现主题时，则需要考虑使用公共类的方式来实现。

任务 4　站 点 导 航

任务场景

站点导航是所有网站最基本的组件。通过站点导航，用户可以清楚地了解自己当前处于网站的哪一层，并能快速地在各层不同页面间进行切换。虽然页面间的跳转非常简单，但要创建一个网站适用的统一导航系统却是一项系统工程。幸运的是，ASP.NET 内置的导航功能可以帮助开发人员高效地实现网站的导航系统。

本任务将通过 Wizard 控件、站点地图及 SiteMapPath、Menu 和 TreeView 控件的运用，实现某公司网站导航的功能。

知识引入

2.10　向导控件

向导控件即 Wizard 控件，可以帮助开发人员将若干步骤的页面浓缩到一个页面中。其作用类似于安装应用程序时的向导，通过一系列页面的呈现来收集用户的数据输入，并进行处理。Wizard 控件提供了一种简单的机制，通过自定义的内建行为（包括导航按钮、分步链接侧栏和模板），无需编写任何代码就可以实现线性导航和非线性导航。当需要让用户按一组定义好的步骤操作时，Wizard 控件是最好的选择。

在页面中添加 Wizard 控件后，其页面代码如下。

```
01    <asp:Wizard ID="Wizard1" runat="server">
02        <WizardSteps>
03            <asp:WizardStep runat="server" title="Step 1">
04            </asp:WizardStep>
05            <asp:WizardStep runat="server" title="Step 2">
06            </asp:WizardStep>
07        </WizardSteps>
```

08　　</asp:Wizard>

【代码解析】第 1～8 行定义一个 Wizard 控件 Wizard1；第 2～7 行声明 Wizard1 的步骤；第 3 行设置步骤 1，标题为 Step1；第 5 行设置步骤 2，标题为 Step2。

Wizard 控件中的步骤由<asp:WizardStep>标签定义，该标签的常用属性如表 2-14 所示。

表 2-14　WizardStep 的常用属性

属　　性	描　　述
Title	步骤的名称，显示在左侧栏，作为链接显示
StepType	步骤中显示的按钮类型，其值由枚举类型 WizardStepType 指定
AllowReturn	表示用户是否可以重新回到这一步。若为 false，用户经过这一步后就不能再返回到该步骤

也可以采用可视化方式设置 Wizard 控件的 WizardSteps 属性。WizardStep 集合编辑器的界面如图 2-32 所示。

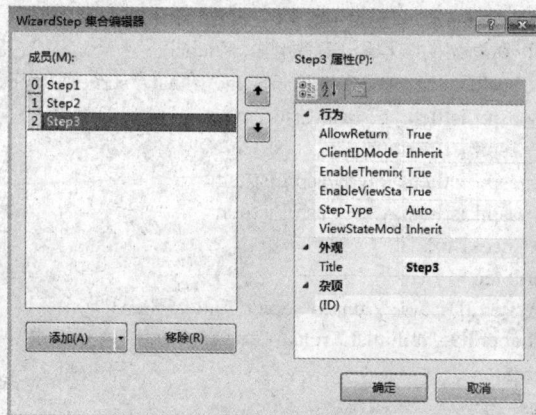

图 2-32　WizardStep 集合编辑器

实际应用中，可以通过 Wizard 控件的事件来增强向导的功能。向导控件的常用方法如表 2-15 所示。

表 2-15　Wizard 控件的常用方法

方　法　名	描　　述
ActiveStepChanged	控件切换到一个新步骤时发生
FinishButtonClick	向导单击"完成"按钮时发生
NextButtonClick	任意步骤中，单击"下一步"按钮时发生
PreviousButtonClick	任意步骤中，单击"上一步"按钮时发生
SideBarButtonClick	单击侧栏区域中的按钮时发生

案例演练　例 2-14：使用 Wizard 控件实现在线调查功能。

在页面中添加 Wizard 控件 wzdInvest，并打开 wzdInvest 控件的 WizardSteps 集合编辑

器，如图 2-32 所示，为该控件添加 3 个步骤，并对每一个步骤设置其页面内容。页面代码如下。

```
01    <!--程序名称：2_14.aspx-->
02    <asp:Wizard ID="wzdInvest" runat="server" ActiveStepIndex="0" BackColor="#EFF3FB"
03        BorderColor="#B5C7DE" BorderWidth="1px" Font-Names="Verdana" Font-Size="0.8em"
04        Height="93px" Width="324px" onfinishbuttonclick="wzdInvest_FinishButtonClick">
05        <HeaderStyle ForeColor="Blue" />
06        <HeaderTemplate><label>编程语言调查</label> </HeaderTemplate>
07        <WizardSteps>
08            <asp:WizardStep ID="ws1" runat="server" Title="Step1">
09            <label>你的性别：</label>
10            <asp:RadioButtonList ID="rdblSex" runat="server" RepeatDirection="Horizontal">
11                <asp:ListItem Selected="True">男</asp:ListItem>
12                <asp:ListItem>女</asp:ListItem>
13            </asp:RadioButtonList>
14            </asp:WizardStep>
15            <asp:WizardStep ID="ws2" runat="server" Title="Step2">
16            <label>你喜欢的编程语言有哪些：</label>
17            <asp:CheckBoxList ID="chklLanguage" runat="server" RepeatDirection="Horizontal">
18                <asp:ListItem>C</asp:ListItem>
19                <asp:ListItem>C#</asp:ListItem>
20                <asp:ListItem>Java</asp:ListItem>
21                <asp:ListItem>C++</asp:ListItem>
22            </asp:CheckBoxList>
23            </asp:WizardStep>
24            <asp:WizardStep ID="ws3" runat="server" Title="Step3">
25                <asp:Label ID="lblFinish" runat="server" Text="调查结束"></asp:Label>
26            </asp:WizardStep>
27        </WizardSteps>
28    </asp:Wizard>
```

【代码解析】第 4 行的 onfinishbuttonclick 属性定义了单击"完成"按钮时的事件处理程序；第 5 行定义 wzdInvest 控件的标题文字为蓝色；第 6 行定义标题内容；第 8～14 行定义步骤 1，内容为单选按钮组，用来选择性别；第 15～23 行定义步骤 2，内容为复选框组，用于选择喜爱的编程语言；第 24～26 行定义步骤 3，用于显示调查结束后，当用户单击"完成"按钮时，收集的信息呈现在标签<lblFinish>中。

编写向导"完成"按钮的事件响应程序，代码如下。

```
01    //程序名称：2_14.aspx.cs
02    //程序功能：收集调查的输入信息并输出
03    protected void wzdInvest_FinishButtonClick(object sender, WizardNavigationEventArgs e)
04    {
05        lblFinish.Text="性别："+rdblSex.SelectedValue;
06        lblFinish.Text += "<br/>你喜爱的编程语言有：";
07        foreach (ListItem item in chklLanguage.Items)
08            if (item.Selected)
09                lblFinish.Text += "    "+item.Value;
```

```
10    }
```

【代码解析】第 3～10 行定义"完成"按钮的事件处理程序；第 5 行获取选中的性别；第 7～9 行获取所有选中的编程语言。

浏览器页面，向导步骤的运行效果如图 2-33～图 2-36 所示。在图 2-35 中单击"完成"按钮，会将图 2-33 和图 2-34 中选中的内容显示在标签<lblFinish>中，显示结果如图 2-36 所示。

图 2-33　在线调查步骤 1

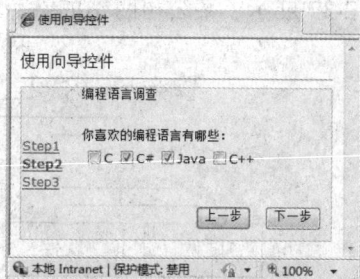

图 2-34　在线调查步骤 2

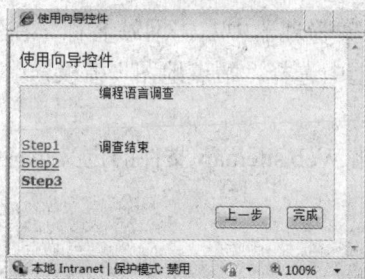

图 2-35　在线调查步骤 3

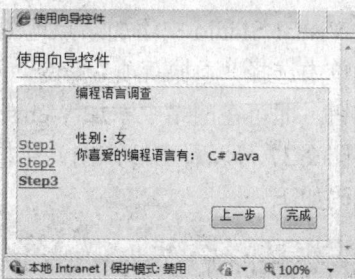

图 2-36　在线调查信息汇总

学习提示：在 Wizard 控件中使用智能提示设置步骤时，Visual Studio 会把该控件的当前步骤（ActiveStepIndex）改成所选的步骤。在程序运行前一定要将控件的 ActiveStepIndex 的属性值设为 0，以确保向导从第一步开始。

2.11　站点地图

📹 视频精讲：

http://www.icourses.cn/jpk/changeforVideo.action?resId=392736&courseId=3803&firstShowFlag=16

2.11.1　创建站点地图

站点地图（Site Maps）实际上就是一个站点的结构。若要使用 ASP.NET 站点导航，必须先描述站点结构，以便站点导航 API 和站点导航控件可以正确公开站点结构。默认情况下，站点导航系统使用一个包含站点层次结构的 XML 文件，当然也可以将站点导航系统配置为使用其他数据源。

创建站点地图最简单的方法是创建一个名为 Web.sitemap 的 XML 文件，该文件按站点的分层形式组织页面。ASP.NET 的默认站点地图提供程序自动选取名称为 Web.sitemap 的站点地图，该文件必须位于网站的根目录下。在 Web.sitemap 文件中，使用 siteMap 元素和 siteMapNode 元素来定义网站结构。

案例演练 **例 2-15：**创建站点地图。

图 2-37 展示了某公司网站的站点结构。

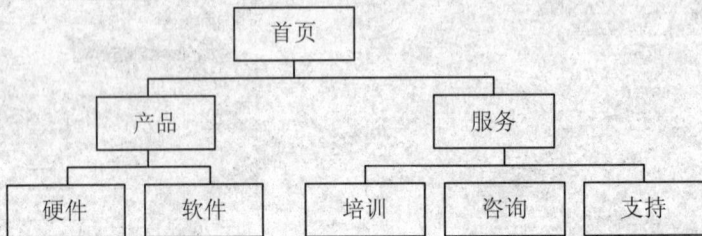

图 2-37　某公司网站站点结构图

在 Visual Studio 中添加站点地图，只需在解决方案管理器中右击网站名称，在弹出的快捷菜单中选择"添加新项"命令，并在弹出的对话框中选择"站点地图"模板，单击"添加"按钮，即可在网站中添加 Web.sitemap 文件。

从图 2-37 可以看出，该网站结构包含 3 层，因此 Web.sitemap 文件的定义也应分成 3 层，代码如下。

```
01    <!--程序名称：Web.sitemap-->
02    <?xml version="1.0" encoding="utf-8" ?>
03    <siteMap xmlns="http://schemas.microsoft.com/AspNet/SiteMap-File-1.0" >
04        <siteMapNode title="返回首页" description="首页" url="~/Default.aspx">
05            <siteMapNode title="我们的产品" description="产品" url="~/Products.aspx">
06                <siteMapNode title="硬件产品" description="硬件" url="~/Hardware.aspx" />
07                <siteMapNode title="软件产品" description="软件" url="~/Software.aspx" />
08            </siteMapNode>
09            <siteMapNode title="我们的服务" description="服务" url="~/Services.aspx">
10                <siteMapNode title="培训服务" description="培训" url="~/Training.aspx" />
11                <siteMapNode title="咨询服务" description="咨询" url="~/Consulting.aspx" />
12                <siteMapNode title="技术支持" description="支持" url="~/Support.aspx" />
13            </siteMapNode>
14        </siteMapNode>
15    </siteMap>
```

【代码解析】第 4～14 行定义了 3 层结构的地图节点；第 4 行定义了节点"首页"，标题为"返回首页"，页面地址为 Default.aspx；第 5～8 行定义了节点"产品"；第 9～13 行定义了节点"服务"；每个节点的 url 属性用"~/"开头，表示应用程序根目录。

学习提示：一个有效的站点地图文件只包含一个直接位于 siteMap 元素下方的 siteMapNode 元素。其他层的 siteMapNode 元素则可以包含任意数量的子 siteMapNode 元素。

此外，尽管 url 属性可以为空，但有效站点文件不能有重复的 URL。

2.11.2 SiteMapPath 控件

SiteMapPath 控件用来显示一个导航路径，此路径为当前页在整个网站中的位置，并显示返回到主页的路径链接，使用此控件可以使用户方便地从当前页导航到其父级页面上。

SiteMapPath 控件包含来自站点地图的导航数据。如果网站中已经建立了 Web.sitemap 文件，则只需要在页面中拖放一个 SiteMapPath 控件即可。该控件会自动读取位于应用程序根目录下的 Web.sitemap 文件。

学习提示：只有在站点地图中列出的页才能在 SiteMapPath 控件中显示其导航数据。如果将 SiteMapPath 控件放置在站点地图中未列出的页上，该控件将不会向客户端显示任何信息。

在 Default.aspx 页面中添加一个 SiteMapPath 控件的代码如下。

```
<asp:SiteMapPath ID="SiteMapPath1" runat="server" PathSeparator="》"></asp:SiteMapPath>
```

【代码解析】PathSeparator 属性用于设置导航路径的分隔符，默认为 ">"。

在网站中添加 Software.aspx 页，在"设计"视图中的显示效果如图 2-38 所示。

图 2-38 SiteMapPath 控件效果

学习提示：如果想在应用程序的每一页上都使用 SiteMapPath 控件，建议将该控件设计在应用程序的母版页中。

2.11.3 Menu 控件

ASP.NET 提供的 Menu 控件可以使开发者方便地在 Web 应用程序中创建和编辑菜单。

1. 定义菜单内容

为 Menu 控件定义菜单内容，可以在 Menu 控件中通过手动添加菜单项的方式直接配置其内容。通常是通过在 Items 中指定菜单项的方式向控件添加单个菜单项，Items 属性是 MenuItem 对象的集合；也可通过将该控件绑定到数据源的方式来指定其内容。无需编写任何代码，便可控制 ASP.NET Menu 控件的外观、方向和内容。这里主要介绍如何将 Menu 控件绑定到站点地图。

与 SiteMapPath 控件一样，可以使用 Menu 控件来展示站点地图，用户通过选择菜单条目可切换到指定的页面。需要注意的是，Menu 控件不能自动绑定到站点地图，需要将它先绑定到 SiteMapDataSource 控件上，才能显示站点地图的节点内容。SiteMapDataSource 控件在工具箱的"数据"选项中。

下面的代码包含一个 Menu 控件和一个 SiteMapDataSource 控件，并对 Menu 控件进行了绑定。

```
01    <asp:Menu ID="Menu1" runat="server" DataSourceID="SiteMapDataSource1">
02    </asp:Menu>
03    <asp:SiteMapDataSource ID="SiteMapDataSource1" runat="server" />
```

【代码解析】第 1 行声明了 Menu 控件，并指定其数据源 ID 为 SiteMapDataSource1；第 3 行声明了 SiteMapDataSource 控件。

2. 菜单的显示模式

使用 Menu 控件创建的菜单具有两种显示模式：静态模式和动态模式。

静态显示是指 Menu 控件始终是完全展开的，整个结构都是可视的，用户可以单击任何节点。使用 Menu 控件的 StaticDisplayLevels 属性可以控制静态显示行为，该属性指定了包括根菜单在内的静态显示菜单的层数。例如，如果将 StaticDisplayLevels 属性设置为 3，菜单将以静态显示的方式展开其前 3 层。静态显示的最小层数为 1，如果将该值设置为 0 或负数，该控件将会引发异常。图 2-39 展示的是一个 StaticDisplayLevels 属性设置为 3 的静态显示菜单。

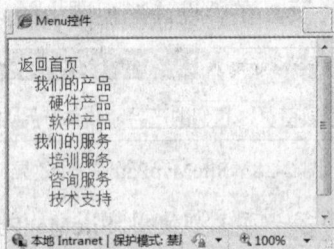

图 2-39　3 层静态显示菜单

在动态显示菜单中，只有当用户将鼠标指针放置在父节点上时，才会显示其子菜单。MaximumDynamicDisplayLevels 属性用于指定静态显示层后应显示的动态显示菜单的节点层数。例如，如果菜单有 3 个静态层和两个动态层，则菜单的前 3 层为静态显示，后两层为动态显示。若将 MaximumDynamicDisplayLevels 属性设置为 0，则动态显示不会有任何菜单节点；若将 MaximumDynamicDisplayLevels 属性设置为负数，则会引发异常。

2.11.4　TreeView 控件

TreeView 控件用于以树形结构显示分层数据，如目录或文件目录。TreeView 控件在使用 Web.sitemap 的数据时，同 Menu 控件一样，也只需要在页面中添加一个 SiteMapDataSource 的数据源，并将 TreeView 控件的 DataSourceID 设置为 SiteMapDataSource 控件，就可以将站点地图的数据关联到树形结构中。

```
01    <asp:TreeView ID="Menu1" runat="server" DataSourceID="SiteMapDataSource1">
02    </asp: TreeView >
```

```
03      <asp:SiteMapDataSource ID="SiteMapDataSource1" runat="server" />
```

页面显示效果如图 2-40 所示。

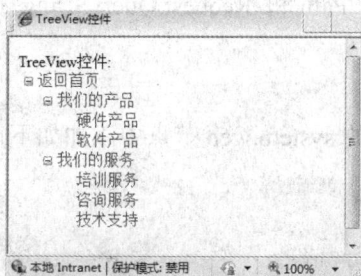

图 2-40 TreeView 控件显示效果

TreeView 控件由一个或多个节点（TreeNode）组成，由属性 Nodes 进行管理。树中的每一项都是节点，根据节点位置的不同，可以分为根节点、父节点和叶节点。每一个节点对象都有 Text 和 Value 属性。

```
01      foreach(TreeNode tn in TreeView1.Nodes)
02          Response.Write(tn.Text+":"+tn.Value);
```

【代码解析】遍历控件 TreeView1 中的所有节点，输出每一个节点的 Text 和 Value 属性。若要动态地向 TreeView 控件中添加节点，其代码如下。

```
01      TreeNode tn=new TreeNode();
02      tn.Text="笔记本";
03      tn.Value="笔记本";
04      TreeNode parentNode=TreeView1.FindControl("硬件产品");
05      parentNode.ChildNodes.Add(tn);
```

【代码解析】第 1～5 行在"硬件产品"节点下添加"笔记本"节点；第 1 行创建新节点 tn；第 4 行在 TreeView1 中查找值为"硬件产品"的节点 parentNode；第 5 行为将新节点 tn 添加到 parentNode 节点下。

2.12 URL 映射和路由

站点地图的设计原则是每个入口具有一个单独的 URL 地址。虽然可以通过查询字符串参数来区分 URL，但实际中，很多网站的 Web 页和站点地图的入口不是一一对应的。为了解决这种不适用，ASP.NET 提供了 URL 映射和路由两个功能。

2.12.1 URL 映射

实际开发过程中，开发人员希望在某个页面使用查询字符串参数实现某个逻辑，但仍希望为用户提供更简短、更容易记忆的 URL。

URL 映射的基本思想就是把一个请求的 URL 映射到一个不同的 URL 上，其映射规则保存在 web.config 配置文件的 urlMappings 节点中。要完成 URL 的地址映射，需要提供请求的 URL 和新目标的 URL(mappedUrl)。使用 URL 映射，浏览器的 URL 仍会显示原请求的 URL，而在代码中，Request.Path 和 Request.QueryString 反映的是新目标的 URL。

例 2-16：URL 映射。

在网站的 web.config 文件的 system.web 节点中添加如下代码。

```
01    <!--程序名称：web.config-->
02    <system.web>
03        <urlMappings enabled="true">
04            <add url="~/Default.aspx" mappedUrl="~/2_15.aspx?id=default"/>
05        </urlMappings>
06    </system.web>
```

【代码解析】第 3～5 行定义了一个地址映射规则，即当页面请求 Default.aspx 页时，实际运行的 URL 地址为"/~2_15.aspx?id=default"。

浏览页面，当在 IE 地址栏中请求 Default.aspx 页时，页面中呈现的将是 2_15.aspx 页的内容。运行效果如图 2-41 所示。

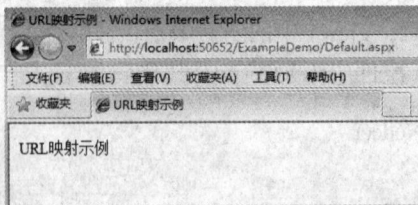

图 2-41   URL 映射

2.12.2   URL 路由

URL 路由与 URL 映射不同，它不在 web.config 中设置，而是通过代码来实现的。通常会在 Global.asax 文件的 Application_Start()的事件中为应用程序注册所有路由。有关 Global.asax 文件的详细内容将在项目 3 的任务 3 中讨论。

注册路由需要通过 System.Web.Routing.RouteTable 类来实现。通过 RoutTable 类的 MapPageRoute 方法，可以向该类的静态属性 Routes 中添加新建路由。创建新路由时，需要指定 routeName、routeUrl 和 physicalFile 3 个属性。其中，routeName 是标识路由的名称，可以是任意值；routeUrl 是指定浏览器使用的 URL 格式，通常由一个或多个变量信息组成；physicalFile 是目标 Web 页面的地址（使用路由时用户被重定向的地址）。

例 2-17：URL 路由。

在 Global.asax 文件中的应用程序启动事件 Application_Start()中添加路由规则，代码如下。

```
01    //程序名称：Global.asax
02    //程序功能：应用程序启动时添加路由规则
03    <%@ Import Namespace="System.Web.Routing" %>
04    void Application_Start(object sender, EventArgs e)
05    {      //在应用程序启动时运行的代码
06          RouteTable.Routes.MapPageRoute("myRoute","product/{productType}","~/2_16.aspx");
07    }
```

【代码解析】第 3 行导入使用路由的命名空间；第 6 行添加新路由规则，路由的名称为 myRoute，浏览器使用的格式为 product/{productType}，{productType}为占位符表示要传递的参数值，用户重定向的地址为 2_16.aspx。

上述第 6 行代码定义的路由规则的处理页面为 2_16.aspx。下面编写 2_16.aspx 页的 Page_Load 事件，获取传递的参数信息。

```
01    //程序名称：2_16.aspx
02    //程序功能：获取路由表中的参数信息
03    protected void Page_Load(object sender, EventArgs e)
04    {
05          string type = (string)Page.RouteData.Values["productType"];
06          Response.Write("你请求的类型是：" + type);
07    }
```

【代码解析】第 5 行获取当前路由信息的数据；第 6 行设置输出内容的格式。

打开网站中的任意页面，修改页面地址为"~/product/Software"并回车，页面显示效果如图 2-42 所示；修改页面地址为"~/product/Hardware"并回车，页面显示效果如图 2-43 所示。

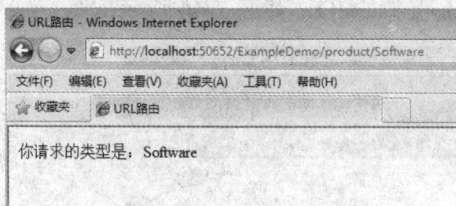

图 2-42　获取路由信息为 Software　　　　图 2-43　获取路由信息为 Hardware

学习提示：URL 路由使开发人员不必映射到网站中特定文件的 URL 地址，因此可以使用更易于被用户理解的 URL。此操作还屏蔽了 URL 地址的细节，从而提高了网站的安全性。

任务实施

📹 视频精讲：

http://www.icourses.cn/jpk/changeforVideo.action?resId=395158&courseId=3803&firstShowFlag=16

步骤 1. 创建一个 ASP.NET 的空网站，命名为 NavigationSiteDemo。

步骤 2．在该网站中创建名为 MasterPage.master 的母版页。

步骤 3．将 MasterPage.master 文件在源视图中打开，并在其<form>标签中添加如下代码。

```
01    <!--程序名称：MasterPage.master-->
02    <form id="form1" runat="server">
03      <div id="wrapper">
04        <div id="branding"><h1>公司网站</h1></div>
05        <div id="content">
06          <asp:ContentPlaceHolder ID="ContentPlaceHolder1" runat="server">
07          </asp:ContentPlaceHolder>
08        </div>
09        <div id="mainNav"></div>
10        <div id="footer"><p>Footer</p></div>
11      </div>
12    </form>
```

【代码解析】设置网站母版页的布局。

步骤 4．右击网站名称，在弹出的快捷菜单中选择"添加现有项"命令，将路径"资源\代码\Chapter2Demo\NavigationSiteDemo"中名为 css.css 的样式文件添加至网站中。

步骤 5．应用此样式表。将 MasterPage.master 文件在设计视图中打开，并将 css.css 样式文件拖放到母版页中。

步骤 6．右击网站名称，在弹出的快捷菜单中选择"添加现有项"命令，添加一个站点地图，将其命名为 Web.sitemap。打开站点地图，添加例 2-15 中所示代码。

步骤 7．在设计视图中打开母版页，将光标定位在<div id="mainNav"> </div>标记中，从工具箱中拖放一个 TreeView 控件和一个 SiteMapDataSource 控件到其中。为 TreeView 控件设置样式并将其数据源绑定为 SiteMapDataSource 控件的 ID，如图 2-44 所示。

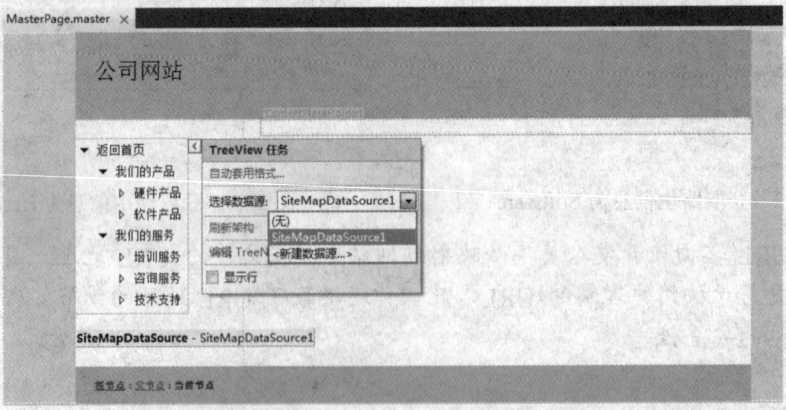

图 2-44　为 TreeView 控件绑定数据源

步骤 8．在设计视图中打开母版页，将光标定位在<div id="footer"></div>标记中，从工具箱中拖放一个 SiteMapPath 控件到其中。

步骤 9．分别在站点中添加名为 Default.aspx、Products.aspx、Hardware.aspx、Software.aspx、Services.aspx、Training.aspx、Consulting.aspx、Support.aspx 的页面。要注意的是，

在添加这些页面时一定要应用 MasterPage.master 母版。

　　步骤 10. 浏览 Default.aspx 页，查看运行效果。

项 目 小 结

　　本项目通过 4 个典型任务阐述了.NET Web 应用程序中的界面设计技术。其中，任务 1 详细介绍了在页面中使用 Web 服务器控件的方法，并通过验证控件的使用保证数据的合法性，减少开发人员执行数据验证所需要的编码工作量；任务 2 介绍了母版页和内容页的工作原理，通过合理规划网站母版页，为 Web 应用定义良好的页面框架，简化页面设计；任务 3 利用主题和皮肤技术进行网站设计，改善页面的外观效果；任务 4 介绍了 ASP.NET 提供的站点地图和导航技术的应用，通过构建站点导航系统，帮助用户快速访问所需的信息。

本项目 IT 企业常见面试题

　　1．ASP.NET 服务器控件和 HTML 控件的区别有哪些？
　　2．简述 ASP.NET 验证控件的功能和使用方法。
　　3．第三方控件与用户控件的主要区别是什么？
　　4．主题包括哪些内容？如何看待主题在网站中的作用？
　　5．如何基于 ASP.NET 导航技术实现网站的导航设计？

项 目 实 训

实训任务：
B2CSite 网站的界面和导航设计。
实训目的：
1．会使用 Web 控件设计页面。
2．会使用验证控件验证用户数据输入。
3．会使用母版页实现网站页面的一致布局。
4．会使用主题技术简化页面外观设计。
5．会编制站点地图，并能结合 Web 控件、母版页技术和导航技术实现站点导航功能。
实训内容：
　　1．使用 Web 控件、母版页技术、主题外观技术和站点导航技术，为 B2CSite 网站实现如图 2-45 和图 2-46 所示的网站导航功能。

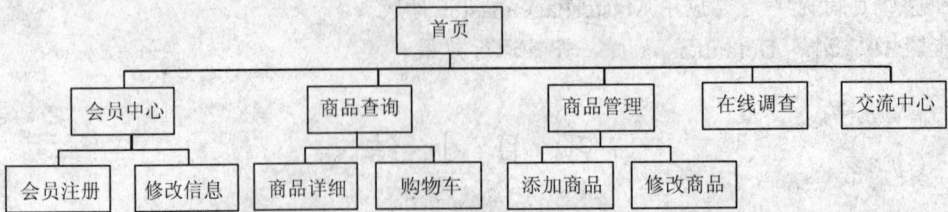

图 2-45　网站结构图

图 2-46　B2CSite 网站的站点导航

2. 实现 B2CSite 网站至少两个主题的动态切换。

项目 3   Web 应用的状态管理

Web 应用本质是无状态的，浏览器每次将网页发送到服务器上时，Web 服务器都会创建网页类的新实例，这就意味着，在每一次的往返中，与该页及该页上的控件相关联的所有信息都会被丢失。状态管理是对同一页或不同页的多个请求维护状态和页信息的过程。在访问 Web 站点的过程中，有助于保持用户信息（状态）的连续性。

在本项目中，通过完成如下 3 个任务，介绍状态管理在 Web 应用开发中的重要性。

任务 1   用户登录实现

任务 2   网络在线投票实现

任务 3   网站计数器实现

任务 1   用户登录实现

任务场景

用户登录是所有 Web 应用中最基本的功能之一。其目的是为了防止非法用户访问 Web 应用系统，只有登录成功的用户才能以合法的身份访问 Web 应用系统。

本任务使用 Response 对象和 Request 对象来实现简单的用户登录功能。

知识引入

3.1   状态管理

📹 视频精讲：

http://www.icourses.cn/jpk/changeforVideo.action?resId=387953&courseId=3803&firstShowFlag=19

Web 应用本质是无状态的，页面的每个请求都会被视为新请求。默认情况下，来自上一个请求的信息对下一个请求不可用。而在实际企业应用中，完成一个业务往往需要经过多个步骤。例如，在淘宝网订购商品时，首先需要找到想要的商品，将它添加到购物车中，然后继续浏览商品，直到选购完所有商品后，才提交购物车，完成订单。既然 Web 应用是无状态的，那么如何来维护订购商品过程中的信息呢？

ASP.NET 提供了在服务器上保存页面信息的状态管理功能。如果能够在页面之间保留状态，那么用户提供的初始信息就可以被重用，当页面发送回服务器时，用户就不需要多次输入相同的信息了。这一过程需要通过保存应用程序的信息来维护不同发送过程中的数据，这种行为称为应用程序的状态管理，也称为状态维护。

状态管理是对同一页或不同页的多个请求维护状态和页信息的过程。在 ASP.NET 中，提供了多种在服务器往返过程之间的维护状态，通常包括服务器端和客户端维护技术。选择哪种类型的状态管理，取决于应用程序的需要。

1. 服务器端状态管理

服务器端状态管理使用服务器资源来存储状态信息，这类状态管理的安全性较高。

（1）应用程序状态

应用程序状态是一种全局存储机制，可从 Web 应用程序中的所有页面进行访问。例如，存储 Web 应用程序的访问人数。保存应用程序状态使用 Application 对象，如 Application["visitors"]，这种保存应用程序状态的变量称为应用程序变量。

（2）会话状态

会话状态信息仅供 Web 应用程序中某个特定会话的用户使用。例如，存储某个用户的订单编号、存储登录会员的状态信息等。会话状态是 HttpSessionState 类的实例，通过 Page 等类的 Session 属性公开，如 Session["OrderNumber"]。

（3）Cache 对象

Cache 对象通过设置和访问应用程序缓存中的项，来实现状态管理。

2. 客户端状态管理

客户端状态管理涉及在页中或客户端计算机上存储信息，在各往返行程间不会在服务器上维护任何信息。

（1）Cookie

Cookie 是一个文本文件，用来存储保留状态所需的少量文本信息。

（2）视图状态

视图状态是 ASP.NET 页框架默认情况下用于保存往返过程之间的页和控件值的方法。通过 Page 类的 ViewState 属性公开，ViewState 属性被作为页的隐藏域进行维护。

（3）隐藏域

ASP.NET 允许将信息存储在 HiddenField 控件中，此控件将呈现为一个标准的 HTML 隐藏域，作为一个<input type="hidden"/>元素。隐藏域在浏览器中以不可见的形式呈现，但可以像标准控件一样设置其属性。当向服务器提交页面时，隐藏域的内容将在 HTTP 窗体集合中随其他控件的值一起发送。因此，隐藏域可用作一个存储库，将希望直接存储在页中的任何特定的信息置于其中。

（4）查询字符串

查询字符串是页面 URL 尾部附加的信息。这种方式比较简单，在查询字符串中传递的信息可能被恶意用户篡改，因此最好不要依靠查询字符串来传递重要或敏感的数据。

3.2 Response 对象

Response 对象用于将数据从服务器发送回浏览器，允许将数据作为请求的结果发送到浏览器中，并提供相关响应的信息，包括向浏览器输出数据、重定向浏览器到另一个 URL 或者停止输出数据。Response 对象是 Page 对象的成员，不用声明便可以直接使用。它对应 HttpResponse 类，命名空间为 System.Web，也与 HTTP 协议响应消息对应。

3.2.1 Response 对象的常用属性和方法

HttpResponse 类包含许多属性和方法，用来处理发送到浏览器的文本。其常用属性如表 3-1 所示。

表 3-1 Response 对象的常用属性

属 性	说 明
Cache	获取 Web 页的缓存策略
Charset	设置或获取 HTTP 的输出字符编码
Expires	设置或获取在浏览器上缓存的页过期之前的分钟数
Cookies	获取当前请求的 Cookie 集合

Response 对象的常用方法如表 3-2 所示。

表 3-2 Response 对象的常用方法

方 法	说 明
Clear	将缓冲区的内容清除
End	将目前缓冲区中所有的内容发送至客户端后关闭
Flush	将缓冲区中所有的数据发送至客户端
Redirect	将网页重新导向另一个地址
Write	将数据输出到客户端
WriteFile	将指定的文件直接写入 HTTP 内容输出流

3.2.2 Response 对象的应用

1. 向浏览器输出数据

在 Web 开发中，Response 对象使用最频繁的语句是显示文本语句。Response 对象提供的 Write 方法具有这一功能，向浏览器输出文本的代码如下。

```
Response.Write("这是向浏览器输出的字符串");
```

除能将指定的字符串输出到客户端浏览器外，Response 对象还可以把 HTML 标记输出到客户端浏览器。

```
Response.Write("<h2>软件技术</h2>");
```

【代码解析】上述代码以标题 2 的格式输出"软件技术"。标签<h2>…</h2>与文本一起被发送到客户端，客户端浏览器会识别这些 HTML 标记并在 Web 页显示为正确的形式。

使用 Write 方法可以输出 JavaScript 脚本，客户端浏览器会识别并执行这些脚本程序。

```
Response.Write("<script language=\"javascript\">alert('欢迎使用 ASP.NET')</script>");
```

【代码解析】向客户端输出一段 JavaScript 脚本，以在客户端弹出一个信息提示框，如图 3-1 所示。

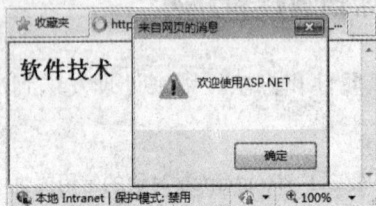

图 3-1　Response 对象的使用

2. 页面重定向

Response 对象的 Redirect 方法用于实现页面重定向，该方法可以由一个页面地址跳转到另一个页面地址。下面的代码表示从当前页跳转到名为 Index.aspx 的页面。

```
Response.Redirect("Index.aspx");
```

通常，从一个页面跳转至另一页面时还需要传递一些信息。Response.Redirect 方法在页面跳转时可以向另一页面传递一些参数，例如：

```
Response.Redirect("Index.aspx?uName=xiaoli");
```

【代码解析】向 Index.aspx 进行重定向时，将参数 uName 及其对应的值 xiaoli 传递给 Index.aspx 页，在 Index.aspx 页中可以通过 Request 对象获取该参数的值。有关 Request 对象的属性和方法将在 3.3 节讨论。

3.3　Request 对象

📹 视频精讲：

http://www.icourses.cn/jpk/changeforVideo.action?resId=388922&courseId=3803&firstShowFlag=19

Request 对象的主要功能是从客户端得到数据。当用户打开 Web 浏览器并从网站请求 Web 页时，Web 服务器就接收到一个 HTTP 请求，该请求包含用户、用户的计算机、页面以及浏览器的相关信息。

Request 对象是 HttpRequest 类的一个实例，命名空间为 System.Web，它提供对当前页请求的访问，包括标题、Cookie、客户端证书以及查询字符串等。用户可以使用该类访问表单数据或通过 URL 发送参数列表信息，还可以接收来自用户的 Cookie 信息。

3.3.1　Request 对象的常用属性和方法

Request 对象的常用属性如表 3-3 所示。

表 3-3　Request 对象的常用属性

属　　性	说　　明
ApplicationPath	获取服务器上 ASP.NET 应用程序虚拟应用程序的根路径
Browser	获取正在请求的客户端浏览器的功能信息
Cookies	获取客户端发送的 Cookie 集合
FilePath	获取当前请求的虚拟路径
Form	获取窗体变量集合
Params	获取 QueryString、Form、ServerVariables 和 Cookies 项的组合集合
Path	获取当前请求的虚拟路径
QueryString	获取 HTTP 查询字符串变量集合
Url	获取有关当前请求的 URL 的信息
UserHostAddress	获取远程客户端 IP 主机地址
UserHostName	获取远程客户端 DNS 名称

Request 对象的常用方法如表 3-4 所示。

表 3-4　Request 对象的常用方法

方　　法	说　　明
MapPath	将请求的 URL 中的虚拟路径映射到服务器上的物理路径
SaveAs	将 HTTP 请求保存到磁盘

3.3.2　Request 对象的应用

1. 获取表单的数据

使用 Request 对象的 Form 属性可以获取来自表单的数据，实现信息的提交和处理。

案例演练　例 3-1：Form 属性的用法。

```
01    <!--程序名称：3_1.aspx-->
02    <html>
03        <% Response.Write(Request.Form["txtName"]); %>
04      <body>
05        <form id="form1" method="post" action="">
06          <div>
07              Request 对象获取表单数据<hr />
08              <input type="text" name="txtName" />
09              <input id="Submit1" type="submit" value="提交" />
10          </div>
```

```
11        </form>
12    </body></html>
```

【代码解析】第 3 行为服务器代码，Request.Form["txtName"]表示获取表单 txtName 中输入的值；第 9 行声明了 submitHTML 控件，用于提交表单。

在浏览器中查看该页，在文本框中输入 Hello,xiaoli，单击"提交"按钮，效果如图 3-2 和图 3-3 所示。

图 3-2　输入字符串　　　　　　　　图 3-3　Form 属性获取表单值

学习提示：当<form>标签里的 action 为具体的页面时，单击"提交"按钮，则表单的数据由 action 指定的页进行处理。

2. 获取查询字符串的数据

Request 对象通过 QueryString 属性来获取 HTTP 查询字符串变量集合。传递的变量的名和值由"?"后的内容指定。例如：

```
Response.Redirect("Index.aspx?uName=xiaoli");
```

【代码解析】向 Index.aspx 页传递一个名为 uName 的变量，值为 xiaoli。

若要在 Index.aspx 页中获得参数 uName 的值，只需在 Index.aspx 页面加载事件添加如下代码：

```
01    protected void Page_Load(object sender, EventArgs e)
02    {
03        if (Request.QueryString["uName "] != null)        //判断参数值是否为空
04            Response.Write("Hello,"+Request.QueryString["uName"]);
05    }
```

【代码解析】第 3 行判断查询字符串中参数 uName 是否为空。

3. 获取计算机和浏览器的相关数据

除可以获取查询字符串的数据外，Request 对象还可以获取浏览器相关数据。

案例演练 **例 3-2**：Request 对象的 Browser 属性获取客户端浏览器信息。

```
01    <!--程序名称：3_2.aspx-->
02    protected void Page_Load(object sender, EventArgs e)
03    {
04        HttpBrowserCapabilities b = Request.Browser;
05        Response.Write("客户端浏览器信息："+"<hr>");
06        Response.Write("名称：" + b.Browser + "<br>");
07        Response.Write("版本：" + b.Version + "<br>");
```

```
08          Response.Write("操作系统： " + b.Platform + "<br>");
09          Response.Write("是否支持 Cookies： " + b.Cookies + "<br>"+"<hr>");
10    }
```

【代码解析】第 4 行声明正在请求的客户端浏览器的功能信息的类对象 b；第 6～9 行
输出浏览器的属性信息。

浏览页面，运行效果如图 3-4 所示。

图 3-4　获取客户端浏览器相关信息

任务实施

视频精讲：

http://www.icourses.cn/jpk/changeforVideo.action?resId=388922&courseId=3803&firstShowFlag=19

步骤 1. 新建一个 ASP.NET 空网站，命名为 UserLoginDemo。添加 Web 窗体，命名
为 Login.aspx。

步骤 2. 在 Login.aspx 窗体中添加 Label 控件、TextBox 控件和 Button 控件，并按
表 3-5 设置好各控件相应的属性。

表 3-5　界面控件设置

控件 ID	控件类型	属性名	属性值
lblTitle	Label	Text	用户登录
lblUName	Label	Text	用户名：
lblUPwd	Label	Text	密码：
txtUName	TextBox		
txtUPwd	TextBox	TextMode	Password
btnLogin	Button	Text	确定
btnCancel	Button	Text	取消

步骤 3. 为登录按钮 btnLogin 添加单击事件的代码如下。

```
01    //程序名称：Login.aspx.cs
02    //程序功能：用户登录实现
03    protected void btnLogin_Click(object sender, EventArgs e)
04    {
05        string strUrl = "";
06        string name = txtUName.Text;
07        string pwd = txtUPwd.Text;
```

```
08        if (name == "xiaoli" && pwd == "admin")
09        {    //只有当用户名为 xiaoli、密码为 admin 时才能跳转
10             strUrl = "Index.aspx?uName=" + name + "&uPwd=" + pwd;
11             Response.Redirect(strUrl);
12        }
13    }
```

【代码解析】第 8 行判断输入的文本是否与预设的值相同；第 10 行设置字符串；第 11 行重写 Index.aspx 页，并传递 name 和 pwd 两个参数。

步骤 4. 为取消按钮 btnCancel 添加单击事件，单击"取消"按钮，页面中文本框的值置为空，代码如下。

```
14    protected void btnCancel_Click(object sender, EventArgs e)
15    {
16        txtUName.Text =null;
17        txtUPwd.Text=null;
18    }
```

【代码解析】第 16～17 行将文本框 txtUName 和 txtUPwd 置空。

步骤 5. 在 UserLoginDemo 中添加 Web 窗体，命名为 Index.aspx，编写该 Web 窗体的 Page_Load 事件，用来获取传递的用户名和密码。

```
01    //程序名称：Index.aspx.cs
02    //程序功能：获取用户登录信息
03    protected void Page_Load(object sender, EventArgs e)
04    {
05        if (Request["uName"] != null && Request["uPwd"] != null)
06        {    Response.Write(Request["uName"] + ",你好！<br/>");
07             Response.Write("你的密码是：" + Request["uPwd"]);
08        }    }
```

【代码解析】第 5 行判断查询字符串的参数 uName 和 uPwd 是否为空；第 6～7 行输出相应的信息。

学习提示：使用 Request 对象获取查询字符串的参数时，Request.QueryString["uName"]和 Requst["uName"]等效。

步骤 6. 保存项目，在浏览器中查看 Login.aspx 页，效果如图 3-5 所示。分别在用户名和密码文本框中输入 xiaoli 和 admin，单击"确定"按钮，页面跳转至 index.aspx 页，运行效果如图 3-6 所示。

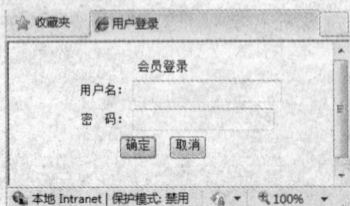

图 3-5 会员登录界面

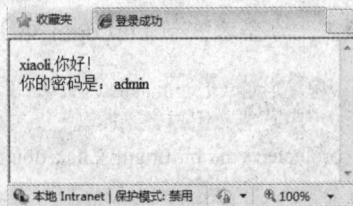

图 3-6 登录成功界面

任务 2　网络在线投票实现

任务场景

　　在线投票功能是网站应用程序开发中常用的功能模块。当网站的管理员或用户提出一些新的想法、建议或者推出一种新产品时，通常需要通过用户投票来确定这些新的想法、建议是否可行或者新的产品是否能满足用户需求。此外，网站还可以通过在线投票功能做一些实际性的调查工作。例如一年一度的网络新闻人物评选，就是通过网络在线投票产生的。

　　本任务使用 Cookie 对象和文件的读写操作，实现简单的新闻人物网络在线投票功能。

知识引入

3.4　Cookie 对象

📹 视频精讲：

http://www.icourses.cn/jpk/changeforVideo.action?resId=389008&courseId=3803&firstShowFlag=19

　　Cookie 是 HttpCookieCollection 类的实例，是一种文本轻量结构，包含键/值对，用于保存客户端浏览器请求的服务器页面，也可以存放非敏感性的用户数据。Cookie 可以是临时的（具有特定的过期时间和日期），也可以是持久性的。

3.4.1　Cookie 对象的常用属性和方法

　　Cookie 对象的常用属性如表 3-6 所示。

表 3-6　Cookie 对象的常用属性

属　　性	说　　明
Name	获取 Cookie 变量的名称
Value	获取或设置 Cookie 变量的值
Expires	设定 Cookie 的过期时间，默认值为 1000 毫秒。若设为 0，则表示要实时删除 Cookie
Path	获取或设置要与当前 Cookie 一起传输的虚拟路径

　　Cookie 对象的常用方法如表 3-7 所示。

表 3-7　Cookie 对象的常用方法

方　　法	说　　明
Add	增加 Cookie 变量
Remove	通过 Cookie 变量名称或索引删除 Cookie 对象

续表

方　　法	说　　明
Get	通过变量名称或索引得到 Cookie 的变量值
Clear	清除所有的 Cookie

3.4.2　Cookie 对象的应用

1.　编写 Cookie

Cookie 由 Response 和 Request 对象的 Cookies 属性来管理，每个 Cookie 是 HttpCookie 类的一个实例。创建 Cookie 时，需要指定 Cookie 的名称、值和过期时间等信息，每个 Cookie 必须有一个唯一的名称，以便从浏览器读取 Cookie 时可以识别。由于 Cookie 是按名称进行存储的，因此用相同命名的两个 Cookie 会导致先前同名的 Cookie 被覆盖。

（1）通过键/值来添加 Cookie

通过键/值来添加 Cookie 的代码如下。

```
01    Response.Cookies["uName"].Value = "xiaoli";
02    Response.Cookies["uName"].Expires = DateTime.Now.AddDays(1);
```

【代码解析】第 1 行向 Cookies 集合添加一个名为 uName 的 Cookie；第 2 行设定 Cookie 的 Expires 属性为当前时间加一天，说明该 Cookie 将在客户端计算机上保存一天。

学习提示：如果未指定 Expires 属性，则 Cookies 不会被写到客户端的计算机中，只是保存在浏览器进程的内存中，当浏览器关闭后就会丢失。

（2）新建 HttpCookie 对象添加 Cookie

Cookie 是 HttpCookie 类的一个实例，创建 HttpCookie 对象后，再调用 Response.Cookies 集合的 Add 方法来添加 Cookie，代码如下。

```
01    HttpCookie aCookie = new HttpCookie("pwd");
02    aCookie.Value ="admin";
03    aCookie.Expires = DateTime.Now.AddDays(1);
04    Response.Cookies.Add(aCookie);        //将 Cookie 添加到 Cookies 集合中
```

【代码解析】第 1 行创建 HttpCookie 的对象 aCookie；第 2 行设置 aCookie 的键值；第 3 行设置 aCookie 的过期时间为 1 天；第 4 行将 aCookie 添加到 Cookies 集合中。

（3）读取 Cookie

当创建了 Cookie 后，Cookie 将随页请求发送至服务器，并且可通过 HttpRequest 对象公开的 Cookies 集合进行访问。例如，读取 Cookie 的值代码如下。

```
01    string name;
02    if (Request.Cookies["uName"] != null)
03        name = Request.Cookies["uName "].Value;
```

【代码解析】第 2 行判断 Cookie 是否存在；第 3 行获取 Cookie 的值。

2. 编写多值 Cookie

在一个 Cookie 中可以存储多个名称/值对,该名称/值对称为子键。例如,要使用 Cookie 存储用户名和登录密码的信息,就只需创建一个名为"用户"的 Cookie,其中包含用户名和密码两个子键即可。

使用多值 Cookie 可以将相关或类似的信息放在一个 Cookie 中进行管理,且只需设置一个有效期就可以适用于所有的 Cookie 信息,这有助于限制 Cookie 文件的大小。

创建带子键的 Cookie 时,也应遵循编写单个 Cookie 的各种语法。

(1)直接添加多值 Cookie

```
01    Response.Cookies["userInfo"]["uName"] = "xiaoli";
02    Response.Cookies["userInfo"]["pwd"] = "admin";
03    Response.Cookies["userInfo"].Expires = DateTime.Now.AddDays(1);
```

【代码解析】第 1 行设置 Cookie "userInfo"的子键 uName 的值;第 2 行设置 Cookie "userInfo"的子键 uPwd 的值;第 3 行设置 Cookie "userInfo"的过期时间为 1 天。

(2)创建 HttpCookie 对象来添加多值 Cookie

```
01    HttpCookie aCookie = new HttpCookie("userInfo");
02    aCookie.Values["uName"] =" xiaoli";
03    aCookie.Values["pwd"] ="admin";
04    aCookie.Expires = DateTime.Now.AddDays(1);
05    Response.Cookies.Add(aCookie);
```

【代码解析】第 1 行创建 HttpCookie 的对象 aCookie,其名称为 userInfo;第 2~4 行设置 aCookie 的信息和过期时间;第 5 行将 aCookie 添加到 Cookies 集合中。

(3)读取 Cookie 值

读取多值 Cookie 的方法和读取单值 Cookie 类似,只需要访问 Cookie 的子键值即可。

```
01    string name;
02    if (Request.Cookies["userInfo"] != null){
03        if (Request.Cookies["userInfo"] ["uName "] != null){
04            name = Request.Cookies["userInfo"][" uName "]; }
05    }
```

【代码解析】第 2 行判断 Cookie 是否存在;第 3 行获取 Cookie 的子键值是否存在;第 4 行读取多值 Cookie。

案例演练 例 3-3:利用 Cookie 对象实现本项目任务 1 中对"用户登录"的状态管理。

当用户以用户名"xiaoli",密码"admin"登录时,选中"两周内不用登录"复选框,可以实现将用户登录信息保存在 Cookie 中,再次运行该页面时实现自动登录。

(1)在用户登录页面中添加复选框 chkState,其 Text 值为"两周内不用登录",如图 3-7 所示。

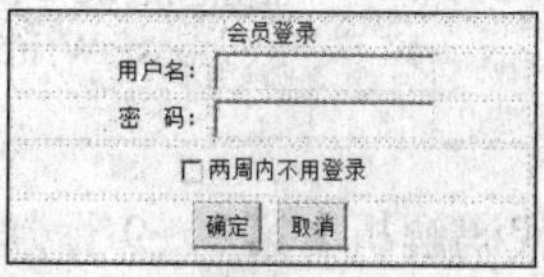

图 3-7　登录状态管理页面设计

（2）修改 btnLogin 按钮的单击事件，代码如下。

```
01  //程序名称：Login.aspx.cs
02  //程序功能：添加自动登录功能
03  protected void btnLogin_Click(object sender, EventArgs e)
04  {
05      string name = txtUName.Text;
06      string pwd = txtUPwd.Text;
07      if (name == "xiaoli" && pwd == "admin")
08      {
09          if (chkState.Checked)
10          {   Response.Cookies["userInfo"]["uName"] = name;
11              Response.Cookies["userInfo"]["uPwd"] = pwd;
12              Response.Cookies["userInfo"].Expires = DateTime.Now.AddDays(14);
13          }
14          Response.Redirect("Index.aspx");
15  }   }
```

【代码解析】第 9 行判断复选框 chkState 是否被选中；第 10～12 行创建名为 userInfo 的多值 Cookie，包含 uName 和 uPwd 两个属性，并设置其有效期为 14 天。

（3）为 Login.aspx 页添加 Page_Load 事件，代码如下。

```
16  protected void Page_Load(object sender, EventArgs e)
17  {
18      string name ="";
19      string pwd = "";
20      if (Request.Cookies["userInfo"] != null&& Request.Cookies["userInfo"] ["uName "] != null)
21      {   name = Request.Cookies["userInfo"]["uName"];
22          pwd = Request.Cookies["userInfo"]["uPwd"];
23          if (name == "xiaoli" && pwd == "admin")
24              Response.Redirect("Index.aspx");
25  }   }
```

【代码解析】第 20 行判断是否存在名为 userInfo 的 Cookie；第 21 行和第 22 行分别获取多值 Cookie 的用户名和密码。

（4）修改 Index.aspx 页的 Page_Load 事件，代码如下。

```
01  //程序名称：Index.aspx.cs
02  //程序功能：获取用户登录信息
03  protected void Page_Load(object sender, EventArgs e)
04  {
05      if (Request.Cookies["userInfo"] != null&& Request.Cookies["userInfo"] ["uName "] != null)
06      {
07          string name = Request.Cookies["userInfo"]["uName"];
08          Response.Write(name+ ",你好！ <br/>");
09  }   }
```

【代码解析】第 5～9 行判断是否存在名为 userInfo 的 Cookie，若存在，获取用户名属性并输出。

浏览页面，查看运行效果，并与本项目任务 1 中的登录效果进行比较。

在 Windows 7 操作系统中，Cookie 文件保存在 C:\Users\lxh\AppData\Roaming\Microsoft\Windows\Cookies 中的 lxh@localhost[1].txt 文件中，如图 3-8 所示。

打开文件 lxh@localhost[1].txt，用户可以修改 Cookie 中的值，如图 3-9 所示。

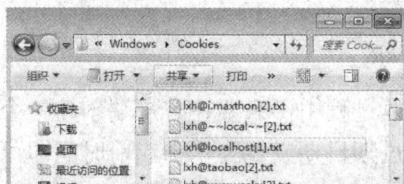

图 3-8　保存 Cookie 的文件　　　　　图 3-9　Cookie 文件的内容

学习提示： 这里给出的 Cookie 文件的存储路径是编者的计算机路径，读者可以在自己的计算机中找到 Cookie 文件的位置并查看其中内容。如果使用的操作系统是 Windows XP，则该路径为 C:\Documents and Settings\Administrator\Cookies。

3. 修改和删除 Cookie

由于 Cookie 存储在客户端，不能直接修改，因此，当需要更改 Cookie 时，就必须创建一个具有新值的同名 Cookie，并将其发送到浏览器上，以覆盖客户端上旧版本的 Cookie。也就是说，修改 Cookie 和添加 Cookie 一样，只不过需要先读取 Cookie 的值后再进行修改。

案例演练　例 3-4： 使用 Cookie 对象记录请求页面的次数。

使用 Cookie 保存访问次数，当向服务器请求该页面时，获取 Cookie 的值加 1，并将新的计数值写入到 Cookie 中，代码如下。

```
01    //程序名称：3_4.aspx.cs
02    //程序功能：利用 Cookie 统计页面访问次数
03    protected void Page_Load(object sender, EventArgs e)
04    {
05        int count=0;
06        if (Request.Cookies["count"] != null)
07            count = int.Parse(Request.Cookies["count"].Value);
08        //累加 1 后，以该项累加值重新创建 Cookie，发送至浏览器覆盖旧的 Cookie
09        count++;
10        Response.Cookies["count"].Value = count.ToString();
11        Response.Cookies["count"].Expires = DateTime.Now.AddDays(1);
12        lblCount.Text = "当前页面的访问次数为"+count.ToString()+"次";
13    }
```

【代码解析】第 5 行声明局部变量 count 用于计数；第 7 行判断 Cookie "count" 是否存在；第 7 行获取 Cookie "count" 的值，强制转换成整型数；第 10～11 行重写 Cookie "count"，并设置过期时间为 1 天；第 12 行将访问次数显示在标签 lblCount 的 Text 中。

浏览页面，运行效果如图 3-10 所示。每刷新一次页面，访问次数的值加 1。

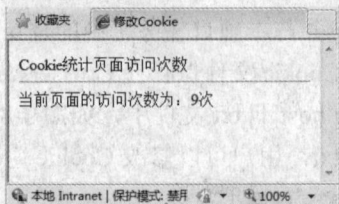

图 3-10　修改 Cookie

如果要删除 Cookie，常采用浏览器来删除。开发过程中，只要在客户端创建一个与要删除的 Cookie 同名的新 Cookie，并将该 Cookie 的过期日期设置为早于当前时间即可。当浏览器检查 Cookie 的到期日期时，会自动丢弃该 Cookie。

案例演练　**例 3-5**：删除所有 Cookie。

若要删除所有 Cookie，只需遍历 Cookies 集合，依次读取每一个 Cookie，设置过期时间早于当前时间即可，代码如下。

```
01    //程序名称：3_5.aspx.cs
02    //程序功能：删除所有 Cookie
03    protected void Page_Load(object sender, EventArgs e)
04    {
05        HttpCookie aCookie;
06        string cookieName;
07        for (int i = 0; i < Request.Cookies.Count; i++)
08        {
09            cookieName = Request.Cookies[i].Name;
10            aCookie = new HttpCookie(cookieName);
11            aCookie.Expires = DateTime.Now.AddDays(-1);     //设置过期时间早于当前时间
12            Response.Cookies.Add(aCookie);
13        }  }
```

【代码解析】第 5 行声明 HttpCookie 对象 aCookie；第 7～13 行遍历 Cookies 集合；第 10 行创建新 Cookie；第 11 行设置 aCookie 的到期时间为昨天。

当 Cookie 发送到浏览器后，浏览器检测到 Cookie 的到期时间已过期，就会将其删除。

对于多值 Cookie，其修改方式与添加方式类似，只是在删除时，若要删除某个子键，则需要使用 Cookie 的 Values 集合。首先从 Cookies 对象中获取 Cookie 来创建，然后调用 Values 集合的 Remove 方法，将要删除的子键的名称传递给 Remove 方法；再将 Cookie 添加到 Cookies 集合，这样 Cookie 便会以修改后的格式发回浏览器，代码如下。

```
01    HttpCookie aCookie = Request.Cookies["userInfo"];
02    aCookie.Values.Remove("uName");        //从 Values 集合中删除子键
03    aCookie.Values.Remove("uPwd");
04    aCookie.Expires = DateTime.Now.AddDays(-1);
05    Response.Cookies.Add(aCookie);
```

【代码解析】第 1 行 HttpCookie 对象 aCookie，其值为 Cookie "userInfo"；第 2 行和

第 3 行分别从 Values 集合中删除子键。

学习提示：在实际应用中，有些用户禁用了浏览器或客户端接收 Cookie 的能力，使这一功能受到限制。同时，Cookie 的使用也存在潜在被篡改的危险，用户可能会操纵其计算机上的 Cookie，这意味着用户的浏览器存在潜在风险或导致依赖于 Cookie 的应用程序失败。

3.5　Server 对象

Server 对象是 HttpServerUtility 类的实例，提供对服务器上的方法和属性的访问功能，其中大多数方法和属性是为应用程序的功能服务的。

3.5.1　Server 对象的常用属性和方法

Server 对象的常用属性如表 3-8 所示。

表 3-8　Server 对象的常用属性

属　性	说　明
MachineName	获取服务器的计算机名称
ScriptTimeout	获取或设置请求超时

Server 对象的常用方法如表 3-9 所示。

表 3-9　Server 对象的常用方法

方　法	说　明
CreateObject	创建服务器组件的实例
HtmlEncode	将 HTML 编码应用到指定的字符串
HtmlDecode	对已被编码的消除 HTML 无效字符的字符串进行解码
MapPath	将指定的虚拟路径映射为物理路径
UrlEncode	将 URL 编码规则，包括转义字符，应用到字符串
UrlDecode	对字符串进行解码
Execute	使用另一个页面执行当前请求
Transfer	终止当前页面的执行，并为当前请求执行新页面

3.5.2　Server 对象的应用

1. 获取服务器的信息

Server 对象可以通过其常用属性来获取服务器的信息，代码如下。

```
01    Response.Write(Server.MachineName+"<br/>");
02    Response.Write(Server.ScriptTimeout);
```

【代码解析】第 1 行输出服务器的名称；第 2 行输出服务器的请求超时时间。这些输出结果根据计算机设置的不同而不同。

2. Server.MapPath 方法的使用

在 Web 应用开发中读写文件时，需要指定文件的路径并显式提供物理路径，如 C:\Program Files，由于系统物理路径的显式提供将导致系统不安全，Server 对象的 MapPath 方法可以将指定的虚拟路径映射为物理路径，当用户访问应用程序时，就不可能知道系统的服务器路径。

当 MapPath 方法以 "/" 开头时，将返回 Web 应用程序的根目录所在的路径；当 MapPath 方法以 "../" 开头时，则会从当前目录开始寻找上级目录。

```
Response.Write(Server.MapPath("Default.aspx"));
```

【代码解析】输出应用程序根目录下 Default.aspx 页的物理路径。

3. 浏览器中的字符编码

在 ASP.NET 中，默认编码是 UTF-8，因此在使用 Cookie 和 Session 对象保存中文字符或其他字符集时，经常会出现乱码。为了避免乱码的出现，可以使用 HtmlEncode 和 HtmlDecode 方法进行编码和解码。

案例演练 例 3-6：Server 对象的 HtmlEncode 和 HtmlDecode 方法。

```
01    <!--程序名称：3_6.aspx-->
02    <html xmlns="http://www.w3.org/1999/xhtml">
03    <body>
04        <form id="form1" runat="server">
05            编码：<asp:Label ID="lblEnCode" runat="server" Text="Label" /><br />
06            解码：<asp:Label ID="lblDeCode" runat="server" Text="Label" />
07        </form>
08    </body></html>
```

【代码解析】第 5 行的标签控件 lblEnCode 用来显示编码生成的字符串；第 6 行的标签控件 lblDeCode 用来显示解码后的字符串。

编写该页面的 Page_Load 事件，代码如下。

```
01    //程序名称：3_6.aspx.cs
02    //程序功能：字符串的编解码
03    protected void Page_Load(object sender, EventArgs e)
04    {
05        string str = "<h3>湖南信息职院</h3>";
06        lblEnCode.Text = Server.HtmlEncode(str);
07        lblDeCode.Text = Server.HtmlDecode(lblEnCode.Text);
08    }
```

【代码解析】第 6 行对 str 字符串进行编码；第 7 行解码字符串 lblEnCode.Text。

浏览页面，运行效果如图 3-11 所示。

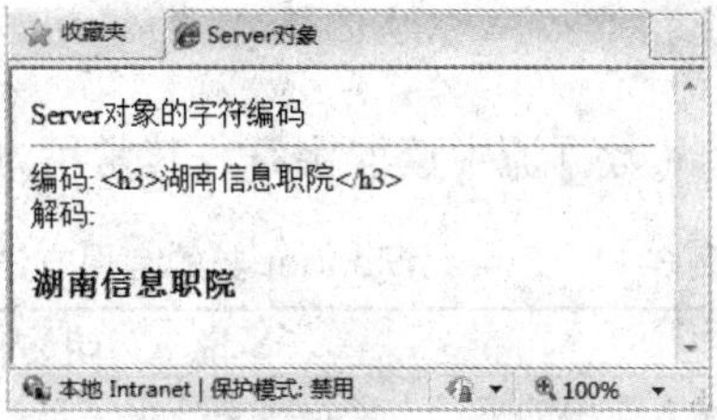

图 3-11　字符编解码

3.6　文件读写

在 Web 应用开发中经常要使用文件读写。当存储的信息比较小时，不必为其专门建立数据库来访问。

.NET Framework 使用流模型来读写文件数据。流文件操作的类都在 System.IO 命名空间下。实现文件操作常用的类通常有 File、StreamReader 以及 StreamWriter。这里主要讨论对.txt 类型的文件的操作。

1.　File 类

File 类提供用于创建、复制、删除、移动和打开文件的静态方法，不用创建类的实例，只需通过调用其静态方法执行文件操作。

File 类的常用方法如表 3-10 所示。

表 3-10　File 类的常用方法

方　　法	说　　明
CreateText	创建或打开一个写入 UTF-8 编码的文本文件
OpenText	打开现有 UTF-8 编码文本文件以进行读取
Exists	确定指定的文件是否存在
AppendText	将 UTF-8 编码文本追加到现有文件

在对.txt 文件进行操作时，首先需要判断文件是否存在。如果文件存在，则可以用 OpenText 方法打开文件；如果文件不存在，则要创建文件，需要使用 CreateText 方法，代码如下。

```
01    if(File.Exists(Server.MapPath("test.txt")))
02    {
03          Response.Write("文件存在");
04          File.OpenText(Server.MapPath("test.txt"));
05    } else  {
06          Response.Write("文件不存在");
07          File.CreateText(Server.MapPath("test.txt"));
08    }
```

【代码解析】第 1 行判断应用程序根目录下名为 test.txt 的文本文件是否存在；第 4 行打开指定文件；第 7 行创建指定文件。

2. StreamReader 类

StreamReader 类用于实现从数据流中读取字符，其常用方法如表 3-11 所示。

表 3-11　StreamReader 类的常用方法

方　　法	说　　明
Read	读取输入流中的下一个字符或下一组字符
ReadLine	从当前流中读取一行字符，并将数据作为字符串返回
ReadToEnd	从流的当前位置到末尾顺序读取流
Peek	返回下一个可用的字符，如果为-1，表示读到了文件尾
Close	关闭 StreamReader 对象和基础流，并释放与读取器关联的所有系统资源

案例
演练　例 3-7：读文件示例。

在 3_7.aspx 页中添加一个 Button 控件和一个 Label 控件，控件设置代码如下。

```
01    <!--程序名称：3_7.aspx-->
02    <asp:Button ID="btnRead" runat="server" Text="读文件" OnClick="btnRead_Click" /><br />
03    <asp:Label ID="lblInfo" runat="server" Text=""></asp:Label>
```

为按钮控件 btnRead 添加单击事件，代码如下。

```
01    //程序名称：3_7.aspx.cs
02    //程序功能：读文件
03    using System.IO;                                    //导入文件读写所需的命令空间
04    protected void btnRead_Click(object sender, EventArgs e)
05    {    lblInfo.Text="文件内容：";
06        string filepath = Server.MapPath("test.txt");
07        if(File.Exists(filepath))
08        {
09            StreamReader sr = File.OpenText(filepath);
10            while (sr.Peek() != -1)                      //判断文件是否读完
11                lblInfo.Text += (sr.ReadLine() + "<br/>");
12            sr.Close();                                  //关闭流文件
13        }    }
```

【代码解析】第 6 行获取应用程序根目录下 test.txt 文件的物理路径；第 7 行判断文件是否存在；第 9 行创建 StreamReader 对象 sr，指向打开的该文件；第 10 行循环读文件直到文件尾；第 11 行将文件中的数据以行为单位进行读出；第 12 行关闭文件流。

浏览页面，单击"读文件"按钮，运行效果如图 3-12 所示。

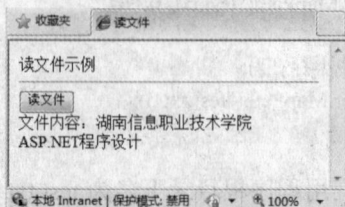

图 3-12　读文件

3. StreamWriter 类

StreamWriter 类实现向数据流中写入字符，其常用方法如表 3-12 所示。

表 3-12　StreamWriter 类的常用方法

方　　法	说　　明
StreamWriter	使用编码和缓冲区大小，初始化 StreamWriter 类的新实例，可重载
Write	写入指定的字符流
WriteLine	写入指定的字符串，后跟行结束符
Close	关闭 StreamWrite 对象和基础流

案例演练 例 3-8：写文件示例。

在例 3-7 的基础上，添加一个 Button 按钮 btnWrite，为该按钮添加单击事件，代码如下。

```
01    //程序名称：3_8.aspx.cs
02    //程序功能：写文件
03    protected void btnWrite_Click(object sender, EventArgs e)
04    {
05        string filepath = Server.MapPath("test.txt");
06        if(File.Exists(filepath))
07        {
08            StreamWriter sw = new StreamWriter(filepath, false);
09            string str = "ASP.NET 是 Web 应用开发的主流技术";
10            sw.WriteLine(str);
11            sw.Close();
12            lblInfo.Text = "成功写入文件";
13        }    }
```

【代码解析】第 8 行创建 StreamWriter 类的对象 sw；第 10 行将 str 对象写入到文件；第 11 行关闭文件流。

学习提示：构造方法 StreamWriter(string, boolean)表示使用默认编码和缓冲区大小，为指定路径上的指定文件初始化 StreamWriter 类的新实例。如果该文件存在，则可以将其改写或向其追加内容；如果该文件不存在，则此构造函数将创建一个新文件。

浏览页面，单击"写文件"按钮，运行效果如图 3-13 所示；再单击"读文件"按钮，运行效果如图 3-14 所示。

图 3-13　写文件

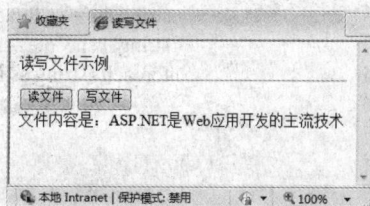

图 3-14　读文件

任务实施

步骤 1. 新建一个 ASP.NET 空网站，命名为 VoteDemo。添加 Web 窗体，命名为 Vote.aspx。

步骤 2. 在 Vote.aspx 页中添加投票系统所需控件、RadioButtonList 控件、Button 控件和 Label 控件，页面设计如图 3-15 所示。

图 3-15 中，页面元素采用表格进行布局，其中 lblState 标签控件用来显示是否已经投过票；lblView 标签控件用来显示投票后的结果；RadioButtonList 控件（rbtlVote）采用一行显示两列新闻人物候选人的姓名；"投票"按钮（btnVote）和"查看"按钮（btnView）分别用来投票事件和查看投票结果的事件进行处理。

步骤 3. 由于每次投票的结果都需要累加，这里采用文本文件 vote.txt 来存储每位候选人的投票数，各候选人的票数间用"|"符号分隔。文件 vote.txt 内容格式如图 3-16 所示。

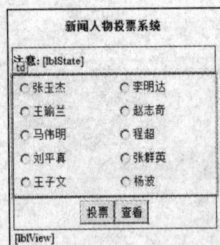

图 3-15 投票系统页面设计

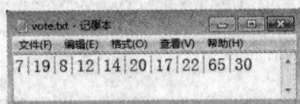

图 3-16 票数存储文件格式

步骤 4. 每位候选人的票数都存放在文件 vote.txt 中，因此每一次投票或查看投票结果时，都需要从文件中读取原来的票数。读取文件的 getVote 方法定义如下。

```
01   //程序名称：Vote.aspx.cs
02   //程序功能：写文件
03   using System.IO;                    //文件读写操作所需的命令空间
04   public partial class Vote : System.Web.UI.Page
05   {
06       ArrayList count = new ArrayList();
07       //定义读取文件的方法
08       protected void getVote()
09       {    string filePath = Server.MapPath("vote.txt");
10            StreamReader sr = File.OpenText(filePath);
11            while (sr.Peek() != -1)
12            {
13                string str = sr.ReadLine();
14                string[] strVote = str.Split('|');
15                foreach (string ss in strVote)
16                    count.Add(int.Parse(ss));
17            }
18            sr.Close();
19   }    }
```

【代码解析】第 6 行定义成员属性 count，类型为 ArrayList，用来存储各候选人票数的

动态数组；第 10 行声明 StreamReader 类的对象 sr，指向打开的 Vote.txt 文件；第 14 行使用 String 类的 Split 方法按 "|" 符号作为分隔符将各数进行分离，存入数组 strVote 中；第 15～16 行将字符串数组 strVote 中的字符强制转换成整数，并添加到 count 数组中。

步骤 5. 用户投票后，每一次新的票数都要写回到文件 vote.txt 中，其方法 putVote 定义如下。

```
20    //定义写文件的方法
21    protected void putVote()
22    {    string filepath = Server.MapPath("vote.txt");
23         StreamWriter sw = new StreamWriter(filepath, false);
24         string str = count[0].ToString();
25         for(int i=1;i<count.Count;i++)
26             str += "|"+count[i].ToString();
27         sw.WriteLine(str);
28         sw.Close();
29    }
```

【代码解析】第 23 行声明 StreamWriter 类的对象 sw，指向待写入的文件；第 24～26 行将数组 count 中的数构建如图 3-16 所示形式的字符串 str；第 27 行将字符串 str 写入到指定文件中。

步骤 6. 当投票系统页面加载时，通过 Cookie 判断是否已经投过票，如果投过，在 lblState 标签控件中提示 "你已经投过票了"，反之提示 "你还未投票"。页面的 Page_Load 事件定义如下。

```
30    protected void Page_Load(object sender, EventArgs e)
31    {
32        lblView.Text = "";
33        HttpCookie getCookie = Request.Cookies["Vote"];          //读 Cookie
34        if (getCookie == null)
35            lblState.Text = "你还未投票";
36        else
37            lblState.Text = "你已经投过票了";
38        getVote();          //读取 vote.txt 文件
39    }
```

【代码解析】第 33 行声明 HttpCookie 对象 getCookie，用来读取名为 Vote 的 Cookie；第 34 行判断 getCookie 对象是否为空；第 38 行调用 getVote 方法读取票数。

步骤 7. 编写投票按钮 btnVote 的单击事件，代码如下。

```
40    protected void btnVote_Click(object sender, EventArgs e)
41    {
42        if (rbtlVote.SelectedIndex != -1)
43        {
44            //防止重复投票
45            HttpCookie getCookie = Request.Cookies["Vote"];
46            if (getCookie != null)
47            {    Response.Write("<script>alert('你已经投过票了，不能重复投！');
48                               location='javascript:history.go(-1)'</script>");
49            }
```

```
50              else {
51                  int k = rbtlVote.SelectedIndex;
52                  count[k] = int.Parse(count[k].ToString()) + 1;
53                  putVote();
54                  HttpCookie vCookie = new HttpCookie("Vote");
55                  vCookie.Value = "vote";
56                  vCookie.Expires = DateTime.Now.AddDays(1);
57                  Response.Cookies.Add(vCookie);
58                  Response.Write("<script>alert('投票成功！');</script>");
59              }
60      }    }
```

【代码解析】第 42 行判断单选按钮组是否被选中；第 45 行声明 HttpCookie 对象 getCookie，用来读取名为 Vote 的 Cookie；第 48 行表示当 getCookie 不为空时弹出提示框，效果如图 3-17 所示。第 51 行获取单选按钮组选中项的索引值 k；第 53 行调用 putVote 方法，重写票数到文件中；第 54～57 行创建 Cookie。

步骤 8. 当用户单击查看按钮 btnView 时，则显示各用户的票数信息，代码如下。

```
61      protected void btnView_Click(object sender, EventArgs e)
62      {
63          lblView.Text = "各候选人票数：<br/>";
64          for (int i = 0; i < rbtlVote.Items.Count; i++)
65              lblView.Text += rbtlVote.Items[i].Value + "：   " + count[i] + "票" + "<br/>";
66      }
```

【代码解析】第 64～65 行输出所有候选人的票数。

单击"查看"按钮，运行效果如图 3-18 所示。

图 3-17　投票重复提示信息　　　　　图 3-18　投票结果统计

至此，一个简单的在线投票系统就完成了。为了更直观地查看投票结果，通常采用图形的方式显示投票结果，相关内容在项目 6 中将详细介绍。另外，在在线投票系统的实现过程中，对 Cookie 只是作了简单的限制，读者也可以根据不同用户、不同的 IP 地址来进行投票限制。限于篇幅，这里不再讨论。

任务 3　网站计数器实现

任务场景

网站计数器是 Web 应用开发中的常用功能之一，用来记录一个站点被访问的情况，包括当前在线人数和网站总访问人数两个方面的统计。本任务通过 Session 对象、Application 对象及 Global.asax 配置文件的综合运用，实现网站计数器的功能。

知识引入

3.7　Session 对象

Session 对象用于存储特定的用户会话所需的信息，是 HttpSessionState 类的一个实例。与 Cookie 对象不同的是，Cookie 对象在客户端存储用户的相关信息，而 Session 对象则在服务器端存储用户的相关信息。

Session 对象限制在当前浏览器的会话中，当多个用户使用同一个应用程序时，每个用户都将拥有各自的 Session 对象，且这些 Session 对象相互独立，互不影响。

用户在应用程序的不同页面切换时，存储在 Session 对象中的信息不会丢弃，并将在整个会话期内都保留。当用户关闭浏览器或者在页面进行的操作时间超过系统规定的时间时，Session 对象会自动注销。

3.7.1　Session 对象的常用属性和方法

Session 对象的常用属性如表 3-13 所示。

表 3-13　Session 对象的常用属性

集合、属性	说　　明
Contents	确定指定会话的值或遍历 Session 对象的集合
SessionID	标识每一个 Session 对象
TimeOut	设置 Session 会话的超时时间，默认值为 20 分钟

Session 对象的常用方法如表 3-14 所示。

表 3-14　Session 对象的常用方法

方　　法	说　　明
Add	创建一个 Session 对象
Abandon	结束当前会话，并清除对话中的所有信息。如果用户重新访问页面，则重新创建会话
Remove	删除会话集合中的指定项
RemoveAll	清除所有 Session 对象
Clear	清除所有的 Session 对象变量，但不结束会话

3.7.2　Session 对象的应用

1. 设置和使用 Session 对象

与 Cookie 对象相比，Session 对象主要用于安全性较高的场合，如应用系统的后台登录。通常管理员拥有对应用系统后台操作的权限，如果管理员在一段时间内不对应用系统进行任何操作，为了保证系统的安全性，应用系统后台将自动注销。

设置 Session 对象的方法比较简单，可以使用键/值对的方式，语法格式如下。

```
Session["变量名"]="值";
```

要设置名为 uName 的会话变量，代码如下。

```
Session["uName"]="张老三";
```

【代码解析】创建会话变量 uName，其值为"张老三"。

也可以调用 Session 类的 Add 方法，传递项名称和项的值，向会话状态集合添加项，代码如下。

```
Session.Add("uPwd","admin");
```

Session 对象创建后，就可以在应用程序的任意页面中访问它的值，代码如下。

```
01    if(Session["uName"]!=null)
02        string strName=Session["uName"].ToString();
```

【代码解析】第 2 行获取会话变量 uName 的值，并赋值给变量 strName。

学习提示：使用状态变量前，应先判断状态变量项是否存在，然后再访问其值。

案例
演练　例 3-9：使用 Session 保存用户登录信息。

通常用户登录信息也可以使用 Session 来存储。改写本项目任务 1 中的"用户登录"，用 Session 来保存用户名。

修改登录页面 Login.aspx 上登录按钮的单击事件为如下。

```
01    //程序名称：Login.aspx.cs
02    //程序功能：使用 Session 保存用户登录信息
03    protected void btnConfirm_Click(object sender, EventArgs e)
04    {
05        string name = txtUName.Text;
06        string pwd = txtUPwd.Text;
07        if (name == "xiaoli" && pwd == "admin")
08        {    Session["uName"]=name;            //创建 Session
09            Response.Redirect("Index.aspx");
10    }    }
```

【代码解析】第 8 行创建会话变量 uName，其值为文本框 txtUName 的值。

然后，改写 Index.aspx 页的 Page_Load 事件，代码如下。

```
01    //程序名称：Index.aspx.cs
02    //程序功能：获取 Session 中的信息
03    protected void Page_Load(object sender, EventArgs e)
04    {
05        if (Session["uName"] != null)
```

```
06          {          string name = Session["uName"].ToString();        //读 Session
07                     Response.Write("当前用户"+name );
08      }    }
```

【代码解析】第 6 行获取会话变量 uName 的值。

学习提示：获取用户登录的会话变量通常在 Web 应用程序的母版页中进行，这样当在不同页面间切换时，可以获取到统一的用户信息。

2. 设置 Session 对象的有效期

HTTP 是一个无状态协议，Web 服务器无法检测用户何时离开了 Web 站点，但却可以检测到在一定的时间段内用户有没有对页面发出请求。如果用户一直没发送页面请求，Web 服务器可假定用户已经离开了 Web 站点，并删除与那个用户相关的会话状态中的所有项。

默认情况下，如果用户在 20 分钟内没有请求页面，会话就会超时。可以通过编写代码设置 Session 对象的 Timeout 属性来设置会话状态过期时间，代码如下。

```
Session.Timeout=1;
```

【代码解析】设置会话超时时间为 1 分钟。

除此之外，还可以通过修改 Web 应用程序的配置文件 web.config，来设置会话状态的超时时间，代码如下。

```
01    <configuration>
02        <system.web>
03            <sessionState mode="InProc" timeout="10"/>
04        </system.web>
05    </configuration>
```

【代码解析】第 3 行设置超时时间为 10 分钟，设置会话状态的模式为 InProc，该模式表示将 Session 存储在进程中。当 mode 的取值为 Off 时，设置为不使用 Session；mode 的取值还可以是 StateServer（Session 存储独立的状态服务中）和 SQLServer（Session 存储在 SQL Server 中）。

3. 删除会话状态中的项

要删除 Session 对象中的项时，可以通过调用 Session 对象的 Remove、RemoveAt、Clear 和 RemoveAll 的方法。其中，Remove 和 RemoveAt 方法可以清除会话状态集合中的某一项，而 Clear 和 RemoveAll 方法则会一次性清除会话状态集合中的所有项；调用 Abandon 方法可取消当前会话，当会话取消时，与之相应的会话状态也立即消失。

```
Session.Remove("uName");
```

【代码解析】删除会话变量 uName。

值得注意的是，当调用 Clear 和 RemoveAll 及 Remove 和 RemoveAt 方法时，只是从会话状态中删除了缓存项，会话并没有结束。实际应用中，出于对客户会话状态信息的保护，应该提供让客户注销登录的功能。

通过调用 Abandon 方法可以结束会话，代码如下。

```
Session.Abandon();
```

调用 Abandon 方法后，ASP.NET 注销当前会话，清除所有有关该会话的数据。再次访问该 Web 应用系统时，会开启新的会话。

3.8 Application 对象

Application 对象用于在整个应用程序中共享信息。Application 对象是 HttpApplicationState 类的一个实例，对于 Web 应用服务器上的每个.NET Web 应用程序都要创建一个单独的 Application 对象的实例，它是.NET Web 应用程序的全局变量，其生命周期从请求该应用程序的第一个页面开始，直到 IIS 停止。

3.8.1 Application 对象的常用属性和方法

Application 对象常用的属性如表 3-15 所示。

表 3-15 Application 对象常用的属性

属　　性	说　　明
All	将全部的 Application 对象变量传回到一个 Object 类型的数组
AllKeys	将全部的 Application 对象变量名称传回到一个 String 类型的数组
Count	取得 Application 对象变量的数量
Item	使用索引或是 Application 变量名称传回内容值

Application 对象常用的方法如表 3-16 所示。

表 3-16 Application 对象常用的方法

方　　法	说　　明
Add	增加一个新的 Application 对象变量
Clear	清除全部的 Application 对象变量
Get	使用索引值或变量名称传回变量值
Set	使用变量名称更新一个 Application 对象变量的内容
GetKey	使用索引值取得变量名称
Lock	锁定全部的 Application 变量
Remove	使用变量名称移除一个 Application
RemoveAll	移除全部的 Application 对象变量
Unlock	解除锁定 Application 变量

3.8.2 Application 对象的应用

1. 设置和使用 Application 对象

每个 Application 对象变量都是 Application 集合中的对象之一，由 Application 对象统一管理。创建 Application 对象与使用 Session 对象的方法一样简单，代码如下。

```
Application["appVar"]=0;
```

【代码解析】创建应用程序变量 appVar，值为 0。

此外，也可以调用 Add 方法创建 Application 对象，代码如下。

```
01    Application.Add("appVar1",TextBox1.Text);
02    Application.Add("appVar2",TextBox2.Text);
03    Application.Add("appVar3",TextBox3.Text);
```

【代码解析】添加了 3 个 Application 对象。

在一个应用程序中可以设置多个 Application 对象，每一个 Application 对象用来针对一个特殊的应用。例如，本任务要实现的在线人数统计和网站总的访问量，就可以使用两个不同的 Application 对象来存储。

若要使用 Application 对象，可通过索引 Application 对象的变量名进行访问，代码如下。

```
Response.Write(Application["appVar1"].ToString());
```

【代码解析】使用键/值对获取 Application 对象的值。

另外，也可以通过 Application 对象的 Get 方法获取，代码如下。

```
Response.Write(Application.Get("appVar2").ToString());
```

【代码解析】使用 Get 方法获取 Application 对象的值。

如果要输出应用程序中的所有 Application 对象的值，可以使用 Application 对象的 Count 属性对循环变量进行控制，代码如下。

```
01    for(int i=0;i<Application.Count;i++)              //遍历 Application 对象
02        Response.Write(Application.Get(i).ToString());
```

【代码解析】第 1 行 Application.Count 用于指定应用程序中 Application 对象的个数。

2. 应用程序状态同步

由于 Application 对象被应用程序中的所有用户共享，当并发处理客户端请求时，应用程序的多个线程可能需要同时访问 Application 对象的值，这样就有可能出现在同一时刻多个用户修改 Application 对象的情形，造成数据的不一致。

HttpApplicationState 类提供的 Lock 和 Unlock 方法可以解决 Application 对象访问的同步问题，使得一次只允许一个线程访问应用程序状态变量。

Application 对象调用 Lock 方法后，可以锁定当前 Application 对象，以便让当前用户线程单独进行修改。当修改完成后，Application 对象调用 Unlock 方法，解除对当前 Application 对象的锁定，这样其他用户线程就能够对 Application 对象进行修改了。

Lock 方法和 UnLock 方法应该成对使用，代码如下。

```
01    Application.Lock();
02    Application["appVar"] = TextBox1.Text;
03    Application.UnLock();
```

【代码解析】第 1 行给 Application 对象加锁；第 2 行修改 Application 对象的值；第 3 行给 Application 对象解锁。

如果没有显式调用 Unlock 方法解除锁定，当请求完成、请求超时或请求执行过程中出现未处理的错误并导致请求失败时，.NET Framework 将自动解除锁定，以防止应用程序出现死锁。

3.9　Global.asax 文件配置

Global.asax 配置文件也称做 ASP.NET 应用程序文件，在 ASP.NET 2.0 以后的版本中，该文件是可选的。它包含了 ASP.NET 引发的应用程序级别事件的代码。

Global.asax 配置文件存储在站点的虚拟根目录下，不能通过 URL 进行访问，且每一个应用程序只能有一个 Global.asax 配置文件。

1.　创建 Global.asax 配置文件

Global.asax 配置文件通常用于处理应用程序和会话变量的事件，如 Application_Start、Application_End、Session_Start 和 Session_End 等。Global.asax 文件不为单个页面请求进行响应。要创建 Global.asax 配置文件，可以右击网站名称，在弹出的快捷菜单中选择"添加新项"命令，打开"添加新项"对话框，选择"全局应用程序类"模板，如图 3-19 所示。

图 3-19　创建全局配置文件 Global.asax

单击图 3-19 中的"添加"按钮，创建并打开该文件，系统会自动产生如下代码。

```
01   //程序名称：Global.asax
02   //程序功能：全局应用程序配置
03   <%@ Application Language="C#" %>
04   <script runat="server">
05   void Application_Start(object sender, EventArgs e)
06   {    //在应用程序启动时运行的代码
07   }
08   void Application_End(object sender, EventArgs e)
09   {    //在应用程序关闭时运行的代码
10   }
```

```
11    void Application_Error(object sender, EventArgs e)
12    {      //在出现未处理的错误时运行的代码
13    }
14    void Session_Start(object sender, EventArgs e)
15    {      //在新会话启动时运行的代码
16    }
17    void Session_End(object sender, EventArgs e)
18    {      //在会话结束时运行的代码
19          //注意，只有在 Web.config 文件中的 sessionstate 模式设置为 InProc 时，
20          //才会引发 Session_End 事件。如果会话模式
21          //设置为 StateServer 或 SQLServer，则不会引发该事件
22    }
23    </script>
```

【代码解析】第 3 行定义@Application 指令使用的语言为 C#；第 4～23 行定义服务器端运行的脚本事件。从产生的代码注释来看，各事件都会在指定的条件下触发，因此这些事件也称为条件应用程序事件。

2. Global.asax 配置文件的应用

创建 Global.asax 配置文件时，会自动产生条件事件代码块，开发人员只需要向相应的代码块中添加事务处理程序即可。

案例
演练　例 3-10：在线聊天室的实现。

本例使用 Session 对象、Application 对象和 Global.asax 配置文件创建一个简单的聊天室。只有当用户的密码输入为 admin 时，才能登录聊天室。

（1）在本项目解决方案中添加文件夹 3_10，在该文件夹下添加登录页 Login.aspx，用于用户登录管理，添加聊天页 ChatRoom.aspx。

（2）Login.aspx 页的界面设计如图 3-5 所示，为登录按钮 btnLogin 添加单击事件，代码如下。

```
01    //程序名称：3_10/login.aspx.cs
02    //程序功能：聊天室登录
03    protected void btnLogin_Click(object sender, EventArgs e)
04    {      string name = txtUName.Text;
05          string pwd = txtUPwd.Text;
06          if (pwd == "admin")
07          {    //当密码正确时，用 Session 保存用户的登录名，并跳转到聊天页面
08                Session["uName"] = name;
09                Response.Redirect("ChatRoom.aspx");
10          }
11          else {
12                Response.Write("<script>alert('密码不正确')</script>");
13                txtUName.Text = "";
14                txtUPwd.Text = "";
15    }     }
```

【代码解析】第 8 行创建 Session，保存用户登录信息。

（3）ChatRoom.aspx 页的界面设计如图 3-20 所示。

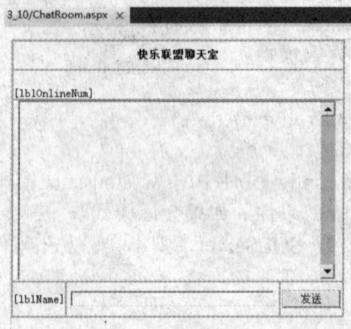

图 3-20　聊天室界面设计

界面中各控件的属性设置如表 3-17 所示。

表 3-17　界面控件设置

控件 ID	控件类型	属性名	属性值或功能描述
lblTitle	Label	Text	快乐联盟聊天室
lblOnlineNum	Label		显示聊天室当前在线人数
lblName	Label		显示当前用户的登录名
txtChatRoom	TextBox	TextMode	MultiLine
		ReadOnly	True
			显示聊天的内容，内容不能修改
txtChat	TextBox		输入聊天内容
btnSend	Button	Text	发送

（4）对聊天室的功能进行综合分析后，可以得知，聊天室的在线人数和用户的聊天内容是整个应用程序共享的内容。因此，当应用程序开始启动时，可以在 Global.asax 配置文件中创建两个应用程序变量来分别存储它们，代码如下。

```
01    //程序名称：Global.asax
02    //程序功能：全局应用程序配置
03    void Application_Start(object sender, EventArgs e)
04    {    //在应用程序启动时运行的代码
05        Application["count"] = 0;        //记录在线人数
06        Application["chat"] = "";        //记录聊天内容
07    }
```

【代码解析】第 5 行创建在线人数的应用程序变量 count；第 6 行创建聊天内容的应用程序变量 chat。

当用户成功登录聊天室后，就会开启一个会话，这时在线人数应该加 1，代码如下。

```
08    void Session_Start(object sender, EventArgs e)
09    {    Application.Lock();
```

```
10        Application["count"] = int.Parse(Application["count"].ToString())+1;
11        Application.UnLock();
12    }
```

【代码解析】第 9 行给 Application 对象加锁；第 10 行使 Application["count"]值加 1；第 11 行给 Application 对象解锁。

学习提示：使用 IE 浏览器时，即使使用同一台机器访问，当打开不同的 IE 进程访问时，服务器也会认为是不同的用户客户端访问，会触发不同的 Session_Start。

当一个用户离开聊天室，在线人数应该减 1，代码如下。

```
13    void Session_End(object sender, EventArgs e)
14    {    Application.Lock();
15        Application["count"] = int.Parse(Application["count"].ToString()) - 1;
16        Application.UnLock();
17    }
```

【代码解析】第 15 行使 Application["count"]值减 1。

学习提示：当用户关闭页面时，并不会触发 Session_End 事件，只有当会话时间超时或显示调用 Session.Abandon 时才能触发。也就是说，采用这种方式不能精确地反映当前的在线人数，不过对于 Internet 来说，这并不重要。

（5）配置好 Global.asax 文件后，接下来处理 ChatRoom.aspx 页的事件。当用户登录到该页时，页面将加载 Page_Load 事件，判断用户是不是正常登录。如果是正常登录，就在相应位置显示聊天室里的聊天内容、在线人数和用户名等信息；如果不是正常登录，则跳转到 Login.aspx 页进行登录，代码如下。

```
01    //程序名称：3_10/ChatRoom.aspx.cs
02    //程序功能：用户聊天实现
03    protected void Page_Load(object sender, EventArgs e)
04    {
05        if (Session["uName"] != null)              //判断用户是否成功登录
06        {
07            lblOnlineNum.Text = "当前在线人数为"+Application["count"].ToString()+"人";
08            txtChatRoom.Text = Application["chat"].ToString();
09            lblName.Text = Session["uName"].ToString();
10        }
11        else {
12            Response.Redirect("Login.aspx");       //如果没有登录，则跳转到登录页
13    }    }
```

【代码解析】第 7 行显示在线人数；第 8 行读取聊天信息，并置于聊天室文本框中。

（6）当用户成功登录聊天室后，就可以进行聊天。此时单击"发送"按钮可以将内容发送到聊天内容的文本框中。发送按钮的单击事件定义如下。

```
14    protected void btnSend_Click(object sender, EventArgs e)
```

```
15    {
16        string tab = "  ";
17        string newline = "\r";
18        string newMessage = lblName.Text + ":" + tab + txtChat.Text +newline + Application["chat"];
19        if (newMessage.Length > 500)        //当聊天信息达到 500 个字符时，截断信息
20            newMessage = newMessage.Substring(0, 499);
21        //修改聊天信息
22        Application.Lock();
23        Application["chat"] = newMessage;
24        Application.UnLock();
25        txtChat.Text = "";
26        txtChatRoom.Text = Application["chat"].ToString();
27    }
```

【代码解析】第 17 行设置换行符；第 18 行设置聊天信息；第 19～20 行设置当聊天信息在 500 字以上，则截取前 500 个字符；第 22～24 行重写聊天信息；第 26 行将聊天信息显示在文本框中。

（7）浏览页面，分别以用户名"张老三"和"李小二"登录，运行效果如图 3-21 和图 3-22 所示。

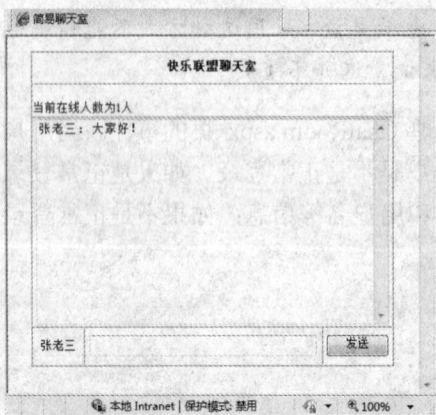

图 3-21 "张老三"发言   图 3-22 "李小二"发言

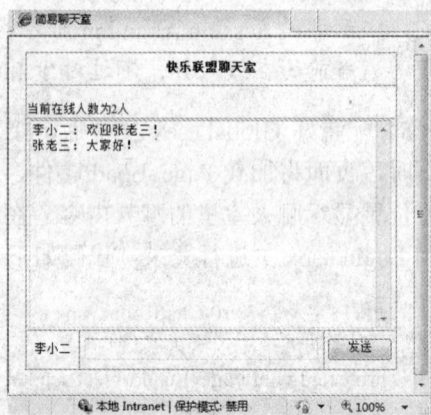

上述步骤实现的聊天室并不能够及时刷新在线人数和聊天内容。若要实现内容的即时刷新，应使用本书项目 9 提供的 AJAX 技术。

任务实施

步骤 1. 新建一个 ASP.NET 空网站，命名为 SiteCountDemo。

由于在线人数和网站访问量是网站中所有页面共有的信息，因此将其制作成用户控件。

步骤 2. 在 SiteCountDemo 的网站中添加用户控件 onlineNumber.ascx。用户控件的页面布局如图 3-23 所示。

其中，显示人数的控件采用 Literal 控件。该控件同 Label 控件一样，可以将静态文本呈现在页面上。与 Label 控件不

图 3-23 用户控件界面设计

同的是，该控件不会将任何 HTML 元素添加到文本中。

步骤 3. 添加保存总访问人数的文本文件 counter.txt。

由于当前访问人数和总访问人数都是应用程序的共享变量，因此创建应用程序变量 Application["CurNum"]和 Application["TotNum"]来分别保存它们。这样做的目的是，当遇到故障使 IIS 停止时，网站总访问人数不会被自动清零。

学习提示： 对网站的每个新请求都会修改 counter.txt 文件实际应用中，通常将这类文件放置在 App_Data 文件夹中，以方便 Web 应用系统的权限管理。

步骤 4. 添加配置文件 Global.asax。应用程序启动时，将总访问人数从文件中读出，并赋值给 Application["TotNum"]应用程序变量；当用户开启会话时，总访问人数加 1，并将 Application["TotNum"]应用程序变量的值写入文件 counter.txt 中。为 Global.asax 文件中各条件事件添加的代码如下。

```
01    //程序名称：Global.asax
02    //程序功能：全局应用程序配置
03    <%@ Application Language="C#" %>
04    <%@ Import Namespace=" System.IO" %>
05    <script runat="server">
06    void Application_Start(object sender, EventArgs e)
07    {    //在应用程序启动时运行的代码
08        int count = 0;                        //用来保存历史访问人数
09        string filePath = Server.MapPath("App_Data/counter.txt");
10        StreamReader sr = File.OpenText(filePath);
11        while (sr.Peek() != -1)
12        {    string str = sr.ReadLine();    //读取文件中的数据
13            count = int.Parse(str);
14        }
15        sr.Close();
16        Application.Lock();
17        Application["CurNum"] = 0;                    //用来记录当前在线人数
18        Application["TotNum"] =(object)count;         //用来记录网站访问总人数
19        Application.UnLock();
20    }
21    void Session_Start(object sender, EventArgs e)
22    {    //会话开始时，在线人数和总访问量都加 1
23        Application.Lock();
24        Application["CurNum"] =Convert.ToInt32(Application["CurNum"]) + 1;
25        Application["TotNum"] = Convert.ToInt32(Application["TotNum"]) + 1;
26        Application.UnLock();
27        string filepath = Server.MapPath("App_Data/counter.txt");
28        StreamWriter sw = new StreamWriter(filepath, false);
29        sw.WriteLine(Convert.ToInt32(Application["TotNum"]));
30        sw.Close();
31    }
32    void Session_End(object sender, EventArgs e)
33    {    //会话结束时，在线人数减 1
34        Application.Lock();
35        Application["CurNum"] = Convert.ToInt32(Application["CurNum"]) - 1;
36        Application.UnLock();
```

```
37     }
38     </script>
```

【代码解析】第 4 行导入命名空间 System.IO，支持文件读写；第 9～15 行读取文件，获取原来的总访问人数；第 27～30 行将更新后的访问总人数写入文件。

步骤 5. 在加载用户控件时，将当前在线人数和总访问人数读取到指定的 Literal 控件中。添加用户控件 onlineNumber.ascx 的 Page_Load 事件，代码如下。

```
01     //程序名称：onlineNumber.ascx.cs
02     //程序功能：用户控件中显示在线人数和总访问人数
03     protected void Page_Load(object sender, EventArgs e)
04     {
05         Literal1.Text = Application["CurNum"].ToString();
06         Literal2.Text = Application["TotNum"].ToString();
07     }
```

【代码解析】第 5 行获取在线人数；第 6 行获取总访问人数。

步骤 6. 在网站中添加 Web 窗体 SiteCount.aspx，并将用户控件 onlineNumber.ascx 拖曳至该页中的适当位置。使用两个不同浏览器浏览该页，运行效果如图 3-24 所示。

图 3-24   网站计数器效果图

学习提示： 可以将用户控件置于网站母版页中，以统一站点中网站计数器的外观。

项 目 小 结

状态管理是 Web 应用程序中实现页面信息共享的重要机制。本项目通过 3 个典型任务，分别介绍了服务器端和客户端状态管理的常用对象，主要包括 Response、Requset、Cookie、Server、Session、Application 对象，以丰富实例展现了这些对象的使用场景和方法，为 Web 应用程序中各页面之间的信息交换提供了支持和保障。

本项目 IT 企业常见面试题

1. 页面之间的传值方式有哪几种？
2. 简述 ViewState 的功能和实现机制。

3．Session 和 Cookie 的区别是什么？

4．Server.Transfer 和 Response.Redirect 的区别是什么？

项 目 实 训

实训任务：

B2CSite 网站的状态管理。

实训目的：

1．理解客户端状态管理和服务器端状态管理的区别。

2．能根据应用需求，选择适当的对象实现状态管理。

实训内容：

1．为 B2CSite 网站实现两周自动登录功能。

2．用户登录成功后，在网站的每一个页面中显示当前用户的信息。

3．为网站添加在线人数和总访问人数的计数功能。

4．为网站添加"网站满意度调查"的投票功能。

5．为网站添加"交流中心"，实现登录用户的聊天功能。

项目 4   使用 ADO.NET 实现数据访问

Web 应用开发中最核心的部分是数据访问。ADO.NET 是 .NET Framework 中的一组类库,搭建了应用程序和数据源之间沟通的桥梁。使用 ADO.NET 技术,开发人员能够轻松地在应用程序中实现数据访问。本项目通过 B2C 网上商城 4 个典型任务的实现,让读者深入了解在 Web 应用程序中如何使用 ADO.NET 访问和操作数据库。其中,B2C 网上商城的系统设计文档见附录 A,若无特殊指明,在后续各项目中所使用的数据库均为 B2C 网上商城数据库,数据库名为 SMDB。

任务 1   用户身份验证
任务 2   商品信息查询
任务 3   商品信息管理
任务 4   购物车的实现

任务 1   用户身份验证

任务场景

在 B2C 的电子商务网站中,用户身份验证通常应用在前台会员登录和后台管理登录模块。在前台只有登录成功的会员才能够购买商品、发表留言和评论;在后台只有具有合法身份的管理员才能够登录系统进行商品维护、会员维护及系统维护等操作。

本任务使用 ADO.NET 组件中的 Connection 对象、Command 对象和 DataReader 对象,轻松实现应用程序连接数据库,实现后台管理的身份验证。

知识引入

视频精讲:

http://www.icourses.cn/jpk/changeforVideo.action?resId=403139&courseId=3803&firstShowFlag=26

4.1   ADO.NET 数据访问技术

ADO.NET 是将 Microsoft.NET 的 Web 应用程序以及 Microsoft Windows 应用程序连接到诸如 SQL Server 数据库或 XML 文件等数据源的技术。ADO.NET 专门为 Internet 无连接

的工作环境而设计，提供了一种简单而灵活的方法，便于开发人员把数据访问和数据处理集成到 Web 应用程序中。

4.1.1　ADO.NET 组成

ADO.NET 包括两个核心组件：.NET Framework 数据提供程序和 DataSet 数据集。

1. 数据提供程序

数据提供程序用于连接到数据库、执行命令和检索结果。数据提供程序中包含的核心对象如表 4-1 所示。

表 4-1　ADO.NET 的核心对象

对　　象	说　　明
Connection	建立与数据源的连接
Command	对数据源执行操作命令
DataReader	从数据源中读取只进且只读的数据流
DataAdapter	使用 Connection 对象建立 DataSet 与数据提供程序之间的连接；并协调对 DataSet 中数据的更新

为了满足不同的数据库和不同的开发要求，.NET Framework 提供了 5 个数据提供程序，分别是 SQL Server .NET Framework、OLE DB .NET Framework、ODBC .NET Framework、Oracle .NET Framework 和 EntityClient。

其中 SQL Server .NET Framework 提供对 Microsoft SQL Server 7.0 或更高版本中数据的访问，使用 System.Data.SqlClient 命名空间；OLE DB .NET Framework 提供对使用 OLE DB 公开的数据源中数据的访问，如 Access 数据库、SQL Server 7.0 以下版本、dBase 等，使用 System.Data.OleDb 命名空间；ODBC .NET Framework 提供对使用 ODBC 公开的数据源中数据的访问，使用 System.Data.Odbc 命名空间；Oracle .NET Framework 提供对 Oracle 数据的访问，使用 System.Data.OracleClient 命名空间；EntityClient 提供对实体数据模型（EDM）应用程序的数据访问，使用 System.Data.EntityClient 命名空间。

不同的数据提供程序，其核心的数据对象也不相同。如 SQL Server .NET Framework 通过 SqlConnection、SqlCommand、SqlDataReader 和 SqlDataAdapter 对象来访问，而 OLE DB .NET Framework 数据提供程序则使用 OleDBConnection、OleDBCommand、OleDBDataReader 和 OleDBDataAdapter 对象实现数据访问。

2. DataSet 对象

在 Web 应用程序中，DataSet 对象用于存储从数据源中收集的数据。处理存储在 DataSet 中的数据并不需要 ASP.NET Web 窗体与数据源保持连接，仅当数据源中的数据随着改变而被更新时，才会重新建立连接。使用 DataSet 对象不仅能获取数据源中心的数据，还能获得数据源的类型信息。

DataSet 对象把数据存储在一个或多个 DataTable 中。每个 DataTable 由若干行、列、约束和关系组成。与 DataSet 相关的对象如表 4-2 所示。

表 4-2　DataSet 相关的对象

对　　象	说　　明
DataTable	内存中存放数据的表
DataRow	DataTable 中的行
DataColumn	DataTable 中的列
DataConstrains	DataTable 的约束集

4.1.2　使用 ADO.NET 访问数据

ADO.NET 提供了一组丰富的对象，几乎可用于各种数据存储的连接式或断开式访问。在连接模式下，连接会在程序的整个生存周期中保持打开状态，而不需要对状态进行特殊处理。随着应用程序开发的发展演变，数据处理结构越来越多地使用多层结构，断开方式的处理模式可以为应用程序提供良好的性能和伸缩性。图 4-1 显示了如何使用 ADO.NET 访问数据。

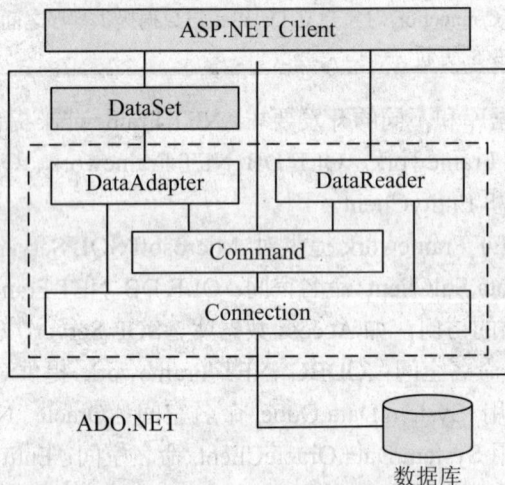

图 4-1　使用 ADO.NET 访问数据

1. 连接式数据访问模式

连接式数据访问模式是指用户在操作过程中，一直与数据库保持连接。可以直接使用命令对象 Command 进行数据库相关操作，并使用 DataReader 对象以只读方式返回数据。该模式的实现简单且效率高，但访问过程中，一直占用服务器资源。

2. 断开式数据访问模式

断开式数据访问模式指的是客户端不直接对数据库进行操作，而是通过数据适配器 DataAdapter 对象填充 DataSet 对象，然后在客户端通过读取 DataSet 来获取数据；在更新数据时，也需先更新 DataSet，然后再通过数据适配器更新数据库中对应的数据。

断开式数据访问模式适用于远程数据处理、本地缓存数据及执行大量数据的处理，而不需要与数据源保持连接的情况，从而将连接资源释放给其他客户端使用。

学习提示：实际应用中，选择数据访问模式的基本原则首先是满足需求，然后考虑性能优化。

4.2　使用 Connection 对象连接数据库

视频精讲：

http://www.icourses.cn/jpk/changeforVideo.action?resId=403574&courseId=3803&firstShowFlag=26

访问数据库的第一项工作就是和数据库建立连接，然后通过该连接向数据库发送命令并读取返回的数据，这些操作在 ADO.NET 中由 Connection 类的对象实现。

4.2.1　Connection 对象

在.NET Framework 中表示到数据库的连接类是 System.Data.Common.DbConnection 抽象类。对应不同的数据提供程序，从 DbConnection 派生了一组数据连接类，分别是 OleDBConnetion、OdbcConntion、OracleConnection、SqlConnection 和 EntityConnection，这些类的属性方法大致相同，下面以 SqlConnection 为例来说明连接到数据库的具体方法。

1. ConnectionString 属性

SqlConnection 对象最重要的属性就是 ConnectionString 属性，该属性将建立连接的详细信息传递给 SqlConnection 对象，SqlConnection 对象通过这个属性中所提供的连接字符串来连接数据库。在连接字符串中至少需要包含服务器名（Server）、数据库名（Database）和身份验证（User ID/Password）等信息。ConnectionString 中常见的属性如表 4-3 所示。

表 4-3　ConnectionString 的主要属性

属 性 名 称	默 认 值	说　　明
Server/ Data Source	本地机器	要连接的 SQL Server 实例的名称或网络地址。指定本地实例时，可以使用（local）或符号"."来标识
Initial Catalog/ Database	默认数据库	数据库的名称
Trusted_Connection / Integrated Security	false	当为 false 时，将在连接中指定用户 ID 和密码。当为 true 时，将使用当前的 Windows 账户凭据进行身份验证。可识别的值为 true、false、yes、no 以及与 true 等效的 sspi（强烈推荐）
User ID		SQL Server 登录账户。为保持高安全级别，强烈建议用户使用 Integrated Security 或 Trusted_Connection 关键字
Password/Pwd		SQL Server 账户登录的密码
Persist Security Info	false	当该值设置为 false 或 no（强烈推荐）时，如果连接是打开的或者一直处于打开状态，那么安全敏感信息（如密码）将不会作为连接的一部分返回。可识别的值为 true、false、yes 和 no

属 性 名 称	默 认 值	说 明
Connection Timeout	15	在终止尝试并产生错误之前，等待与服务器连接的时间长度，单位是秒
Packet Size	8192	与 SQL Server 的实例进行通信的网络数据包的大小，单位是字节
Pooling	False/True	确定是否使用连接池。当该值为 true 时，系统将从相应池中提取连接对象，或在必要时创建该对象并将其添加到相应池中

连接字符串可以在创建 SqlConnection 对象时作为参数传递，也可以通过 ConnectionString 属性来设置。

下面代码的连接字符串用于建立应用程序到本机上的 SQLServer 连接。

```
SqlConnection conn = new SqlConnection("Server=(local); Database=SMDB;Integrated Security=SSPI;");
```

连接到"使用 SQL Server 身份验证"的远程服务器 MyServer 的连接字符串代码如下。

```
SqlConnection conn1 = new SqlConnection("Server=MyServer; Database=SMDB;
                    Userid=lxh Password=1234; Connection Timeout=60;");
```

【代码解析】SQL Server 登录账户为 lxh，密码为 1234，连接超时时间为 60 秒。

2．SqlConnection 的常用方法

SqlConnection 对象的主要方法如表 4-4 所示。

表 4-4   SqlConnection 对象的主要方法

方 法 名 称	说 明
Open	该方法使用连接字符串中指定的连接详细信息打开连接
Close	该方法关闭当前处于打开状态的连接
ChangeDatabase	修改目前用于连接的数据库。只有在连接打开时才能使用该方法
Dispose	释放连接使用的所有资源

在创建 SqlConnection 对象并正确设置好连接字符串后，还需要该对象的 Open 方法打开连接，连接被打开后才可以通过它访问数据库中的数据。为防止内存泄露，访问完毕之后要及时调用 Close 方法关闭连接，直到下一次访问数据库时再打开。

```
01    string str = "Server=(local);Database=SMDB;Integrated Security=SSPI;";
02    SqlConnection conn = new SqlConnection(str);              //创建新的连接对象
03    conn.Open();                                              //打开连接
04    //此处使用数据库连接访问 SMDB 数据库
05    conn.Close();                                             //关闭连接
```

【代码解析】第 1 行定义连接字符串；第 2 行基于连接字符串创建连接对象。

由于打开连接还会受应用程序之外（如数据库服务未开启等）的因素影响，因此实际应用中，打开连接的代码通常放置在 try…catch 块中，而将关闭连接代码放在 finally 代码块中，使之不受可能出现的异常影响；也可以使用 using 语句简化，代码如下。

```
01    string str = "Server=(local);Database=SMDB;Integrated Security=SSPI;";
02    using(SqlConnection conn = new SqlConnection(str))
```

```
03    {
04          conn.Open();
05          //此处使用数据库连接访问 SMDB 数据库
06    }
```

【代码解析】第 2 行使用 using 语句创建连接对象，无论在 using 块中是否发生异常，在退出 using 块时都会调用该对象的 Dispose 方法释放其占用的资源。

学习提示：在 using 语句中创建的对象必须实现 IDisposable 接口。

4.2.2　使用 web.config 文件定义数据连接字符串

为了便于程序移植，通常在 web.config 文件中定义连接字符串，而不是硬编码在代码中。当要连接的数据源发生变化（例如，应用程序从开发环境部署到用户环境），就可以通过维护 web.config 配置文件实现信息的更改，而不需要修改类代码和重新编译。

在 web.config 中，连接字符串通常保存在 connectionStrings 节点中，由于配置文件可以保存多个连接字符串，因此每一个连接字符串都用唯一的属性 name 以示区分。配置代码如下。

```
01    <connectionStrings>
02      <add name="smdbconn" connectionString="Server=(local);Database=SMDB;
03         Integrated Security=SSPI;" providerName="System.Data.SqlClient" />
04    </connectionStrings>
```

【代码解析】在 web.config 配置文件中添加了一个名为 smdbconn 的连接字符串，其对应的值由 connectionString 属性指定。

要获取 web.config 文件中的连接字符串，只要在程序代码中通过访问类 ConfigurationManager 获取连接字符串即可。获取连接字符串的代码如下。

```
string str = ConfigurationManager.ConnectionStrings["smdbconn "].ConnectionString;
```

学习提示：使用 ConfigurationManager 类时，需要导入命名空间 System.Configuration。

案例
演练　例 4-1：连接到 SQL Server 数据库。

连接到数据库的主要工作就是配置好连接代码，然后创建连接对象并打开连接对象，当连接使用完后，即时关闭连接对象，主要步骤如下。

（1）配置 web.config 文件，关键代码如下。

```
01    <!--程序名称：web.config-->
02    <configuration>
03      <connectionStrings>
04        <add name="smdb" connectionString="server=(local);database=smdb;integrated security=true;"/>
05      </connectionStrings>
06    </configuration>
```

【代码解析】第 4 行定义了集成登录访问数据库 SMDB 的连接字符串。

（2）设计用户界面，关键代码如下。

```
01  <!--程序名称：4_1.aspx-->
02  <form id="form1" runat="server">
03    <div>
04      <asp:Label ID="Label1" runat="server" Text="显示信息"></asp:Label><br />    <br />
05      <asp:Button ID="btnSM" runat="server" Text="连接数据库" onclick="btnSM_Click" />
06    </div>
07  </form>
```

【代码解析】第 4 行定义显示信息的标签；第 5 行定义了命令按钮 btnSM。

（3）为 btnSM 按钮添加单击事件，关键代码如下。

```
01  //程序名称：4_1.aspx.cs
02  //程序功能：连接数据库
03  using System.Configuration;              //导入获取配置文件信息相关类的命名空间
04  using System.Data.SqlClient;             //导入操作 Sql Server 数据库相关类的命名空间
05  public partial class _4_1 : System.Web.UI.Page
06  {
07      protected void btnSM_Click(object sender, EventArgs e)
08      {
09          string str = ConfigurationManager.ConnectionStrings["smdb"].ConnectionString;
10          using(SqlConnection conn = new SqlConnection(str))
11          {
12              try
13              {   conn.Open();            //打开连接
14                  Label1.Text = "连接字符串: " + conn.ConnectionString;
15                  Label1.Text += "<br/>连接状态: " + conn.State.ToString();
16                  Label1.Text += "<br/>数据源: " + conn.DataSource;
17                  Label1.Text += "<br/>服务器版本: " + conn.ServerVersion;
18                  Label1.Text += "<br/>数据库名称：" + conn.Database;
19              } catch (Exception ee) {
20                  Label1.Text = "连接失败";
21              }
22  }   }   }
```

【代码解析】第 9 行获取 web.config 中定义的连接字符串；第 10 行使用 using 语句创建连接对象；第 16～20 行将连接信息输出到 Label1 标签上。

运行结果如图 4-2 所示。当用户单击"连接到 SQL Seruer"按钮时，Label1 标签控件中显示相应的连接信息。

图 4-2　连接到 SQL Server 数据库

4.3 连接式数据访问模式操作数据库

📹 视频精讲：

http://www.icourses.cn/jpk/changeforVideo.action?resId=405649&courseId=3803&firstShowFlag=27

连接好数据源后，就可以与数据库进行交互，最简单的方式就是直接操作数据库。基于连接式的数据访问模式在数据访问过程中，连接一直保持打开状态。当进行修改访问时，只需要在连接上创建一个 T-SQL 命令，然后执行该命令；进行数据查询时，也只需要在连接上创建相应的 T-SQL 命令，并使用 DataReader 对象从数据库中提取数据。

4.3.1 Command 对象

应用程序对数据的操作分为读取数据和修改数据，修改数据包括增加、删除和更新数据。.NET Framework 提供 System.Data.Common.DBCommand 抽象类实现对数据库执行 T-SQL 语句或存储过程。根据不同的提供程序，从该类中也派生了 5 个具体的数据库命令类，这里仅以 SqlCommand 类为例进行阐述。

1. SqlCommand 对象的属性和方法

SqlCommand 对象的主要属性和方法分别如表 4-5 和表 4-6 所示。

表 4-5 SqlCommand 对象的主要属性

属　　性	说　　明
CommandText	获取或设置要对数据源执行的 Transact-SQL 语句、表名或存储过程
CommandTimeout	获取或设置在终止执行命令的尝试并生成错误之前的等待时间
CommandType	获取或设置一个值，该值指示如何解释 CommandText 属性
Connection	获取或设置 SqlCommand 实例使用的 SqlConnection
Parameters	获取或设置 SqlParameterCollection 参数集
Transaction	获取或设置在 SqlCommand 执行过程中的 SqlTransaction

CommandText 是 SqlCommand 类中最常用的属性，可以由任何有效的 T-SQL 命令或 T-SQL 命令组组成。例如，Select、Insert、Update 和 Delete 语句及存储过程，也可以指定由逗号分隔的表名或存储过程名。

学习提示：在调用方法执行 CommandText 中的命令前，需要正确设置 CommandType 和 Connection 的属性。

表 4-6 SqlCommand 对象的主要方法

方　法　名　称	说　　明
Cancel	尝试取消 SqlCommand 的执行
CreateParameter	创建 SqlParameter 对象的新实例
ExecuteNonQuery	执行 T-SQL 语句并返回受影响的行数

续表

方 法 名 称	说 明
ExecuteReader	将 CommandText 发送到 Connection 并生成一个 SqlDataReader，已重载
ExecuteScalar	执行查询，并返回查询所返回的结果集中第一行的第一列，忽略其他列或行

SqlCommand 提供的执行 T-SQL 语句的方法主要为 ExecuteNonQuery、ExecuteScalar 和 ExecuteReader 3 种。若执行的 T-SQL 命令无返回结果，则使用 ExecuteNonQuery()方法，如 Create Table、Drop Table、Insert、Update 和 Delete 等命令；若执行的 T-SQL 命令仅返回一个值时，则使用 ExecuteScala 方法，例如，在 Select 语句使用了聚合函数的 T-SQL 命令；若执行的命令返回多行数据，则要使用 ExecuteReader 方法，该方法会返回一个 SqlDataReader 对象，关于 SqlDataReader 的知识将在 4.3.2 小节讲解。

案例演练 例 4-2：在 SMDB 数据库中创建表 Test。

通过 Web 应用程序在 SQLServer 数据库中创建表，需要使用的 T-SQL 命令是 Create Table，由于该命令执行无结果返回，可使用 Command 命令的 ExecuteNonQuery 方法，关键代码如下。

```
01    //程序名称：4_2.aspx.cs
02    //程序功能：在数据库 SMDB 中创建 Test 表
03    using System.Configuration;
04    using System.Data;
05    using System.Data.SqlClient;
06    public partial class _4_2 : System.Web.UI.Page
07    {
08        protected void CreateTable_Click(object sender, EventArgs e)
09        {
10            string str = ConfigurationManager.ConnectionStrings["smdb"].ConnectionString;
11            using (SqlConnection conn = new SqlConnection(str))
12            {
13                conn.Open();                                //打开连接
14                SqlCommand cmd = new SqlCommand();          //创建命令对象
15                cmd.Connection = conn;                      //设置命令需要的数据库连接
16                cmd.CommandType = CommandType.Text;         //设置命令的类型
17                cmd.CommandText = "Create Table Test(tID Int)"; //设置命令的执行 T-SQL 语句
18                cmd.ExecuteNonQuery();                      //执行命令
19                Label1.Text="Test 数据表创建成功";
20    }    }    }
```

【代码解析】第 15～18 行创建命令对象，并设置其属性；第 19 行执行创建表命令。

当单击"创建 Test 表"按钮时，运行结果如图 4-3 所示。

打开 SQL Server 管理器，查看数据库 SMDB 的表对象，可以看到表 Test 成功创建。按照该操作模式，请读

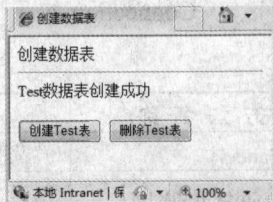

图 4-3 创建数据表

者完成图 4-3 中"删除 Test 表"按钮的功能。

案例
演练　**例 4-3：** 统计 SMDB 数据库中注册会员的人数（Users 表）。

要统计会员人数，只需用 count(*)聚合函数对 Users 表进行统计即可，关键代码如下。

```
01    //程序名称：4_3.aspx.cs
02    //程序功能：统计网站会员人数
03    public partial class _4_3 : System.Web.UI.Page
04    {
05        protected void CountUsers_Click(object sender, EventArgs e)
06        {
07            string str = ConfigurationManager.ConnectionStrings["smdb"].ConnectionString;
08            using (SqlConnection conn = new SqlConnection(str))        //创建连接
09            {
10                conn.Open();                                          //打开连接
11                string cmdText="select count(*) from users";          //定义 T-SQL 语句
12                SqlCommand cmd = new SqlCommand(cmdText,conn);
13                int nums=(int)cmd.ExecuteScalar();                    //执行命令
14                Label1.Text="本站已注册会员人数：" + nums;
15    }    }    }
```

【代码解析】第 11 行定义统计会员人数的 T-SQL 语句；第 12 行基于连接和 T-SQL 语句创建命令对象；第 13 行执行命令，并将统计人数返回给变量 nums。

运行结果如图 4-4 所示。当用户单击按钮时，页面中显示统计出的会员人数。

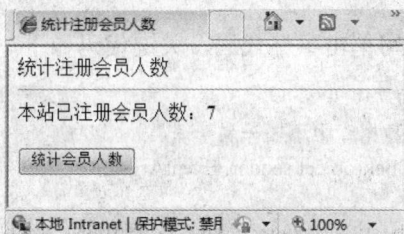

图 4-4　统计会员人数

2. 参数化命令

　视频精讲：

http://www.icourses.cn/jpk/changeforVideo.action?resId=407370&courseId=3803&firstShowFlag=28

参数化命令是在 T-SQL 文本中使用占位符的命令。在执行 Command 对象时，占位符使用动态值替换。要实现 Command 对象的参数化，就需要为该命令的 Parameters 属性集合添加参数对象。SQL Server.NET 的提供程序对应的参数类为 SqlParameter。表 4-7 列出了 SqlParameter 的主要属性。

表 4-7   SqlParameter 对象的主要属性

属 性 名 称	说　　　明
ParameterName	获取或设置 SqlParameter 的名称
DbType	获取或设置参数的 SqlDbType
Direction	获取或设置一个值，该值指示参数是输入、输出、双向还是存储过程返回值参数
Value	获取或设置该参数的值

Command 命令 Parameters 属性集的 Add 方法一次可以添加一个参数到 Parameters 集合中，AddRange 方法一次可以将指定的集合或数组添加到 Parameters 集合。

案例演练　**例 4-4**：实现向 SMDB 数据库添加管理员（Admins 表）的功能。

实现向数据库中添加记录时，要将 Web 窗体中的用户输入作为参数传递到命令中，并通过 ExecuteNonQuery 方法执行命令，当返回的值大于 0 时，表示插入成功，否则插入失败，实现步骤如下。

（1）首先在网站中添加 Web 窗体 4_4.aspx，添加页面元素如图 4-5 所示。

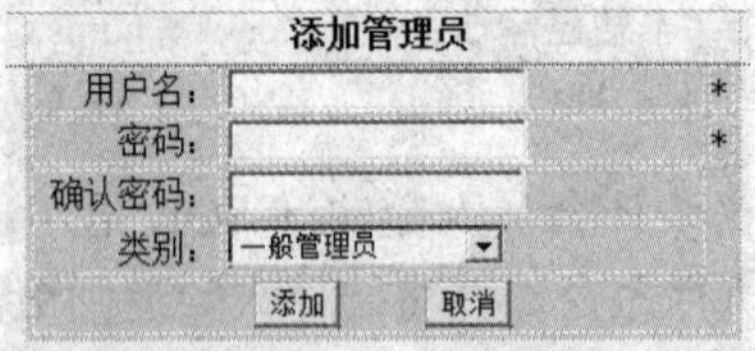

添加管理员

用户名：		*
密码：		*
确认密码：		
类别：	一般管理员 ▼	
	添加　　取消	

图 4-5   添加管理员页面设计

（2）为"添加"按钮编写单击事件代码，关键代码如下。

```
01    //程序名称：4_4.aspx.cs
02    //程序功能：向 SMDB 数据库中添加一名管理员
03    protected void btnAdd_Click(object sender, EventArgs e)
04    {
05        string str = ConfigurationManager.ConnectionStrings["smdb"].ConnectionString;
06        using (SqlConnection conn = new SqlConnection(str))
07        {
08            conn.Open();
09            string cmdText = "insert into Admins values(@name,@pwd,@type,default)";
10            SqlCommand cmd = new SqlCommand(cmdText, conn);
11            SqlParameter [] ps={new SqlParameter("@name",txtName.Text),
12                                new SqlParameter("@pwd",txtPwd.Text),
13                                new SqlParameter("@type",ddlType.SelectedValue)};
14            cmd.Parameters.AddRange(ps);
15            if (cmd.ExecuteNonQuery() > 0)
16                Response.Write("添加成功");
17            else
18                Response.Write("添加失败");
19    }  }
```

【代码解析】第 9 行定义带参数的 T-SQL 语句，根据附录 A 中表 A-9（管理员信息表）所示属性需要为该数据表提供 4 个参数，前 3 个参数由用户界面输入，第 4 个参数使用默认值；第 11～13 行定义参数数组 ps，并为每个参数指定数据值；第 14 行添加参数数组到命令中；第 15 行执行命令，当返回值大于 0 时表示插入成功。

浏览页面，用户在输入完管理员的相关信息后，单击"添加"按钮，如果添加成功，则输出"添加成功"。查看数据库的 Admins 表，可以看到一条新记录被添加。

学习提示：在使用参数化查询的情况下，数据库服务器不会将参数的内容视为 SQL 指令的一部分来处理，而是在数据库完成 SQL 指令的编译后，才套用参数运行，因此参数化的查询方式可以有效防止 SQL 注入，提高代码的可读性。

4.3.2　DataReader 数据读取器

DataReader 允许应用程序以只进、只读流的方式读取数据库查询的结果集，类似于数据库中使用的游标，是应用程序获取数据最直接、最简单的方式。SQL .NET 提供程序实现数据读取的类为 SqlDataReader，表 4-8 和表 4-9 分别列举了该类的主要属性和方法。

表 4-8　SqlDataReader 对象的主要属性

属 性 名 称	说　明
FieldCount	获取当前行中的列数
HasRows	获取一个指示：SqlDataReader 是否包含一行或多行的值
IsClosed	检索一个指示：是否已关闭指定的 SqlDataReader 实例的布尔值
Item	已重载。获取以本机格式表示的列的值

表 4-9　SqlDataReader 对象的主要方法

方 法 名 称	说　明
Read	使 SqlDataReader 前进到下一条记录
NextResult	当读取批处理 T-SQL 语句的结果时，使数据读取器前进到下一个结果
GetValue	根据列的索引值，返回当前行中该列的数据
GetValues	将当前行的所有数据保存到指定数组中
GetName	获取指定列的名称
GetSchemaTable	返回 SqlDataReader 的元数据的 DataTable
IsDBNull	根据列的索引值，判断当前行中的该列是否为空
Close	关闭 SqlDataReader 对象

案例演练　例 4-5：读取 SMDB 中指定会员的用户名、真实姓名、性别、年龄、联系电话和电子邮箱。

使用连接模式读取会员信息，将会员表的列名添加到 DropDownList 中。当用户选择指定列时，在 ListBox 中显示对应列的信息；当用户选择 ListBox 中的某一个数据项时，在右边列出该用户的相关信息。实现步骤如下。

（1）在网站中添加 Web 窗体 4_5.aspx，添加页面元素，如图 4-6 所示。

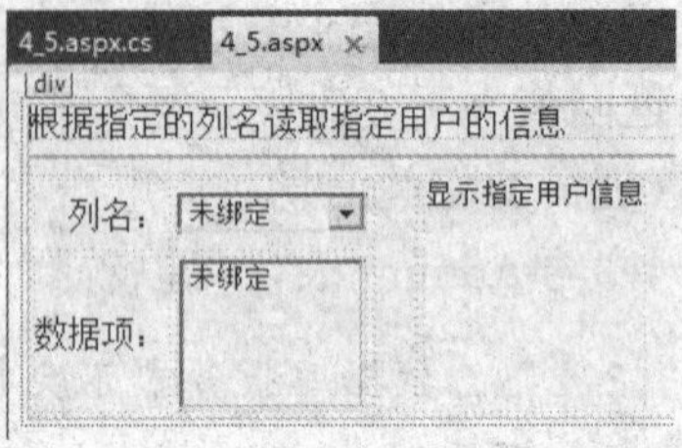

图 4-6　读取会员信息界面设计

本例中，用户对列名和数据项的操作都会引起数据项和用户信息的动态变化，因此在设定程序时，将显示列名的下拉列表框 ddlCols 和显示数据项的列表框 ltbItems 的数据设定分别定义成方法，以方便调用。

（2）定义设置下拉列表框 ddlCols 数据的成员方法。

```
01  //程序名称：4_5.aspx.cs
02  //程序功能：根据指定的列名读取指定用户的信息
03  using System.Text;                    //导入 StringBuilder 类所需命名空间，其他命名空间略
04  /// <summary>
05  /// 设定下拉列表框 ddlCols 的数据内容
06  /// </summary>
07  public void ddlColsData()
08  {
09      ddlCols.Items.Clear();
10      string str = ConfigurationManager.ConnectionStrings["smdb"].ConnectionString;
11      using (SqlConnection conn = new SqlConnection(str))              //创建连接
12      {
13          conn.Open();                                                //打开连接
14          string cmdText = "select uName,uRealName,uPhone,uQQ from users";
15          SqlCommand cmd = new SqlCommand(cmdText, conn);
16          SqlDataReader dr=cmd.ExecuteReader();
17          DataTable dt = dr.GetSchemaTable();
18          ddlCols.Items.Add(new ListItem("用户名",dt.Rows[0][0].ToString()));
19          ddlCols.Items.Add(new ListItem("姓名",dt.Rows[1][0].ToString()));
20          ddlCols.Items.Add(new ListItem("联系电话",dt.Rows[2][0].ToString()));
21          ddlCols.Items.Add(new ListItem("QQ 号",dt.Rows[3][0].ToString()));
22  } }
```

【代码解析】第 9 行清空下列列表框；第 14～15 行创建查询命令；第 16 行执行查询并将结果集返回给 SqlDataReader 对象 dr；第 17 行获取 dr 的元数据表；第 18～21 行将 dt 表中的表头的字段值分别添加到下拉列表框 ddlCols 中。

（3）定义设置下拉列表框 ddlCols 数据的成员方法。

```
23  /// <summary>
24  /// 设定列表框 ltbItems 的数据内容
25  /// </summary>
```

```
26    public void ltbItemsData()
27    {
28        ltbItems.Items.Clear();
29        string str = ConfigurationManager.ConnectionStrings["smdb"].ConnectionString;
30        using (SqlConnection conn = new SqlConnection(str))
31        {
32            conn.Open();
33            string field = ddlCols.SelectedValue;
34            string cmdText = "select uID,"+field+" from users";
35            SqlCommand cmd = new SqlCommand(cmdText, conn);
36            SqlDataReader dr = cmd.ExecuteReader();
37            while (dr.Read())
38            {
39                ltbItems.Items.Add(new ListItem(dr.GetValue(1).ToString(),dr.GetValue(0).ToString()));
40    } } }
```

【代码解析】第 28 行清空列表框；第 33 行获取 ddlCols 选择的字段值；第 34 行根据字段名动态设置查询命令；第 36 行执行命令；第 37～40 行循环读取记录集并将数据添加到 ltbItems 列表框中。

（4）在 Page_Load 方法中调用自定义成员方法。

```
41    protected void Page_Load(object sender, EventArgs e)
42    {
43        if (!IsPostBack)
44        {
45            ddlColsData ();
46            ltbItemsData ();
47    } }
```

【代码解析】页面首次加载时设定 ddlCols 和 ltbItems 的数据。

（5）启用 ddlCols 控件的 AutoPostBack 属性，编写其 SelectedIndexChanged 事件。

```
48    protected void ddlCols_SelectedIndexChanged(object sender, EventArgs e)
49    {
50        ltbItemsData ();
51    }
```

【代码解析】第 50 行表示当 ddlCols 中的数据发生变化时重新设定 ltbItems 中的值。

（6）启用 ltbItems 控件的 AutoPostBack 属性，编写其 SelectedIndexChanged 事件。

```
52    protected void ltbItems_SelectedIndexChanged(object sender, EventArgs e)
53    {
54        lblInfo.Text = "";
55        string str = ConfigurationManager.ConnectionStrings["smdb"].ConnectionString;
56        using (SqlConnection conn = new SqlConnection(str))
57        {
58            conn.Open();
59            string cmdText = "select * from users where uID=@uid";
60            SqlCommand cmd = new SqlCommand(cmdText, conn);
```

```
61          SqlParameter sp = new SqlParameter("uID", ltbItems.SelectedValue);
62          cmd.Parameters.Add(sp);
63          SqlDataReader dr = cmd.ExecuteReader();
64          if (dr.Read())
65          {
66              StringBuilder sblstr = new StringBuilder("");
67              sblstr.Append("<br/>用户名：" + dr["uName"]);
68              sblstr.Append("<br/>姓名：" + dr["uRealName"]);
69              sblstr.Append("<br/>性别：" + dr["uSex"]);
70              sblstr.Append("<br/>年龄：" + dr["uAge"]);
71              sblstr.Append("<br/>联系电话：" + dr["uPhone"]);
72              sblstr.Append("<br/>电子邮箱：" + dr["uEmail"]);
73              lblInfo.Text = sblstr.ToString();
74  }   }   }
```

【代码解析】第59行创建查询的 T-SQL 代码；第61行创建参数并赋值，该值为 ltbItems 中选中的值；第62行添加参数 sp 到命令中；第63行执行命令；第66行创建 StringBuilder 对象；第67~72行读取 dr 对象中的数据并追加到 sblstr 中；第73行显示数据。

运行结果如图 4-7 所示。根据列名显示数据项，当用户单击某一个数据项时，其对应的信息在右边显示。

图 4-7　读取会员信息运行结果

学习提示：使用 StringBuilder 可以显著提升性能。如果使用 "+" 操作符执行字符串连接，每次连接都要销毁和创建新的 String 对象，这将耗费不必要的系统资源，StringBuilder 通过在内存中为字符分配缓冲来避免这种情况。

任务实施

视频精讲：

http://www.icourses.cn/jpk/changeforVideo.action?resId=405110&courseId=3803&firstShowFlag=29

步骤1. 还原数据库备份，备份文件位于"资源\代码\Chapter4Demo\SMDB.bak"路径中。

步骤2. 新建一个 ASP.NET 空网站，命名为 AdminLoginDemo，添加 Web 窗体，命名为 AdLogin.aspx。

步骤3. 在 AdLogin.aspx 页中添加用户输入的控件，并设置相关控件属性，为 TextBox 设置相应的不为空验证，页面采用表格布局，如图 4-8 所示。

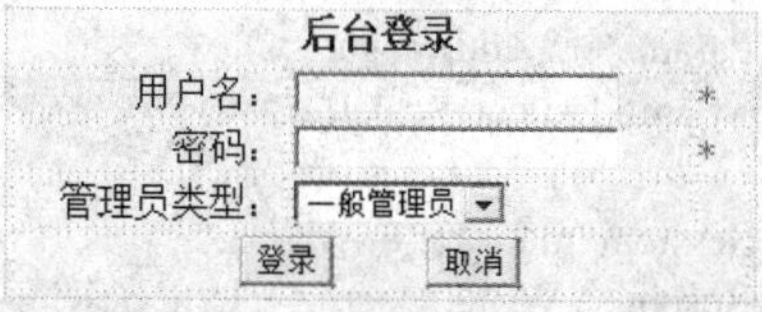

图 4-8　AdLogin.aspx 内容页

步骤 4. 打开 web.config 文件，配置数据库连接字符串，代码如下所示。

```
01    <!--程序名称：web.config-->
02    <connectionStrings>
03    <add name="smdb" connectionString="server=(local);database=smdb;integrated security=true;"/>
04    </connectionStrings>
```

【代码解析】第 3 行配置连接字符串。访问的数据库名为 SMDB，集成身份验证。

步骤 5. 分析操作数据库的 T-SQL 语句。根据附录 A 中表 A-9（管理员信息表）所示的属性，当要验证登录的管理员是否合法时，需要用户名、密码和管理员类型都匹配才能成功。因此验证管理员是否存在的 T-SQL 语句如下。

```
select count(*) from admins where aName=@name and aPwd=@pwd and aType=@type
```

【代码解析】参数@name、@pwd、@type 为命令占位符，命令执行时由 Parameters 属性集提供。当查询结果大于 0 时表示验证成功，否则失败。

步骤 6. 打开 AdLogin.aspx.cs 文件，给"登录"按钮的事件处理过程添加如下代码，以验证用户身份的合法性。

```
01    //程序名称：AdLogin.aspx.cs
02    //程序功能：管理员登录身份验证
03    using System.Configuration;
04    using System.Data.SqlClient;
05    public partial class _Default: System.Web.UI.Page
06    {
07        protected void btnConfirm_Click(object sender, EventArgs e)
08        {
09            //创建连接字符串
10            string str = ConfigurationManager.ConnectionStrings["smdb"].ConnectionString;
11            string name=txtName.Text;              //获取用户输入的用户名
12            string pwd=txtPwd.Text;                //获取用户输入的密码
13            int type=int.Parse(ddlType.SelectedValue);
14            using (SqlConnection conn = new SqlConnection(str))
15            {
16                try
17                { conn.Open();
18                    string sqlTxt = "select count(*) from admins where aName=@name
19                                          and aPwd=@pwd and aType=@type";
20                    SqlCommand cmd = new SqlCommand(sqlTxt, conn);
21                    SqlParameter[] sps ={new SqlParameter("@name",name),
22                                          new SqlParameter("@pwd",pwd),
23                                          new SqlParameter("@type",type)};
```

```
24                    cmd.Parameters.AddRange(sps);
25                    if (((int)cmd.ExecuteScalar()) > 0)
26                    {
27                        Session["manager"] = name;
28                        Response.Write("<script>alert('登录成功');
29                                location.href('AdMain.aspx');</script>");
30                    } else
31                        Response.Write("<script>alert('用户名或密码错误')</script>");
32                } catch (SqlException ee)
33                {
34                    Response.Write("<script>alert('系统异常，稍后重试')</script>");
35    }   }   }     }
```

【代码解析】第 18 行定义 T-SQL 语句；第 21～23 行定义参数数组；第 24 行添加参数集；第 25 行执行命令，判断返回结果是否大于 0；第 27 行保存用户登录名到 Session 中；第 28～29 行弹出对话框并跳转到 AdMain.aspx 页。

步骤 7. 浏览页面，检验程序功能。

任务 2 商品信息查询

任务场景

基于 B2C 模式的网上商城，其最普遍的业务就是能够为用户提供商品的查询功能，游客和会员都可以根据自己的喜好浏览商品，查看商品详情，并可以根据商品名、类别、价格等查询商品，还可以将商品按价格、销量等属性进行排序。

本任务通过使用数据源控件 SqlDataSource、数据绑定控件 GridView，结合数据绑定、DataSet 对象和 DataAdapter 对象，实现商品信息查询功能。

知识引入

4.4 断开式数据访问模式操作数据库

视频精讲：

http://www.icourses.cn/jpk/changeforVideo.action?resId=408705&courseId=3803&firstShowFlag=33

在本项目任务 1 中为读者呈现的都是 ADO.NET 基于连接的数据访问方式。为了节省服务器资源，ADO.NET 通过 DataSet 对象提供断开式的数据访问模式。当连接数据库时，将用从数据库中获得的数据集副本来填充 DataSet 对象。Web 应用程序对数据的操作，变成对 DataSet 对象的操作。

4.4.1　DataSet 对象

　　DataSet 对象即数据集对象，是断开式数据访问模式的核心对象。DataSet 对象是数据的一种内存驻留形式，支持多表、表间关系和数据库约束等，可以说 DataSet 在内存中模拟了一个简单的数据库模型。DataSet 对象的常用对象是 DataTable，由 Tables 集合来管理。一个 DataTable 包含自己的 DataColumn 对象（列集合）、DataRow 对象（行集合）和 DataConstrains 对象（约束集合）。

　　DataColumn 对象的 Columns 属性描述了每个字段的名称和数据类型，一个 DataTable 对象必须包含至少一列。当创建一个 DataTable 后，就必须向 DataTable 中增加列。

```
01    DataTable dt=new DataTable("Test");
02    DataColumn myCol1=new DataColumn("id",typeof(int));
03    DataColumn myCol2 = new DataColumn("name", typeof(string ));
04    dt.Columns.Add(myCol1);
05    dt.Columns.Add(myCol2);
```

　　【代码解析】第 1 行创建 DataTable 对象 dt；第 2 行创建 DataColumn 对象 myCol1，列名为 id，类型为 int；第 3 行创建 DataColumn 对象 myCol2，列名为 name，类型为 string；第 4 行和第 5 行使用 DataTable.Columns 集合的 Add 方法分别将两个列对象添加到表 dt 中。

　　学习提示：在向表中添加列时，只能使用.NET 中的数据类型。要进行数据表的字段类型设定时，必须通过 typeof 方法把.NET 的数据类型转换成数据库中的数据类型。

　　当表中定义了数据列后，就可以使用 DataRow 对象向表中添加行。DataTable 的 NewRow 方法会根据表的列集合创建一个新行，使用 Rows.Add 方法将新行添加到表中。DataTable 中的所有行都由 DataRow 的 Rows 属性集合来管理，包含了每条记录的真正数据。在设置或获取记录的某个字段值时，只需要取出该记录行，并通过字段名或索引值来访问。

```
01    DataRow myRow = dt.NewRow();                      //在 dt 表上创建新行
02    myRow["id"] = 1;
03    myRow["name"] = "ASP.NET";
04    dt.Rows.Add(myRow);
05    myRow = dt.NewRow();                              //在 dt 表上创建新行
06    myRow["id"] = 2;
07    myRow["name"] = "SQL Server";
08    dt.Rows.Add(myRow);
09    foreach (DataRow dr in dt.Rows)
10        Response.Write("No"+dr["id"] +"      "+ dr["name"]+"<br/>");
```

　　【代码解析】第 2～3 行设置新行的列值；第 4 行将新行添加到 dt 表中，第 9～10 行遍历 dt 表中的所有行，按格式输出每一行的数据。

　　上述两段代码仅展示了 DataSet 相关对象之间的关联，要真正实现对数据库的操作，还需要使用数据适配器对象 DataAdapter。

4.4.2 DataAdapter 对象

DataAdapter 对象是 DataSet 和数据库之间的桥梁，一方面可以把数据从数据库中取出填充到 DataSet 中，另一方面可以将 DataSet 中被修改的数据写回到数据库。SQL.NET 提供程序实现数据适配器类为 SqlDataAdapter。

为了让 SqlDataAdapter 对象能够添加、修改和删除行，需要设定 SqlDataAdapter 对象的 InsertCommand、UpdateCommand 和 DeleteCommand 属性。当要填充 DataSet 对象时，则只要设定其 SelectCommand 属性。SqlDataAdapter 常用的方法如表 4-10 所示。

表 4-10　SqlDataAdapter 对象的主要方法

方 法 名 称	说　　明
Fill	将 SelectCommand 查询执行结果集向 DataSet 对象添加表
FillSchema	将 SelectCommand 查询执行结果集向 DataSet 对象添加表结构
Update	检查 DataTable 中发生的变化，并更新到数据库中

案例演练　例 4-6：查看商品信息表中前 5 条记录的商品编号、名称、价格、库存量和销售量。

使用断开模式读取商品信息，并将读到的数据集显示到 Web 窗体中，关键代码如下。

```
01    //程序名称：4_6.aspx.cs
02    //程序功能：查看商品信息表的数据
03    protected void btnView_Click(object sender, EventArgs e)
04    {
05        DataSet ds = new DataSet();
06        string str = ConfigurationManager.ConnectionStrings["smdb"].ConnectionString;
07        using (SqlConnection conn = new SqlConnection(str))
08        {
09            conn.Open();
10            string cmdText = "select top 5 gdCode,gdName,gdPrice,gdQuantity,gdSaleQty from goods";
11            SqlDataAdapter sda = new SqlDataAdapter(cmdText, conn);
12            sda.Fill(ds, "goods");                              //填充数据到 DataSet 中
13        }
14        DataTable dt = ds.Tables["goods"];
15        StringBuilder stblder= new StringBuilder("");
16        foreach (DataColumn col in dt.Columns)                  //遍历列，输出列名
17            stblder.Append(string.Format("[{0}]", col.ColumnName));
18        foreach (DataRow row in dt.Rows)                        //遍历表每一行
19        {
20            stblder.Append("<br/>");
21            foreach (DataColumn col in dt.Columns)              //遍历表每一列
22                stblder.Append(string.Format("-{0}- ", row[col]));    //格式化输出数据
23        }
24        lblView.Text=stblder.ToString();
25    }
```

　　【代码解析】第 5 行创建 DataSet 对象 ds；第 10 行设置查询的 T-SQL 语句；第 11 行创建 SqlDataAdapter 对象 sda；第 12 行调用 sda.Fill 查询结果集填充到 ds 中，表命名为 goods；第 14 行创建 DataTable 对象 dt，指向 ds 中的表 goods；第 16～17 行遍历列并格式化输出列名；第 18～23 行遍历表中所有数据，并按格式输出。

　　运行结果如图 4-9 所示。

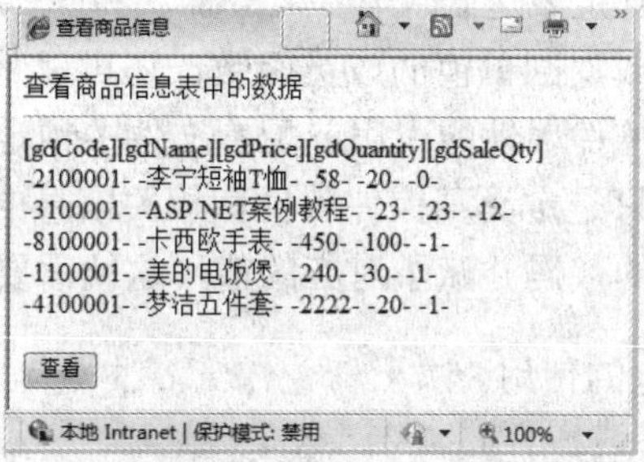

图 4-9　查看商品信息表中前 5 条数据

学习提示：DataSet 中 DataTable 的名称与数据库中表名没有必然联系。当使用 DataAdapter 的 Fill 方法填充 DataTable 时，如果没有指定表名，则默认为 Table。

　　由于 DataSet 对象是查询结果集在内存中的副本，数据的操作都在内存中进行。由此可知，当 DataSet 中数据被修改时，数据库中相应表的数据不会随之变化，除非通过 SqlDataAdapter 适配器的 update 方法对数据库进行更新操作。基于断开式数据访问的操作步骤可以归纳如下：

　　（1）使用连接对象连接并打开数据库。

　　（2）创建数据适配器 DataAdapter 对象，并设置其 SelectCommand 属性。

　　（3）调用适配器 DataAdapter 对象的 Fill 方法，将查询的结果集填充到 DataSet 的表中。

　　（4）关闭连接，操作 DataSet 对象。

　　（5）若 DataSet 中的数据发生变化，则调用 DataAdapter 的 update 方法更新数据库。

　　如果 SqlDataAdapter 执行的查询数据来自单一的表，则可以使用 SqlCommandBuilder 对象自动生成 UpdateCommand、InsertCommand 和 DeleteCommand 属性，以提高开发效率。

4.5　数据绑定

视频精讲：

http://www.icourses.cn/jpk/showResDetail.action?id=402656&courseId=3803

　　到目前为止，给读者介绍的数据显示基本上采用直接输出或赋值给 Label 控件的文本，这种方式不便于数据的再处理。幸运的是，ASP.NET 提供了丰富数据绑定模型，可以灵活、方便、高效地在 Web 页面中显示数据。

　　数据绑定是指在程序运行过程中，将数据值动态地赋给控件属性的过程。数据绑定是声明式的，而非编程式，这就意味着数据绑定是在代码之外进行的定义，位于.aspx 页面代码的控件声明之中，这种方式的好处在于开发人员不需要花费大量的时间编写、读取数据集的循环逻辑，实现控件显示和处理代码的分离。

4.5.1 绑定单值数据

在 ASP.NET 中，大多 Web 控件都支持单值数据绑定。在实现单值数据绑定时，先要创建数据绑定表达式。数据绑定表达式包含在"<%#"和"%>"的分隔符中，其数据的来源可以是属性值、成员变量或返回单值的成员函数，还可以是能够在运行时支持评估的表达式，如常量表达式、其他控件属性的引用或配置文件中预定义的字段等。

然而，数据绑定表达式只是定义了控件属性和相关信息的链接，为了使页面能够得到相应的数据，需要运行对应的代码并赋予对应的值，这就需要调用页面的 DataBind 方法。

案例演练 例 4-7：数据绑定的使用。

绑定不同情况的单值数据。实现步骤如下：

（1）在 Web 窗体的页代码中添加相关绑定，关键代码如下。

```
01   <!--程序名称：4_7.aspx-->
02   成员变量值：<%# uName %> <br/>                           //绑定成员变量
03   成员方法返回值：<%# returnInt() %> <br/>                 //绑定成员方法
04   计算表达式：<%# "ASP"+".NET" %> <br/>                    //绑定计算表达式
05   控件属性：<%# Label1.Text %> <br/>                       //绑定 Label1 控件属性的引用
06   虚拟应用程序根路径：<%# Request.ApplicationPath %> <br/>
07   配置文件数据：<asp:Label ID="Label1" runat="server" Text= "<% $AppSettings:test %>" />
```

【代码解析】第 6 行绑定应用程序的虚拟应用程序根路径；第 7 行绑定 web.config 配置文件中 AppSettings 节 key 为 test 的 value 值。

（2）在 Page_Load 事件中调用 DataBind 方法。

```
08   //程序名称：4_7.aspx.cs
09   //程序功能：绑定数据
10   protected void Page_Load(object sender, EventArgs e)
11   {
12        this.DataBind();                                   //执行绑定
13   }
```

【代码解析】第 12 行执行数据绑定，this 表示当前 Page 类，可以省略或用 Page 替代。运行结果如图 4-10 所示。

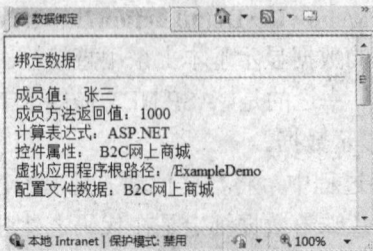

图 4-10 数据绑定

学习提示：数据绑定表达式可以放置在 Web 窗体的任何位置，但通常情况下，将数据绑定表达式赋予控件的文本属性，有利于数据的进一步处理。

实际应用中，单值数据绑定主要应用在数据绑定控件上。ASP.NET 对具有 DataBinding 事件的对象（如 GridView、DataList、Reapter 控件）提供数据绑定表达式支持。这种方式绑定主要通过 Eval 和 Bind 两种方法实现数据绑定。

Eval 方法用于单向绑定，一般用于显示数据，被绑定的数据不能被更新；Bind 方法用于双向绑定，支持数据的读和写。如在 GridView 的数据编辑模板中，可以使用 Eval 方法将参数字段绑定到 Label 中，使用 Bind 方法将需要更新的数据绑定到 TextBox 中。

```
01    <asp:TemplateField>
02        <EditItemTemplate>
03            <asp:Label ID="商品 ID" runat="server" Text='<%# Eval("gdID") %>' />
04            <asp:TextBox ID="商品名称" runat="server" Text='<%# Bind("gdName") %>' />
05            <asp:Button ID="UpdateButton" runat="server" Text="更新" />
06        </EditItemTemplate>
07    </asp:TemplateField>
```

【代码解析】第 1~7 行定义了 GridView 控件模板列的编辑模板；第 3 行单向绑定参数字段"商品 ID"到 Label 控件；第 4 行双向绑定"商品名称"的值到 TextBox 控件，该值可以被修改。有关 GridView 控件的内容将在 4.6 节讲解。

4.5.2　绑定集合数据

当待绑定数据源是集合（如数组、哈希表、数据库查询结果集）时，最常用的数据显示方式就是将集合绑定到集合类型的控件，如 DropDownList、ListBox、CheckBoxList、RadioButtonList 等列表类控件，这些控件的共同点是都具有 DataSourse 属性，实现数据绑定时可以将集合对象赋值给该属性，以创建从服务器控件到集合对象的逻辑连接，再通过调用该类控件的 DataBind 方法显示集合数据。

案例
演练　例 4-8：显示商品类别。

将数据库 SMDB 中数据表 goodsType 的商品类别信息分别绑定到 DropDownList 控件和 CheckBoxList 控件上，这些控件中列表项 ListItem 的 Text 属性绑定类别名称，Value 属性绑定类别 ID，关键代码如下。

```
01    //程序名称：4_8.aspx.cs
02    //程序功能：显示商品类别信息
03    /// <summary>
04    /// 集合数据绑定，将查询的商品类别名称分别
05    /// 绑定到 DropDownList 控件和 CheckBoxList 控件
06    /// </summary>
07    protected void SetBind()
08    {
09        string str = ConfigurationManager.ConnectionStrings["smdb"].ConnectionString;
```

```
10          DataSet ds = new DataSet();
11          using (SqlConnection conn = new SqlConnection(str))
12          {
13              conn.Open();
14              string cmdText = "select * from goodsType";
15              SqlDataAdapter sda = new SqlDataAdapter(cmdText, conn);
16              sda.Fill(ds,"gtype");
17          }
18          ddlGoodType.DataSource = ds.Tables["gtype"];
19          ddlGoodType.DataTextField = "tName";
20          ddlGoodType.DataValueField = "tID";
21          ddlGoodType.DataBind();
22          chkGoodType.DataSource = ds.Tables["gtype"];
23          chkGoodType.DataTextField = "tName";
24          chkGoodType.DataValueField = "tID";
25          chkGoodType.DataBind();
26      }
```

【代码解析】第 11～17 行读取数据商品类别表中的数据填充到 DataSet 中；第 18～21 行将 ds.Tables["gtype"]数据集绑定到 DropDownList 控件；第 22～25 行将 ds.Tables["gtype"]数据集绑定到 CheckBoxList 控件；第 19 行和第 23 行指定绑定项的 Text 属性由结果集的 tNam 属性赋值；第 20 行和第 24 行指定绑定项的 Value 属性由结果集的 tID 属性赋值。

在该页面的 Page_Load 事件中调用 SetBind 方法，运行结果如图 4-11 所示。

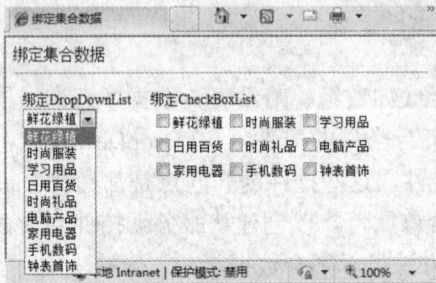

图 4-11   绑定集合数据

4.5.3   使用数据源控件绑定数据

视频精讲：

http://www.icourses.cn/jpk/changeforVideo.action?resId=402656&courseId=3803&firstShowFlag=33

除基本的数据绑定外，ASP.NET 数据绑定模型还提供了简单、高效的数据绑定方式，那就是使用数据源控件实现数据绑定。

一个数据源控件代表数据（如数据库、对象、XML 和消息队列等）在系统内存中的映像，为了适应对不同数据源的访问，ASP.NET 提供了 SqlDataSource、AccessDataSource、ObjectDataSource、XmlDataSource、LinqDataSource 和 SiteMapDataSource 共 6 个内置数据

源控件。数据源控件采用声明方式来处理数据，使用这些控件，无需任何代码或少量代码即可从数据库中检索数据，并将数据绑定到数据控件中。本节以 SqlDataSource 控件为例，介绍 ASP.NET 强大的数据访问能力。

1. SqlDataSource 控件

SqlDataSource 控件是 ASP.NET 中应用最为广泛的数据源控件，可用于任何有关 ADO.NET 提供程序的数据库，包括 Microsoft SQL Server、OLE DB、ODBC 或 Oracle 数据库。该控件与数据绑定控件集成后，可以轻松地从数据库中获取数据并显示。

案例
演练 **例 4-9**：使用 SqlDataSource 控件实现商品信息显示。

SqlDataSource 控件与数据库的连接可以通过向导进行配置，实现步骤如下。

（1）在 Web 窗体中添加控件。从"工具箱"的"数据"组中，在页面中添加一个 SqlDataSource 控件和一个 GridView 控件。右击 SqlDataSource 控件，在弹出的快捷菜单中选择"配置数据源的设置"命令，如图 4-12 所示。

（2）选择"配置数据源"，打开"选择您的数据连接"界面，选择所要连接的服务器和数据库，如图 4-13 所示。若下拉列表中没有所需的连接，则单击"新建连接"按钮，在打开的对话框中设定服务器和数据库，配置好后返回如图 4-13 所示的对话框。

图 4-12　配置 SqlDataSource 数据源

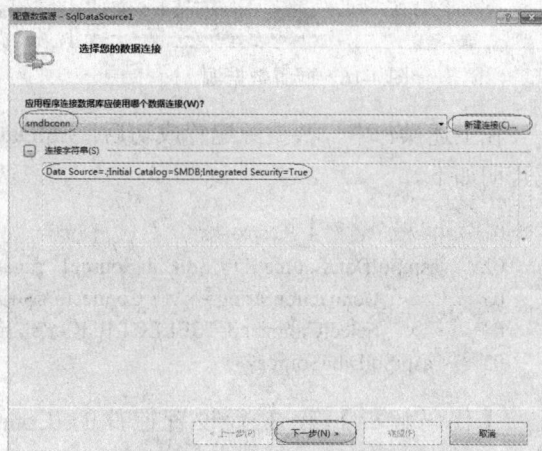

图 4-13　配置数据连接

（3）单击"下一步"按钮，打开"配置 Select 语句"界面。可以选中"指定自定义 SQL 语句或存储过程"单选按钮，也可以选择表名和列名直接生成 T-SQL 语句，如图 4-14 所示。

（4）单击"下一步"按钮，打开"测试查询"界面，单击"测试查询"按钮，预览查询结果，单击"完成"按钮，完成 SqlDataSource 数据源控件的配置，如图 4-15 所示。

（5）在 Web 窗体中，右击 GridView 控件，在弹出的快捷菜单中的"选择数据源"下拉框中选择 SqlDataSource1 控件作为 GridView 控件的数据源，如图 4-16 所示。

（6）浏览页面，运行结果如图 4-17 所示。

图 4-14　配置 Select 语句

图 4-15　测试查询

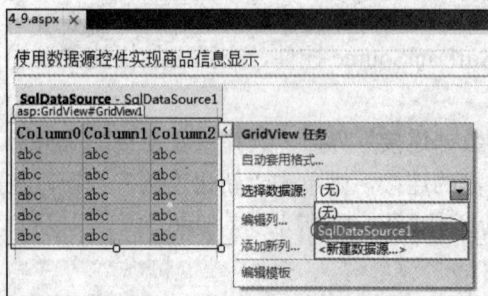

图 4-16　配置数据源

图 4-17　商品信息显示结果

在上述操作中，数据源配置成功后，SqlDataSource1 控件在 4_9.aspx 页面文件中的代码声明如下。

```
01    <!--程序名称 4_9.aspx-->
02    <asp:SqlDataSource ID="SqlDataSource1" runat="server"
03        ConnectionString="<%$ ConnectionStrings:smdbconn %>"
04        SelectCommand="SELECT [gdCode], [gdName], [gdPrice] FROM [Goods]">
05    </asp:SqlDataSource>
```

【代码解析】第 3 行设置控件的 ConnectionString 属性；第 4 行设置控件的 SelectCommand 属性。

2. 参数化查询

为了满足不同应用的需求，数据源控件还可以提供带参数的数据操作。通过将它包含的 4 个命令属性 SelectCommand、InsertCommand、UpdateCommand 和 DeleteCommand 告诉 SqlDataSource 如何查询、插入、更新或删除数据，这些命令属性都可以设置成相应的 T-SQL 语句和存储过程，如下列代码所示。

```
01    SelectCommand="SELECT [gdID], [gdCode], [gdName], [gdPrice] FROM [Goods]"
02    DeleteCommand="DELETE FROM [Goods] WHERE [gdID] = @gdID"
03    InsertCommand="INSERT INTO [Goods] ([gdCode], [gdName], [gdPrice])
04                VALUES (@gdCode, @gdName, @gdPrice)"
```

```
05    UpdateCommand="UPDATE [Goods] SET [gdCode] = @gdCode, [gdName] = @gdName,
06                    [gdPrice] = @gdPrice WHERE [gdID] = @gdID"
```

【代码解析】第 1 行设置查询命令；第 2 行设置删除命令；第 3～4 行设置插入命令；第 5～6 行设置更新命令。

上述代码只规定参数的名称，其具体的定义分别由相应的参数集合来管理。如更新操作对应参数集为 UpdateParameters，其 UpdateCommand 的参数集合的声明代码如下。

```
07    <UpdateParameters>
08        <asp:Parameter Name="gdCode" Type="String" />
09        <asp:Parameter Name="gdName" Type="String" />
10        <asp:Parameter Name="gdPrice" Type="Double" />
11        <asp:Parameter Name="gdID" Type="Int32" />
12    </UpdateParameters>
```

【代码解析】第 8～11 行分别设置 UpdateCommand 命令所需的 4 个参数的名称和类型，这 4 个参数与第 5～6 行中所需的参数对应。

当然，使用数据源控件的好处在于，以上这些代码也可以通过 SqlDataSource 控件的配置向导自动生成。

案例演练　例 4-10：使用 SqlDataSource 控件实现商品信息的模糊查询。

实现带条件的数据查询，需要设置 SQL 语句的 WHERE 条件子句。这一过程也可以由 SqlDataSource 控件的配置向导完成，实现步骤如下。

（1）在 Web 窗体中添加控件。在页面中添加一个 SqlDataSource 控件、一个 GridView 控件、一个 TextBox 控件和一个 Button 按钮。其中 TextBox 控件的 ID 属性设置为 txtFind。

（2）配置 SqlDataSource 控件和 GridView 控件，步骤与例 4-9 基本相同。

（3）实现参数化是在配置 SqlDataSource 控件的过程中，在图 4-14 中单击 WHERE(W) 按钮，弹出"添加 WHERE 子句"对话框，分别选择"列"值为 gdName、"运算符"为 LIKE、"源"为 Control，"参数属性"的"控件 ID"为 txtFind，生成 SQL 语句的 WHERE 子句，如图 4-18 所示。

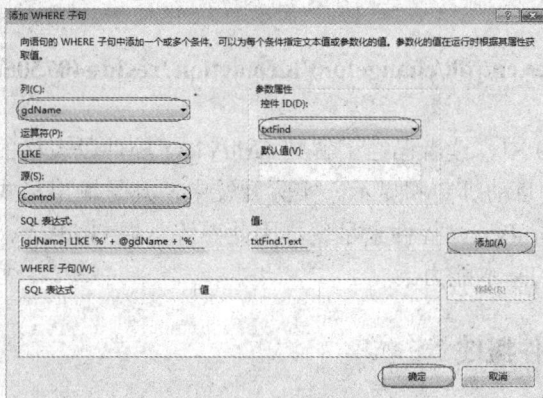

图 4-18　添加 WHERE 子句

学习提示：当查询条件的数据值可能来自其他页面时，"源"的选择可以是 Session、Cookie、QueryString 及 Route。

（4）单击"添加"按钮，将设置好的 WHERE 子句添加到 SQL 表达式中，单击"确定"按钮，返回到图 4-14 所示对话框。

（5）单击"下一步"按钮，直到配置完成。打开 4_10.aspx 文件，可以看到 SqlDataSource 数据源控件的 SelectCommand 命令属性和 SelectParameters 参数集的定义如下。

```
01    <!--程序名称 4_10.aspx-->
02    SelectCommand="SELECT [gdID], [gdCode], [gdName], [gdPrice]
03              FROM [Goods] WHERE ([gdName]  LIKE '%' + @gdName + '%')"
04    <SelectParameters>
05          <asp:ControlParameter ControlID="txtFind" Name="gdName"
06        PropertyName="Text"   Type="String" />
07    </SelectParameters>
```

【代码解析】第 2～3 行设置查询命令；第 4～7 行设置查询命令所需的参数集。

（6）浏览页面，在文本框中输入 asp.net，单击"查询"按钮，运行结果如图 4-19 所示。

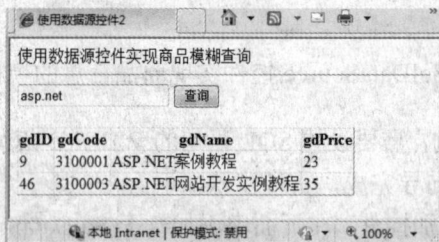

图 4-19　商品模糊查询

从本小节两个实例可以看出，使用数据源控件绑定数据，不用书写代码即可完成数据的查询，应用程序的开发效率得到有效提高。

4.6　GridView 数据控件

视频精讲：

http://www.icourses.cn/jpk/changeforVideo.action?resId=407505&courseId=3803&firstShowFlag=33

在例 4-9 和例 4-10 中，读者已经了解到 GridView 控件以表格的形式显示数据库的内容，并通过数据源控件自动绑定和显示。实际开发中，凡是输出形式为表格的数据，开发人员总是先考虑采用 GridView 控件来呈现，因此熟练掌握 GridView 控件的应用技巧是每个 Web 开发人员必备的基本能力。

4.6.1　GridView 控件概述

开发人员能够使用 GridView 控件的内置功能轻松实现数据排序、分页、编辑和选择等操作，还可以以编程方式动态设置 GridView 控件的属性和事件处理。同时 GridView 控件还能够通过自动套用格式、主题和样式自定义外观，实现多种样式的数据展示。表 4-11 和表 4-12 分别列举了 GridView 控件的常用属性和方法。

表 4-11　GridView 控件常用属性

属 性 名 称	功 能 说 明
AutoGenerateColumns	设置是否为数据源中的每个字段自动创建绑定字段。这个属性默认为 true，但在实际开发中很少使用自动创建绑定列
Columns	获取 GridView 控件中列字段的集合
AllowPaging	设置是否启用分页功能
PageCount	获取在 GridView 控件中显示数据源记录所需的页数
PageIndex	获取或设置当前显示页的索引
PagerSetting	设置 GridView 的分页样式
PageSize	设置 GridView 控件每次显示的最大记录条数
AllowSorting	设置是否启用排序功能

表 4-12　GridView 控件常用方法

属 性 名 称	功 能 说 明
RowCommand	单击 GridView 控件内列中的某个按钮时触发
RowDataBound	当 GridView 控件绑定数据到某行时触发
SelectedIndexChanging	单击 GridView 控件内某一行中 CommandName 属性值为 Select 的按钮时触发
RowEditing	单击 GridView 控件内某一行中 CommandName 属性值为 Edit 的按钮时触发
RowUpdating	单击 GridView 控件内某一行中 CommandName 属性值为 Update 的按钮时触发
RowDeleting	单击 GridView 控件内某一行中 CommandName 属性值为 Delete 的按钮时触发

4.6.2　分页和排序

当 GridView 控件绑定数据源时会将数据集中所有数据按存储顺序显示在一个页面中，造成浏览和显示的不便。使用 GridView 控件的内置分页和排序功能，能够轻松实现分页和排序效果。

在 Visual Studio 2010 的设计视图中，选择 GridView 控件的"智能标记"菜单，弹出"GridView 任务"菜单，选中"启用分页"和"启用排序"复选框，如图 4-20 所示。此外，GridView 控件也可以通过设置 AllowPaging 属性为 true 实现分页；设置 AllowSorting 属性为 true 实现排序。

默认情况下，每页呈现 10 条记录，可以通过 PageSize 属性来设置页的大小，PageIndex 属性设置

图 4-20　GridView 控件启用分页

GridView 控件的当前页，PagerSettings 属性的 Mode 进行分页的 UI 设计，表 4-13 列出了 Mode 的值。

表 4-13　PageSettings 属性的 Mode 值

分　页　模　式	说　　　明
NextPrevious	由"上一页"和"下一页"按钮组成的分页控件
NextPreviousFirstLast	由"上一页"、"下一页"、"首页"和"末页"按钮组成的分页控件
Numeric	由用于直接访问页的带编号的链接按钮组成的分页控件
NumericFirstLast	由带编号的链接按钮及"首页"和"末页"链接按钮组成的分页控件

案例演练　例 4-11：使用 GridView 控件实现商品信息的分页和排序。

要实现商品信息的分页和排序，只需在例 4-9 的配置基础上，设置 GridView 控件的 AllowPaging 和 AllowSorting 属性为 true。其中 GridView 控件的 HTML 标签代码如下。

```
01    <!--程序名称 4_11.aspx-->
02    <asp:GridView ID="GridView1" runat="server" AutoGenerateColumns="False"
03        DataSourceID="SqlDataSource1" DataKeyNames="gdID" AllowPaging="True"
04        AllowSorting="True" PageSize="5">
05      <PagerSettings Mode="NextPreviousFirstLast" FirstPageText="首页" LastPageText="末页"
06            PreviousPageText="上一页" NextPageText="下一页" />
07      <Columns>
08        <asp:BoundField DataField="gdID" HeaderText="gdID"
09            SortExpression="gdID" InsertVisible="False" ReadOnly="True" />
10        <asp:BoundField DataField="gdCode" HeaderText="gdCode"
11            SortExpression="gdCode" />
12        <asp:BoundField DataField="gdName" HeaderText="gdName"
13            SortExpression="gdName" />
14        <asp:BoundField DataField="gdPrice" HeaderText="gdPrice"
15            SortExpression="gdPrice" DataFormatString="{0:C}" />
16      </Columns>
17    </asp:GridView>
```

【代码解析】第 2～4 行 DataSourceID 指示所使用的数据源、主键列、允许分页、允许排序和分页大小等属性；第 5～6 行描述了 GridView 控件的分页格式；第 7～15 行设置了 GridView 控件所要显示的列，这些列都是由配置向导自动生成的绑定列，每一列都包含了 DataField（数据字段）、HeadText（表头文本）和 SortExpression（排序表达式）；第 15 行中设置 DataFormatString 属性的显示格式，{0:C}表示按货币格式输出，具体格式可参考联机帮助中 string 类的 Format 方法的相关知识。

浏览页面，运行效果如图 4-21 所示。单击分页的"下一页"超链接，数据显示到下一页；单击 gdPrice 链接，数据按 gdPrice 列进行排序，效果如图 4-22 所示。

学习提示：设置 GridView 控件的 EnableSortingAndPageingCallbacks 属性为 true，GridView 控件会以异步回调的方式实现无刷新的换页与排序。

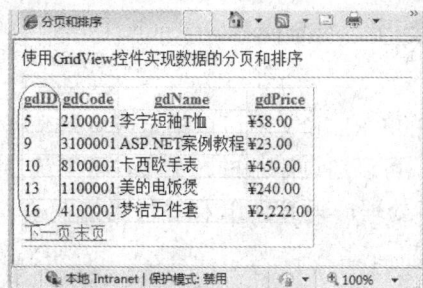

图 4-21　GridView 的分页和排序　　　　　　　图 4-22　排序后的效果

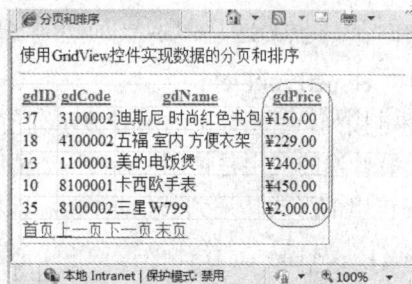

4.6.3　自定义列

默认情况下，GridView 控件会为数据源中的每个列自动创建绑定字段。然而实际应用中，开发人员会根据数据显示需要为 GridView 控件的列自定义格式。

在图 4-20 所示的"GridView 任务"菜单中选择"编辑列"命令，打开"字段"对话框，如图 4-23 所示，即可在该窗口中进行自定义列的编辑。

图 4-23　"字段"对话框

自定义列的过程就是在可用字段中先选择自定义列的类型，再设置该列的行为、可访问性、数据、外观和样式等属性。GridView 控件提供自定义列的类型有 6 种。

● BoundField 列

绑定列，以文本的方式显示数据。对于数据源中要显示的每个列，通常对应一个绑定列，要显示几个字段，就加入几个绑定列，当字段数固定时选用绑定列是不错的选择，其HTML 标签代码如下。

```
<asp:BoundField DataField="gdName" HeaderText="商品名称" SortExpression=" gdName " />
```

● CheckBoxField 列

复选框列，由于复选框只能是选中或未选中状态，因此复选框列只能用于显示布尔型数据字段的值，其 HTML 标签代码如下。

```
<asp:CheckBoxField DataField="bnCheck" HeaderText="审核" SortExpression="bnCheck " />
```

● HyperLinkField 列

超链接列，用超链接的形式显示列值。超链接的 URL 和文本可以指定或者从数据源中获取。最普遍的应用是使用 GridView 显示数据时，可以通过添加的超链接，将主键参数以查询字符串的形式传递到其他页面上，以作进一步处理，其 HTML 标签代码如下。

```
<asp:HyperLinkField DataNavigateUrlFields="gdID" HeaderText="查看" Text="查看"
        DataNavigateUrlFormatString="GoodsDetails.aspx?gdid={0}" />
```

DataNavigateUrlFields 属性设置数据源中列的名称，用于超链接构造的 URL。DataNavigateUrlFormatString 属性设置超链接 URL 的格式字符串，字符串中{0}为参数占位符，执行时由 DataNavigateUrlFields 属性指定的列值传递参数。

● ImageField 列

图像列，以图像方式显示数据。DataImageUrlField 属性设置数据源中某个字段的名称，该字段包含的值要绑定到图像的 ImageUrl 属性；DataImageUrlFormatString 设置图像的 ImageUrl 所呈现的格式，其 HTML 标签代码如下。

```
<asp:ImageField DataImageUrlField="gdImage" HeaderText="商品图片"
        DataImageUrlFormatString="images/img{0}.jpg" />
```

当 gdImage 列对应的值为 1 时，DataImageUrlFormatString 的值为 images/img1.jpg。

● ButtonField 和 CommandField 列

按钮列和命令列，创建用于"编辑"、"更新"、"取消"和"删除"功能的按钮。当 GridView 处于编辑模式时，"编辑"按钮被替换成"更新"按钮和"取消"按钮。此功能适用于字段内容不长的数据维护，其对应的 HTML 标签代码如下。

```
01    <asp:ButtonField ButtonType="Link" CommandName="Update"
02        HeaderText="编辑" ShowHeader="True" Text="更新" />
03    <asp:CommandField ButtonType="Button" HeaderText="操作" ShowHeader="True"
04        ShowDeleteButton="True" ShowEditButton="True" ShowSelectButton="True" />
```

【代码解析】第 1～2 行定义按钮列，按钮类别为 Link，命令名为 Update；第 3～4 行定义命令列，按钮类别为 Button，该列中显示"选择"、"删除"和"编辑"按钮。

当 GridView 控件设置的数据源配置了 UpdateCommand 和 DeleteCommand 命令，在不编写任何代码的情况下，这些按钮就能实现对应功能。

● TemplateField 列

模板列，提供开发人员自定义数据显示方式。在图 4-20 所示的"GridView 任务"菜单中选择"编辑模板"命令，就可以对模板列进行设计与编辑。GridView 控件的模板列可设置的模板如表 4-14 所示。

表 4-14 TemplateField 列的模板类型

模 板 类 型	说　　明
AlternatingItemTemplate	交替项模板，定义 GridView 中的交替行样式

模 板 类 型	说 明
EditItemTemplate	编辑项模板，定义列的编辑样式
FooterTemplate	脚模板，即脚注部分要显示的内容，不可以进行数据绑定
HeaderTemplate	头模板，即表头部分要显示的内容，不可以进行数据绑定
ItemTemplate	项模板，提供在 GridView 中显示数据列的样式

根据不同的模板，可以在模板容器中放置不同的控件，进行数据绑定设置。

```
01   <asp:TemplateField HeaderText="商品类别 ID">
02       <ItemTemplate>
03           <asp:Label ID="Label1" runat="server" Text='<%# Eval("tID") >' />
04       </ItemTemplate>
05   </asp:TemplateField>
```

【代码解析】第 1~5 行定义模板列；第 2~4 行定义项模板；第 3 行在项模板中添加了一个 Label 控件，其 Text 属性值绑定的列是 tID。

任务实施

📹 **视频精讲：**

http://www.icourses.cn/jpk/changeforVideo.action?resId=409741&courseId=3803&firstShowFlag=36

步骤 1. 还原数据库备份，备份文件位于"资源\代码\Chapter4Demo\SMDB.bak"路径中。

步骤 2. 新建一个 ASP.NET 空网站，命名为 FindGoodsDemo，添加 Web 窗体，命名为 FindGoods.aspx。

步骤 3. 在 FindGoods.aspx 页中添加如表 4-15 所示控件，设置各控件的相关属性，为页面中 TextBox 控件设置相应的不为空验证，页面采用表格布局，效果如图 4-24 所示。

表 4-15 FindGoods.aspx 页主要控件属性设置

控件 ID	控 件 类 型	控件 ID	控 件 类 型
txtGName	TextBox	txtPriceLow	TextBox
ddlType	DropDownList	txtPriceHigh	TextBox
rdlSaleQty	RadioButtonList	sqlGType	SqlDataSource
btnFind	Button	sqlGoods	SqlDataSource

（1）定义页面 CSS 样式表。

```
01   <!--程序名称：FindGoods.aspx-->
02   <style type="text/css">
03       body{margin: 0 auto;font-size:0.8em;}
04       .content{width:700px;margin-left:50px;margin-top:20px;}
05       .center{text-align:center;vertical-align:top;line-height:20px;padding:8px;}
06       .name{width:300px; vertical-align:top;line-height:20px;font-size:1.2em;padding:8px;}
```

```
07    、        .color{color:#ff4400;font-size:1.4em;}
08    </style>
```

【代码解析】第 3 行定义标签选择器；第 4～7 行定义类选择器。

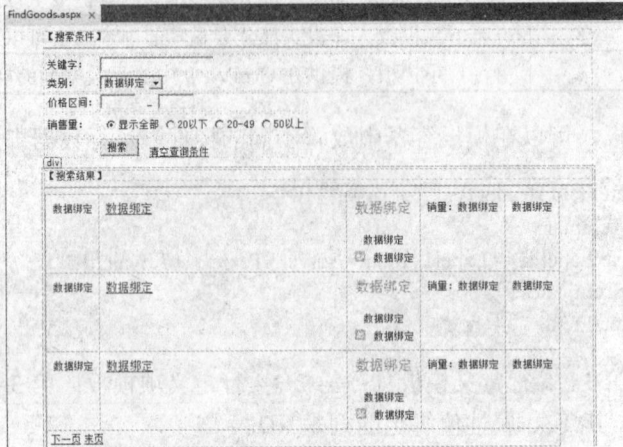

图 4-24　FindGoods.aspx 页面设计

（2）配置后的数据源控件 sqlGType 的页面代码，用于为 ddlGType 下拉列表框提供数据。

```
09    <asp:SqlDataSource ID="sqlGType" runat="server"
10        ConnectionString="<%$ ConnectionStrings:smdb %>"
11        SelectCommand="SELECT * from GoodsType">
12    </asp:SqlDataSource>
```

【代码解析】第 10 行设置数据源连接字符串；第 11 行设置 SelectCommand 查询 T-SQL 语句。

（3）配置后的数据源控件 sqlGoods 的页面代码，为 GridView 控件 grdGoods 提供数据。

```
13    <asp:SqlDataSource ID="sqlGoods" runat="server"
14        ConnectionString="<%$ ConnectionStrings:smdb %>"
15        SelectCommand="SELECT Goods.*, GoodsType.tName FROM Goods
16                        INNER JOIN GoodsType ON Goods.tID = GoodsType.tID" >
17    </asp:SqlDataSource>
```

【代码解析】第 15～16 行设置 SelectCommand 查询 T-SQL 语句，查询的数据来自商品信息表（Goods）和商品类别表（GoodsType）。

（4）配置后的 RadioButtonList 控件 rdltSaleQty 的页面代码，用于显示销量筛选条件。

```
18    <asp:RadioButtonList ID="rdltSaleQty" runat="server" RepeatDirection="Horizontal">
19        <asp:ListItem Text="显示全部" Value="0" Selected="True" ></asp:ListItem>
20        <asp:ListItem Text="20 以下" Value="19"></asp:ListItem>
21        <asp:ListItem Text="20-49" Value="49" ></asp:ListItem>
22        <asp:ListItem Text="50 件以上" Value="50" ></asp:ListItem>
23    </asp:RadioButtonList>
```

【代码解析】第 19～21 行设置 RadioButtonList 控件 rdltSaleQty 的列表项。

（5）配置后的 DropDownList 控件 ddlGType 的页面代码，用于设置商品类别的筛选条件。

```
24    <asp:DropDownList ID="ddlGType" runat="server"    DataSourceID="sqlGType"
25        DataTextField="tName" DataValueField="tID" OnDataBound="ddlGType_DataBound" >
26    </asp:DropDownList>
```

【代码解析】第 23 行 DataSourceID 属性设定该控件使用的数据源控件；第 24 行 DataTextField 属性设定显示文本的列；DataValueField 属性设定对应值的列。

（6）配置后的 GridView 控件 gdGoods 的页面代码，用于按图 4-24 样式显示数据。

```
27    <asp:GridView ID="grdGoods" runat="server" AutoGenerateColumns="False"
28        DataKeyNames="gdID" BorderWidth="0px" DataSourceID="sqlGoods"
29        ShowHeader="False" AllowPaging="True" PageSize="3" >
30        <Columns>
31            <asp:ImageField DataImageUrlField="gdImage" ItemStyle-CssClass="center"
32                          DataImageUrlFormatString="images/goods/l{0}">
33            </asp:ImageField>
34            <asp:HyperLinkField DataNavigateUrlFields="gdID"    ItemStyle-CssClass="name"
35                DataNavigateUrlFormatString="GoodsDetails.aspx?gdid={0}"
36                DataTextField="gdName" >
37            </asp:HyperLinkField>
38            <asp:TemplateField ItemStyle-CssClass="center">      //定义模板列
39                <ItemTemplate>
40                  <asp:Label ID="lbPrice" runat="server"
41                    Text='<%#Eval("gdPrice","{0:C}") %>' CssClass="color" /> <br /> <br />
42                <asp:Label ID="lbCity" runat="server" Text='<%#Eval("gdCity") %>' /> <br />
43                <img id="img" src="images/icon/mail.jpg" alt="" />
44                <asp:Label ID="lbFreight" runat="server" Text='<%#Eval("gdFeight","{0:C}") %>' />
45                </ItemTemplate>
46            </asp:TemplateField>
47            <asp:TemplateField ItemStyle-CssClass="center">
48                <ItemTemplate>
49                    销量： <asp:Label ID="lbSaleQty" runat="server"
50                          Text='<%#Eval("gdSaleQty") %>' />
51                </ItemTemplate>
52            </asp:TemplateField >
53            <asp:BoundField DataField="tName" ItemStyle-CssClass="center" ></asp:BoundField>
54        </Columns>
55        <PagerSettings FirstPageText="首页" LastPageText="末页" Mode="NextPreviousFirstLast"
56            NextPageText="下一页" PreviousPageText="上一页" />
57    </asp:GridView>
```

【代码解析】第 27 行 AutoGenerateColumns 属性设定该控件不自动产生列；第 28 行 DataKeyNames 属性设定填充 GridView 控件 DataKeys 集合的列；第 31～54 行定义 GridView 控件的列；第 31～33 行设定图像列的绑定字段、样式和 ImageUrl 的格式；第 34～37 行将商品名称绑定到超链接列，绑定的列为 gdName，超链接的 URL 格式为 GoodsDetails.aspx?gdid={0}，其中占位符{0}由 DataNavigateUrlFields 属性指定的列值提供；第 38～46 行定义了显示商品价格、货源地点和运费模板列，其中<%#Eval("gdPrice","{0:C}")

%>表示绑定 gdPrice 到模板中的 Label 控件，并按货币格式输出；第 47～52 行定义了显示商品销售量的模板列；第 53 行定义了绑定商品类别名的绑定列；第 55～56 行设定了 GridView 控件的分页模式。

步骤4. 保存配置结果，浏览页面效果如图 4-25 所示。

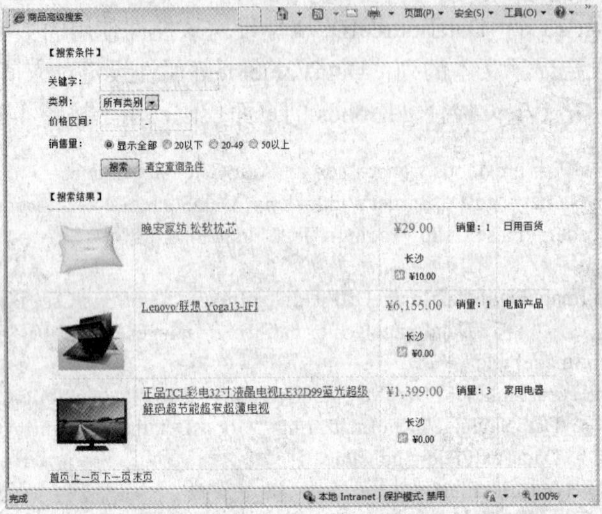

图 4-25　商品显示结果

步骤5. 为页面中 ddlGType 下拉列表控件添加 DataBound 事件，为该控件添加"所有类别"的分类数据。

```
01    // 程序名称：FindGoods.aspx.cs
02    // 程序功能：实现商品多条件查询
03    protected void ddlGType_DataBound(object sender, EventArgs e)
04    {
05        ListItem item = new ListItem("所有类别", "0");
06        ddlGType.Items.Insert(0, item);
07    }
```

【代码解析】定义 ddlGType 控件的 DataBound 方法。其中第 5 行创建 ListItem 对象 item，其文本为"所有类别"，值为 0；第 6 行将 item 插入到 ddlGType 下拉列表的第一项。

步骤6. 为页面中的"搜索"按钮添加单击事件，实现数据多条件查询。

```
08    protected void btnFind_Click(object sender, EventArgs e)
09    {
10        sqlGoods.SelectParameters.Clear();        //清空数据源控件的参数集
11        grdGoods.DataSourceID = null;             //清空 GridView 控件 grdGoods 的数据源
12        string sqlstr = sqlGoods.SelectCommand;
13        switch (rdltSaleQty.SelectedIndex)
14        {
15            case 0: sqlstr += " where gdSaleQty>=0"; break;
16            case 1: sqlstr += " where gdSaleQty<20"; break;
17            case 2: sqlstr += " where gdSaleQty between 20 and 49"; break;
18            case 3: sqlstr += " where gdSaleQty>50"; break;
```

```
19        }
20        if (txtGName.Text != "")
21        {
22            sqlstr += " and gdName like '%'+@dgname+'%' ";
23            Parameter pm = new Parameter("dgname", DbType.String, txtGName.Text);
24            sqlGoods.SelectParameters.Add(pm);
25        }
26        if (ddlGType.SelectedValue != "0")
27        {
28            sqlstr += " and Goods.tID=@tID";
29            Parameter pm = new Parameter("tID", DbType.Int16, ddlGType.SelectedValue);
30            sqlGoods.SelectParameters.Add(pm);
31        }
32        if (txtPriceLow.Text != "" || txtPriceHigh.Text !="")
33        {
34            sqlstr += " and gdPrice>=@low and gdPrice<@high";
35            Parameter pm = new Parameter("low", DbType.Int16, txtPriceLow.Text);
36            sqlGoods.SelectParameters.Add(pm);
37            pm = new Parameter("high", DbType.Int16, txtPriceHigh.Text);
38            sqlGoods.SelectParameters.Add(pm);
39        }
40        sqlGoods.SelectCommand = sqlstr;
41        grdGoods.DataSourceID = "sqlGoods";
42    }
```

【代码解析】第 12 行读取 sqlGoods 数据源控件的 SelectCommand 命令赋值字符串 sqlstr；第 13~19 行根据单选按钮分情况设置查询条件；第 22~24 行根据名称设定模糊查询的条件；第 28~30 行根据选择的商品类别设置查询条件；第 34~38 行根据设定的价格区间设置查询条件；第 40 行将构造好的 T-SQL 查询语句赋值给 sqlGoods 的 SelectCommand；第 41 行设定 GridView 控件 grdGoods 的数据源控件 ID 为 sqlGoods。

学习提示：Parameter 类表示由 ASP.NET 数据源控件用来操作数据的参数化 SQL 查询、筛选表达式中的参数，与数据源控件和数据绑定控件一起使用。

步骤7. 浏览页面，在页面中输入相应数据，单击"搜索"按钮，结果如图 4-26 所示。

图 4-26　商品组合查询结果

任务 3　商品信息管理

任务场景

信息管理是任何一个 Web 应用程序不可或缺的功能，应用程序管理员通过后台信息的添加、修改和删除来维护数据。

本任务通过 ADO.NET 调用存储过程及事务管理，高效地实现在 B2C 网上商城中商品信息的添加、删除和修改功能。

知识引入

4.7　ADO.NET 调用存储过程

视频精讲：

http://www.icourses.cn/jpk/changeforVideo.action?resId=394710&courseId=3803&firstShowFlag=46

http://www.icourses.cn/jpk/changeforVideo.action?resId=394981&courseId=3803&firstShowFlag=46

到目前为止，Web 应用程序对数据库的访问都是在程序中编写 T-SQL 语句来实现，直接使用 T-SQL 语句操作访问数据是一种低效的资源使用方式，并且有可能产生安全风险。

存储过程是数据库开发人员为了使用某一特定的功能而编写的数据库过程，具有良好的逻辑封装体。使用存储过程的优点如下。

- **易于维护**：正确使用存储过程能够将数据库应用与应用程序的业务逻辑分开，当维护数据库相关功能时，只需要修改存储过程即可。
- **提升性能**：使用存储过程能有效提高数据访问效率，存储过程会在第一次执行时被编译，应用程序可以直接从编译后的文件中获取相应结果。
- **减少流量和通信**：使用存储过程访问数据，可以降低对网络带宽的需求，减少应用程序读取数据库的次数。
- **提高安全性**：只允许可信赖的本地存储过程访问数据库，提高数据的安全性。

在 Web 应用程序中调用存储过程操作数据库，跟直接使用 T-SQL 语句的方式基本相似，也是先建立与数据库的连接，再定义操作数据库的 Command 对象。不同的是，Command 对象的 CommandText 属性为存储过程的名称，默认情况下 CommandText 的属性是 SQL 语句，必须将 Command 对象的 CommandType 属性设置为存储过程。本节仍以 SqlCommand 对象为例进行说明。

```
01    SqlCommand cmd= new SqlCommand("upGetInfo",conn);      //upGetInfo 为存储过程名称
02    cmd.CommandType=CommandType.StoredProcedure;          //设置 Command 对象的类型
```

此外，调用存储过程前还必须确定该存储过程输入和输出参数。存储过程的参数由 SqlCommand 对象的 Parameters 集合管理，可以使用的参数类型如表 4-16 所示。

表 4-16　存储过程的参数类型

参　　数	用　　法
Input	Web 应用程序用来向存储过程传递特定的数据值
Output	存储过程用来向调用它的 Web 应用程序返回特定的值
InputOutput	存储过程用来检索 Web 应用程序发送的信息，并把特定值返回 Web 应用程序
ReturnValue	存储过程用来传递一个返回值给调用它的应用程序

参数类型须通过设置 SqlParameter 对象的 Direction 属性来指明存储过程如何使用。

```
01    //定义输入参数
02    SqlParameter inpm= new SqlParameter("@uName",SqlDbType.Varchar,50);
03    inpm.Direction=ParameterDirection.Input;
04    //定义输出参数
05    SqlParameter outpm= new SqlParameter("@uId",SqlDbType.int);
06    outpm.Direction=ParameterDirection.Output;
07     //定义返回值参数
08    SqlParameter returnpm= new SqlParameter("@uReturn",SqlDbType.int);
09    returnpm.Direction=ParameterDirection.ReturnValue;
```

【代码解析】第 2~3 行定义输入参数 inpm；第 5~6 行定义输出参数 outpm；第 8~9 行定义返回值参数。

命令执行完后，获取输出参数和返回值的访问方式如下。

```
01    int outvalue= (int)cmd.Parameters["@uId"].Value;          //获取输出参数
02    int revalue=(int)cmd.Parameters["@uReturn "].Value;       //获取返回值
```

案例
演练 例 4-12：使用存储过程添加新的商品类别，并返回该类别的 ID 值。

从附录 A 中表 A-2（商品类别表）可知，商品类别表有两个列，其中 tID 为标识列，当向该表中插入记录时，只需要提供商品类别名称即可。具体操作步骤如下。

（1）在 Web 窗体中添加控件。在页面中添加一个 Label 控件、一个 TextBox 控件和一个 Button 按钮。其中 TextBox 控件的 ID 属性设置为 txtName，Button 按钮的 ID 属性设置为 btnAddType。

（2）在 SQL Server 的查询分析器中，创建添加商品类别的存储过程，定义如下。

```
01    //程序功能：添加商品类别
02    create proc upAddGoodsType
03    (@tname varchar(100))
04    as
05    begin
06        insert into GoodsType values(@tname)          //插入记录到 GoodsType 表中
07        if(@@rowcount>0)
08            return @@identity
```

```
09          else
10              return 0
11      end
```

【代码解析】定义存储过程的名称为 upAddGoodsType。第 3 行定义存储过程的参数列表；第 7 行中@@rowcount 为前一条影响记录的行数；第 8 行@@identity 表示插入到数据库中标识列的最后一个值。

（3）为命令按钮 btnAddType 添加单击事件，完成程序功能，代码如下。

```
01  //程序名称：4_12.aspx.cs
02  //程序功能：向 SMDB 数据库中添加商品类别
03  protected void btnAddType_Click(object sender, EventArgs e)
04  {
05          string str = ConfigurationManager.ConnectionStrings["smdb"].ConnectionString;
06          using (SqlConnection conn = new SqlConnection(str))
07          {
08              conn.Open();
09              SqlCommand cmd = new SqlCommand("upAddGoodsType", conn);
10              cmd.CommandType = CommandType.StoredProcedure;
11              SqlParameter [] ps={new SqlParameter("@tname",txtName.Text),
12                                  new SqlParameter("@flag",SqlDbType.Int)};
13              ps[1].Direction = ParameterDirection.ReturnValue;
14              cmd.Parameters.AddRange(ps);
15              cmd.ExecuteNonQuery();
16              int tId=(int)cmd.Parameters["@flag"].Value;
17              Label2.Text = txtName.Text + "的类别 ID 为：" + tId;
18      }       }
```

【代码解析】第 9 行创建 SqlCommand 对象 cmd，其 CommandText 属性为存储过程名 upAddGoodsType；第 10 行设置命令类型为存储过程；第 13 行指定 ps 数组中的第二个参数为返回值参数；第 14~16 行添加参数集合，执行命令；第 17 行获取返回参数的值。

（4）浏览页面，在文本框中输入"美食特产"，单击"添加"按钮，效果如图 4-27 所示。

图 4-27 使用存储过程添加商品类别

学习提示：向 Parameters 集合添加参数，参数名必须与存储过程中定义的参数名一致。

4.8 事务

事务是作为单个逻辑工作单元执行的一系列操作，该逻辑单元中的任务要么全部执行成功，要么全部执行失败。通过事务来控制和维护数据的一致性和完整性。事务具有如下 4 个特性。

- **原子性**：事务中所有的操作要么都执行，要么都不执行。
- **一致性**：事务使数据在稳定的状态间转换。事务结束时，所有的数据都保持一致。
- **隔离性**：为防止多个并发的数据更新彼此干扰，事务在操作数据时与其他事务操作隔离。
- **持久性**：事务结束后，对数据产生的变化是永久的。

数据库连接对象的 BeginTransaction 方法可以创建一个事务，在 ADO.NET 中，事务处理类为 System.Data.Common.DbTransaction，根据不同的数据提供程序，其实现类也不相同，这里以 SQL Server.NET 提供程序的 SqlTransaction 类为例讲解。

事务处理类通过调用 Commit 方法提交事务，调用 RollBack 方法取消事务，即回滚对数据所做的修改操作。为了捕获在提交过程中发生的异常，在事务处理中强烈推荐使用 try…catch 语句。

案例
演练　例 4-13：使用事务，当对某一商品评价成功时，对应商品的评价数加 1。

查看附录 A 中的表 A-3（商品信息表）和表 A-4（商品评价表），当用户对某一商品进行评价时，将向商品评价表添加一条记录，此时在商品信息表中，该商品的 gdEvNum 值更新为原评价数量加 1，以保持表间数据的一致性和完整性。这里以向商品评价表中插入固定的记录为例，关键代码如下。

```
01  //程序名称：4_13.aspx
02  //程序功能：评价某商品时，该商品的评价数加 1
03  protected void btnTranTest_Click(object sender, EventArgs e)
04  {
05      string str = ConfigurationManager.ConnectionStrings["smdb"].ConnectionString;
06      using (SqlConnection conn = new SqlConnection(str))
07      {
08          conn.Open();
09          SqlTransaction trans;
10          trans = conn.BeginTransaction();
11          SqlCommand cmd = new SqlCommand();
12          cmd.Connection = conn;
13          cmd.Transaction = trans;
14          try
15          {
16              cmd.CommandText = "insert into GoodEvaluate
17                          values(1,46,'案例丰富,实用！',default)";        //插入记录
18              cmd.ExecuteNonQuery();                                      //执行命令操作
19              cmd.CommandText = "update Goods set gdEvNum=gdEvNum+1 where gdID=46";
20              cmd.ExecuteNonQuery();
21              trans.Commit();
22              Response.Write("评价成功！");
23          }catch (Exception ee)
24          {
```

```
25                 Response.Write(ee.Message);
26                 trans.Rollback();
27     }     }     }
```

【代码解析】第 9 行定义事务对象 trans；第 10 行设置事务开始；第 11~13 行创建命令对象 cmd，并设置其连接属性和事务属性；第 19 行设置 cmd 的 T-SQL 语句用于更新商品信息表中指定商品的评价数；第 20 行执行命令；第 21 行提交事务；第 26 行，当事务执行失败时回滚事务。

学习提示：尽管 ADO.NET 提供对事务的良好支持，但在应用程序中要慎用事务。通常可以将事务封装在数据库的存储过程中，以减少事务的使用给应用程序带来的额外开销。

任务实施

视频精讲：

http://www.icourses.cn/jpk/changeforVideo.action?resId=411966&courseId=3803&firstShowFlag=37

http://www.icourses.cn/jpk/changeforVideo.action?resId=412249&courseId=3803&firstShowFlag=37

步骤 1. 还原数据库备份，备份文件位于"资源\代码\Chapter4Demo\SMDB.bak"路径中。

步骤 2. 新建一个 ASP.NET 空网站，命名为 GoodsManagerDemo，添加 Web 窗体，命名为 GoodsManager.aspx，用作商品管理页；添加名为 AddGoods.aspx 的 Web 窗体，用作添加商品页，添加名为 EditGoods.aspx 的 Web 窗体，用作修改商品页。

步骤 3. 为网站设计主题风格。新建默认主题 default，编写页面的样式文件 css.css，并将该文件存放在默认主题文件夹下。样式文件代码定义如下。

```
01    //程序名称：css.css
02    body{margin: 0 auto;font-size:0.8em;}
03    a{text-decoration:none;}
04    .noborder{border:0;}
05    .content{width:700px;margin-left:50px;margin-top:20px;}
06    .center{text-align:center;line-height:20px;padding:8px;}
07    .name{width:90px;line-height:20px;padding:8px;}
08    .hstyle{line-height:30px;}
09    .txtwidth{width:300px;}
```

【代码解析】第 2 行设置页面上字体显示的大小；第 3 行设置所有超链接不带下划线；第 4~9 行设置数据显示的对齐方式、边距、行高等属性。

步骤 4. 在 GoodsManager.aspx 页中添加控件。在 GoodsManager.aspx 中分别添加 Button 控件、GridView 控件和 SqlDataSource 控件，设置控件属性，配置数据源，并为 GridView 控件添加列，页面采用流布局，页面关键代码如下所示。

```
01    <!--程序名称：GoodsManager.aspx-->
02    <div> <asp:Button ID="btnAdd" runat="server" onclick="btnAdd_Click" Text="添加商品  " />
03    </div> <br /><br /> <div>
04    <asp:GridView ID="grdGoods" runat="server" AutoGenerateColumns="False"
05     DataKeyNames="gdID" BorderWidth="1px" AllowPaging="True"
06                    DataSourceID="sqlGoods"  PageSize="5" >
07      <HeaderStyle CssClass="hstyle" />
08      <Columns>
09        <asp:BoundField DataField="gdCode" ItemStyle-CssClass="center" HeaderText="编号">
10        </asp:BoundField>
11        <asp:BoundField DataField="tName" ItemStyle-CssClass="center"    HeaderText="类别">
12        </asp:BoundField>
13        <asp:HyperLinkField DataNavigateUrlFields="gdID"    ItemStyle-CssClass="name"
14           HeaderText="名称" DataTextField="gdName"
15           DataNavigateUrlFormatString="GoodsDetails.aspx?gdid={0}" ></asp:HyperLinkField>
16        <asp:BoundField DataField="gdPrice" ItemStyle-CssClass="center"
17           HeaderText="价格" DataFormatString="{0:C}"></asp:BoundField>
18        <asp:BoundField DataField="gdQuantity" ItemStyle-CssClass="center"
19                        HeaderText="库存量"></asp:BoundField>
20        <asp:BoundField DataField="gdAddTime" ItemStyle-CssClass="center"
21           HeaderText="上架时间" DataFormatString="{0:d}"></asp:BoundField>
22        <asp:TemplateField HeaderText="编辑" ItemStyle-CssClass="center">
23            <ItemTemplate>
24                <a href='EditGoods.aspx?gdid=<%#Eval("gdID")%>'>
25                    <asp:Image ID="Image1" runat="server" CssClass="noborder"
26                        ToolTip="编辑商品" ImageUrl="images/icon/mod.gif"/>
27                </a>   
28                <asp:ImageButton ID="ImageButton2" runat="server" ToolTip="删除商品"
29                    ImageUrl="images/icon/delete.gif"CommandName="delete"
30                    OnClientClick="return confirm('确定要删除该商品?');" />
31            </ItemTemplate>
32            <ItemStyle HorizontalAlign="Center" />
33        </asp:TemplateField>
34      </Columns>
35      <PagerSettings FirstPageText="首页" LastPageText="末页" Mode="NextPreviousFirstLast"
36                NextPageText="下一页" PreviousPageText="上一页" />
37    </asp:GridView>
38    <asp:SqlDataSource ID="sqlGoods" runat="server"
39        ConnectionString="<%$ ConnectionStrings:smdb %>"
40        SelectCommand="SELECT Goods.*,tName FROM Goods join GoodsType
41            on Goods.tID=GoodsType.tID ORDER BY gdAddTime"
42        DeleteCommand="DELETE FROM Goods where gdID=@gdID" >
43        <DeleteParameters>
44            <asp:Parameter Name="gdID" Type="Int32" />
45        </DeleteParameters>
46    </asp:SqlDataSource></div>
```

【代码解析】第 2 行设置添加商品的按钮 btnAdd；第 4~6 行设置 GridView 控件 grdGoods 的基本属性，包括分页、页大小、数据源、关键列，其中关键列 DataKeyNames

的属性值为 gdID，数据源 DataSourceID 的属性值为 sqlGoods；第 7 行设置表格头的样式；第 22～33 行自定义了 grdGoods 中的模板列；第 24～27 行中设置一个超链接，并包含了一个图像控件，用于显示编辑的图片，单击该图片时，页面跳转至 EditGoods.aspx 页并传递选中行的 gdID 值；第 28～30 行设置了一个 ImageButton，其 CommandName 属性为 delete，客户端单击事件 OnClientClick 设置为弹出消息框，提示用户是否要删除指定商品；第 40～41 行设置数据源控件 sqlGoods 的 SelectCommand 属性；第 42 行设置 DeleteCommand 属性；第 43～45 行定义了 DeleteCommand 语句的参数集。

学习提示：GridView 控件中模板列的命令按钮若要实现自带的编辑功能，需要将该按钮的 CommandName 属性设置为 Delete、Update、Insert 或 Select，同时在指定的数据源控件中定义相应的 DeleteCommand、UpdateCommand、InsertCommand 或 SelectCommand 属性，并设置定义所需的参数集。

步骤 5．浏览 GoodsManager.aspx，运行效果如图 4-28 所示。单击某行编辑列中的删除按钮时，系统将弹出提示框，如图 4-29 所示，单击"确定"按钮商品将被删除。

图 4-28　商品信息管理　　　　　图 4-29　删除商品提示信息

步骤 6．编写"添加商品"按钮的单击事件。

```
01  //程序名称：GoodsManager.aspx.cs
02  //程序功能：单击"添加商品"按钮，页面跳转至 AddGoods.aspx 页
03  protected void btnAdd_Click(object sender, EventArgs e)
04  {    Response.Redirect("AddGoods.aspx");    }
```

步骤 7．定义添加商品的存储过程 upAddGoods，代码如下。

```
01  //程序功能：添加商品
02  create proc upAddGoods
03  (
04      @tlID int,              //类别 ID
05      @gdCode varchar(50),    //编号
06      @gdName varchar(100),   //名称
07      @gdPrice float,         //价格
08      @gdQuantity int,        //入库量
09      @gdFeight float,        //运费
10      @gdCity varchar(50),    //发货地
11      @gdImage varchar(100),  //图片
```

```
12          @gdInfo varchar(MAX)                   //商品描述
13      )
14      as
15      begin
16          insert into Goods values((@tID, @gdCode,@gdName,@gdPrice,
17            @gdQuantity,default,@gdFeight, @gdCity,@gdImage,@gdInfo,default,default)
18          if(@@rowcount>0)
19              return @@identity
20          else
21              return 0
22      end
```

【代码解析】第 4～12 行定义商品信息的输入参数；第 16～17 行向 Goods 表中插入记录的 T-SQL 语句；第 19 行返回插入的商品的 gdID 值。

步骤 8. 在 AddGoods.aspx 页中添加控件，用于添加商品。在该页中添加 DropDownList 控件、TextBox 控件、Label 控件、Button 控件和 FileUpLoad 控件，页面采用表格布局，设计效果如图 4-30 所示。

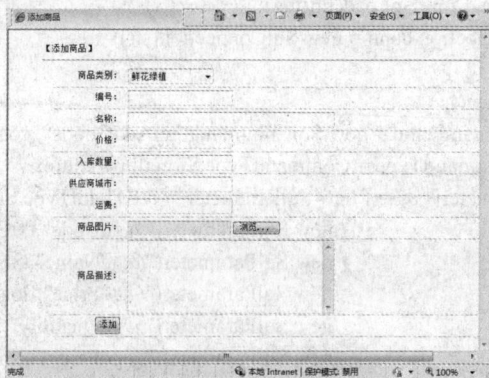

图 4-30　添加商品信息

步骤 9. 为图 4-30 中的"添加"按钮编写单击事件。

```
01   //程序名称：AddGoods.aspx.cs
02   //程序功能：添加商品
03   using System.IO;                                //导入文件操作所需的命名空间
04   /// <summary>
05   /// 将指定文件上传到服务器
06   /// </summary>
07   /// <param name="fUpload">文件上传控件对象</param>
08   /// <returns>返回文件名</returns>
09   public string imgUpLoad(FileUpload fUpload)
10   {
11       string fileName = "";
12       if (fUpload.HasFile)
13       {
14           string fileExt = Path.GetExtension(fUpload.FileName).ToLower();
15           string uploadFileExt = ".gif|.jpg|.png|.bmp";   //设置过滤的图片文件类型
```

```
16              if (("|" + uploadFileExt + "|").IndexOf(("|" + fileExt + "|")) >= 0)
17              {
18                  try {
19                      fileName = DateTime.Now.ToString("yyyymmddhhmmss").ToString() + fileExt;
20                      fUpload.SaveAs(Server.MapPath("Images/Goods/") + fileName);
21                  } catch (Exception ee) {
22                      ClientScript.RegisterStartupScript(GetType(),"",
23                              "<script>alert('"+ee.Message+"')</script>");
24              }    }
25              else {
26                  ClientScript.RegisterStartupScript(GetType(), "",
27                          "<script>alert('请上传 gif|jpg|png|bmp 的文件')</script>");
28          }    }    return fileName;
29      }
30
31      protected void btnAdd_Click(object sender, EventArgs e)
32      {
33          string str = ConfigurationManager.ConnectionStrings["smdb"].ConnectionString ;
34          string filename = imgUpLoad(fldImg);
35          using (SqlConnection conn = new SqlConnection(str))
36          {
37              conn.Open();
38              SqlCommand cmd = new SqlCommand("upAddGoods", conn);
39              cmd.CommandType = CommandType.StoredProcedure;
40              SqlParameter[] ps = { new SqlParameter("@tID",ddlType.SelectedValue),
41                              new SqlParameter("@gdCode",txtCode.Text),
42                              new SqlParameter("@gdName",txtName.Text),
43                              new SqlParameter("@gdPrice",float.Parse(txtPrice.Text)),
44                              new SqlParameter("@gdQuantity",int.Parse(txtQuantity.Text)),
45                              new SqlParameter("@gdFeight",float.Parse(txtFeight.Text)),
46                              new SqlParameter("@gdCity",txtCity.Text),
47                              new SqlParameter("@gdImage",filename),
48                              new SqlParameter("@gdInfo",txtInfo.Text)
49                              };
50              cmd.Parameters.AddRange(ps);
51              if (cmd.ExecuteNonQuery() > 0)
52                  ClientScript.RegisterStartupScript(GetType(), "", "<script>alert('添加成功');
53                              location.href('GoodsManager.aspx')</script>");
54              else
55                  ClientScript.RegisterStartupScript(GetType(), "",
56                              "<script>alert('添加失败')</script>");
57      }    }
```

【代码解析】第 4～29 行定义上传图片的方法，返回图片上传至服务器上的文件名；第 12 行判断文件上传控件 fUpload 中是否包含文件；第 14 行获取上传文件对话框中上传文件的扩展名；第 16 行比较上传文件的扩展名是否满足预设要求；第 19 行取当前日期构成上传后的文件名；第 20 行保存上传文件到指定路径；第 28 行返回上传后的文件名；第 34 行获取图片上传后的文件名；第 38～39 行创建命令，设定命令类型为存储过程；第 40～

49 行定义参数数组；第 50 行添加参数集到命令中。

步骤 10. 在"添加商品"页面中填入商品信息，单击"添加"按钮，商品信息将成功添加到商品信息表中。运行效果如图 4-31 和图 4-32 所示。

图 4-31　添加商品　　　　　　　　　　　图 4-32　添加商品成功

步骤 11. 在 EditGoods.aspx 页中添加控件，用于修改商品。该页的设计与添加商品页基本相同，要修改指定的商品，先要将该商品信息读取到页面控件中，再进行编辑操作。

步骤 12. 定义获取指定商品 ID 的商品信息。

```
01    //程序功能：获取指定商品 ID 的商品信息
02    create proc upGetGoodsById
03    (   @gdID int   )
04    as
05    begin
06        select * from goods where gdID=@gdID
07    end
```

【代码解析】第 6 行查询指定商品 ID 的商品信息。

步骤 13. 定义修改指定商品的存储过程。

```
01    --功能：修改商品
02    create proc upUpdateGoods
03    (
04        @gdID int,                    //商品 ID
05        @tID int,                     //类别 ID
06        @gdCode varchar(50),          //编号
07        @gdName varchar(100),         //名称
08        @gdPrice float,               //价格
09        @gdQuantity int,              //入库量
10        @gdFeight float,              //运费
11        @gdCity varchar(50),          //发货地
12        @gdImage varchar(100),        //图片
13        @gdInfo varchar(MAX)          //商品描述
14    )
15    as
16    begin
17        update Goods set tID=@tID,gdCode=@gdCode, gdName=@gdName,gdPrice=@gdPrice,
18        gdQuantity=@gdQuantity,gdFeight=@gdFeight, gdCity=@gdCity,gdInfo=@gdInfo
```

```
19        where gdID=@gdID
20          if(@gdImage!='')
21              update Goods set gdImage=@gdImage where gdID=@gdID
22          if(@@rowcount>0)
23              return 1                          //更新成功
24          else
25              return 0                          //更新失败
26      end
```

【代码解析】第4～13行定义商品信息的更新参数；第17～19行更新指定商品的信息；第20～21行实现当图片参数不为空时，更新指定商品的图片。

步骤14. 编写 EditGoods.aspx 页的 Page_Load 事件，当页面加载时，显示商品可修改信息到页面中，关键代码如下。

```
01      //程序名称：EditGoods.aspx.cs
02      //程序功能：修改商品信息
03      int id = 0;
04      protected void Page_Load(object sender, EventArgs e)
05      {
06          if (Request["gdID"] != null)
07          {
08              id = int.Parse(Request["gdID"].ToString());
09              if (!IsPostBack)
10                  dispGoodInfo();
11      }   }
12      /// <summary>
13      /// 显示指定的商品信息
14      /// </summary>
15      public void dispGoodInfo()
16      {
17          string str = ConfigurationManager.ConnectionStrings["smdb"].ConnectionString;
18          using (SqlConnection conn = new SqlConnection(str))
19          {
20              conn.Open();
21              SqlCommand cmd = new SqlCommand("upGetGoodsById", conn);
22              cmd.CommandType = CommandType.StoredProcedure;
23              SqlParameter pm = new SqlParameter("@gdID",id);
24              cmd.Parameters.Add(pm);
25              SqlDataReader dr = cmd.ExecuteReader();
26              if (dr.Read())
27              {
28                  lblID.Text = dr["gdID"].ToString();
29                  txtCode.Text = dr["gdCode"].ToString();
30                  txtName.Text = dr["gdName"].ToString();
31                  ddlType.SelectedValue = dr["tID"].ToString();
32                  txtPrice.Text = dr["gdPrice"].ToString();
33                  txtQuantity.Text = dr["gdQuantity"].ToString();
34                  lblSaleQty.Text = dr["gdSaleQty"].ToString();
35                  txtCity.Text = dr["gdCity"].ToString();
```

```
36                        txtFeight.Text = dr["gdFeight"].ToString();
37                        txtInfo.Text = dr["gdInfo"].ToString();
38                        img.ImageUrl = "images/goods/" + dr["gdImage"].ToString();
39            }       }       }
```

【代码解析】第 3 行定义成员属性 id，用来获取从 GoodsManager.aspx 页传递的商品
ID 值；第 6 行判断查询字符串的参数 gdID 是否为空；第 8 行获取查询字符串的参数值；
第 20~25 行定义命令及其属性将执行结果返回给 DataReader 对象 dr；第 28~38 行读取相
关属性并呈现到页面中的控件。

步骤 15. 编写 EditGoods.aspx 页中"修改"按钮的单击事件，关键代码如下。

```
40    protected void btnEdit_Click(object sender, EventArgs e)
41    {
42          string filename = "";
43          if(fldImg.HasFile)
44                filename=imgUpLoad(fldImg);
45          string str = ConfigurationManager.ConnectionStrings["smdb"].ConnectionString;
46          using (SqlConnection conn = new SqlConnection(str))
47          {
48                conn.Open();
49                SqlCommand cmd = new SqlCommand("upUpdateGoods", conn);
50                cmd.CommandType = CommandType.StoredProcedure;
51                SqlParameter[] ps = { new SqlParameter("@gdID",id),
52                                new SqlParameter("@tID",ddlType.SelectedValue),
53                                new SqlParameter("@gdCode",txtCode.Text),
54                                new SqlParameter("@gdName",txtName.Text),
55                                new SqlParameter("@gdPrice",float.Parse(txtPrice.Text)),
56                                new SqlParameter("@gdQuantity",int.Parse(txtQuantity.Text)),
57                                new SqlParameter("@gdFeight",float.Parse(txtFeight.Text)),
58                                new SqlParameter("@gdCity",txtCity.Text),
59                                new SqlParameter("@gdImage",filename),
60                                new SqlParameter("@gdInfo",txtInfo.Text)
61                                };
62                cmd.Parameters.AddRange(ps);
63                if (cmd.ExecuteNonQuery() > 0)
64                      Response.Write("<script>alert('更新成功');
65                                location.href('GoodsManager.aspx')</script>");
66                else
67                      Response.Write("<script>alert('更新失败')</script>");
68    }       }
```

【代码解析】第 43 行判断上传文件控件中是否有文件，若有则调用上传文件方法
imgUpLoad；第 49~50 行设置操作命令，命令类型为存储过程；第 51~61 行定义命令所
需参数集。

步骤 16. 单击图 4-32 中的最后一行"编辑"超链接，页面跳转到 EditGoods.aspx 页，
显示效果如图 4-33 所示。对数据进行编辑后，单击"修改"按钮，提示"更新成功"对
话框。

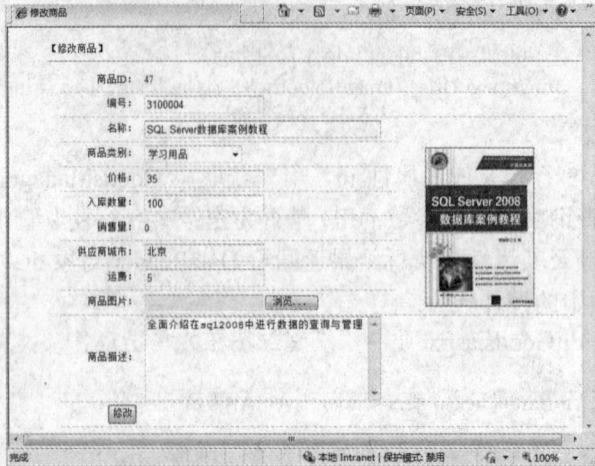

图 4-33　修改商品页

任务 4　购物车的实现

任务场景

在 B2C 网上商城中，购物车是必不可少的功能之一。当买家看到自己中意的商品时，就可以放到自己的购物车中，同时，买家可以查看和管理购物车中的商品。

本任务通过使用 DataList 控件，结合 GridView 控件、会话状态管理及存储过程的调用，实现购物车的功能。

知识引入

4.9　DataList 数据控件

视频精讲：

http://www.icourses.cn/jpk/changeforVideo.action?resId=392584&courseId=3803&firstShowFlag=43

DataList 控件用于任何可重复结构中的数据显示，允许每一行显示多条记录。DataList 控件使用模板显示内容，并通过多种布局方式来显示行，其灵活性比 GridView 控件高。

4.9.1　DataList 控件中显示数据

使用 DataList 控件可通过不同的布局来显示行，控制各个单元格的顺序、方向和列数，DataList 控件提供的布局选项如表 4-17 所示。

表 4-17　DataList 控件布局选项

布 局 选 项	说　　明
流布局	在流布局中，列表项在一行中呈现。通过属性 RepeatLayout 进行设置
表布局	在表布局中，列表项在 HTML 表中呈现。由于在表布局中可以设置表单元格属性，这就为开发人员提供了更多可用于指定列表项外观的选项。通过属性 RepeatLayout 进行设置
垂直布局和水平布局	指定控件包含多列时是按垂直排列还是水平排列。通过属性 RepeatDirection 进行设置
列数	用于指定每行显示几列。通过属性 RepeatColumns 进行设置

表 4-18 描述了 DataList 控件支持的模板定义，在这些模板中可以定义外观、添加 Web 控件、响应事件等。

表 4-18　DataList 控件模板

布 局 选 项	说　　明
ItemTemplate	项模板，显示项的内容和布局，对每一项重复使用
AlternatingItemTemplate	交替项模板，定义 DataList 控件中的交替行样式
EditItemTemplate	编辑项模板，定义列的编辑样式
HeaderTemplate	头模板，即表头部分要显示的内容，不可以进行数据绑定
FooterTemplate	脚模板，即脚注部分要显示的内容，不可以进行数据绑定
SeparatorTemplate	分隔模板，即每项之间呈现的元素。典型示例通常为直线（使用<hr/>标签）

案例演练　**例 4-14**：使用 DataList 控件显示商品信息。

使用 DataList 控件显示数据，主要的工作是编辑 DataList 控件的模板项，由于数据的重复都在 ItemTemplate 中，这里仅以配置项模板为例，步骤如下。

（1）在页面中添加 DataList 控件，在设计视图中右击智能提示按钮，如图 4-34 所示。并为该控件配置数据源，配置过程与 GridView 控件相似，不再赘述。这里选择商品表的所有数据作为数据源。

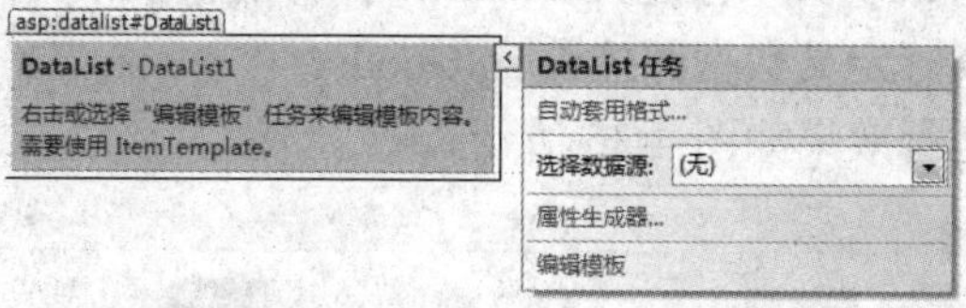

图 4-34　添加 DataList 控件

（2）选择图 4-34 中的"编辑模板"，在模板编辑项中设计商品的显示样式，配置完成后，页面关键代码如下。

```
01    <!--程序名称：4_14.aspx -->
02    <style type="text/css">
03        body{font-size:0.8em;}
04        a{text-decoration:none;}
05        .tb{width:200px;height:300px;   }
```

```
06          .tdrow{height:30px;vertical-align:top;text-align:center;}
07          .tdr{width:80px;padding:5px;}
08          .tdl{width:110px; padding:5px;}
09          .img{width:200px;height:200px;border:0;}
10      </style>
11      <!--配置 DataList 控件的代码-->
12      <asp:DataList ID="dlstGoods" runat="server" RepeatColumns="3"
13      DataSourceID="sqlGoods" DataKeyField="gdID">
14          <ItemTemplate>
15            <table class="tb">
16              <tr ><td colspan="2"> <a href="GoodsDetail.aspx?gdID=<%# Eval("gdID") %>">
17                <asp:Image ID="Image1" runat="server" Tooltip='<%# Eval("gdName") %>'
18                  cssClass="img" ImageUrl='<%# Eval("gdImage","images/goods/{0}") %>' /></a>
19              </td></tr>
20              <tr ><td colspan="2" class="tdrow">
21                <a href="GoodsDetail.aspx?gdID=<%# Eval("gdID") %>">
22                <asp:Label ID="lbl1" runat="server" Text='<%# Eval("gdName") %>'/></a>
23              </td></tr>
24              <tr><td class="tdl">价格：
25                <asp:Literal ID="lbl2" runat="server" Text='<%# Eval("gdPrice","{0:C}") %>' />
26                <td class="tdr">运费：
27                <asp:Literal ID="lt1" runat="server" Text='<%# Eval("gdFeight","{0:C}") %>' /></td>
28              </td></tr>
29              <tr><td class="tdl">已售： <asp:Literal ID="lt2" runat="server"
30                              Text='<%#Eval("gdSaleQty","{0}件")%>' /></td>
31                <td class="tdr">评价数：
32                <asp:Literal ID="lt3" runat="server" Text='<%# Eval("gdEvNum") %>' /></td></tr>
33            </table>
34          </ItemTemplate>
35      </asp:DataList>
36      <asp:SqlDataSource ID="sqlGoods" runat="server"
37          ConnectionString="Data Source=.;Initial Catalog=SMDB;Integrated Security=True"
38          ProviderName="System.Data.SqlClient" SelectCommand="SELECT * FROM [Goods]" >
39      </asp:SqlDataSource>
```

【代码解析】第 2～10 行定义样式表；第 12～13 行设置 DataList 控件的数据源，重复列的个数及关键字段；第 14～34 行定义 DataList 控件的模板项；第 15～33 行绑定数据到表格中显示；第 36～39 行定义数据源控件 sqlGoods。

（3）浏览页面，运行效果如图 4-35 所示。

图 4-35　DataList 控件显示商品效果

4.9.2　DataList 控件分页实现

视频精讲：

http://www.icourses.cn/jpk/changeforVideo.action?resId=392963&courseId=3803&firstShowFlag=43

当 DataList 中显示的记录较多时，页面上就需要分页显示，而 DataList 控件并不具有分页功能。GridView 控件内置分页功能是基于 PagedDataSource 类实现的，使用该类同样可以实现 DataList 控件的分页显示。PagedDataSource 类与分页相关的主要属性如下。

- AllowPaging：获取或设置是否启用分页的值。
- CurrentPageIndex：获取或设置当前页的索引。
- DataSourceCount：获取数据源中的项数。
- PageSize：获取或设置要在单页上显示的项数。

案例演练　例 4-15：DataList 控件实现数据分页显示。

利用 PagedDataSource 类实现对数据源控件的分页，实现步骤如下。

（1）在例 4-14 的页面下方添加两个标签用于显示当前页和总页数，添加两个 LinkButton 按钮分别显示上一页和下一页的命令按钮，页面代码如下。

```
01    <!--程序名称：4_14.aspx-->
02    <asp:Label ID="lblCurPage" runat="server" Text=" " />
03    <asp:Label ID="lblTotalPage" runat="server" Text=" " />
04    <asp:LinkButton ID="lbtnPre" runat="server" CommandName="Pre"
05                    OnCommand="LinkBtnClick">上一页</asp:LinkButton>
06    <asp:LinkButton ID="lbtnNext" runat="server" CommandName="Next"
07                    OnCommand="LinkBtnClick">下一页</asp:LinkButton>
```

【代码解析】第 4～5 行定义"上一页"按钮，CommandName 属性设为 Pre，命令处理为 LinkBtnClick 方法；第 6～7 行定义"下一页"按钮，CommandName 属性设为 Next，命令处理也为 LinkBtnClick 方法。

（2）创建 PagedDataSource 类的对象实例，并将分页后的数据源绑定到 DataList 控件，并利用状态视图存储当前页码实现分页，关键代码如下。

```
01    //程序名称：4_15.aspx.cs
02    //程序功能：DataList 分页显示商品信息
03    /// <summary>
04    /// DataList 分页数据绑定
05    /// </summary>
06    protected void DataListBind()
07    {
08        int PageNumer = 1;                              //初始页码为 1
09        if (ViewState["Page"] != null)                 //判断状态视图数据是否为空
10            PageNumer = Convert.ToInt16(ViewState["Page"]);
11        PagedDataSource pds = new PagedDataSource();    //创建 PagedDataSource 对象
```

```
12          pds.DataSource = sqlGoods.Select(DataSourceSelectArguments.Empty);
13          pds.AllowPaging = true;                        //允许分页
14          pds.PageSize = 3;                              //设置分页大小
15          if (PageNumer > pds.PageCount)
16              PageNumer = 1;
17          pds.CurrentPageIndex = PageNumer - 1;          //设置 pds 的当前页
18          dlstGoods.DataSourceID = null;
19          dlstGoods.DataSource = pds;                    //pds 对象作为 DataList 控件的数据源
20          dlstGoods.DataBind();
21          lblCurPage.Text = "第" + (pds.CurrentPageIndex + 1).ToString() + "页";
22          lblTotalPage.Text = "/共" + pds.PageCount.ToString() + "页";
23          ViewState["Page"] = PageNumer;
24          lbtnPre.Enabled = true;
25          lbtnNext.Enabled = true;
26          if (pds.IsFirstPage)
27              lbtnPre.Enabled = false;
28          if (pds.IsLastPage)
29              lbtnNext.Enabled = false;
30      }
31  protected void LinkBtnClick(object sender, CommandEventArgs e)
32  {
33          int curPage = Convert.ToInt16(ViewState["Page"]);
34          if (e.CommandName == "Pre")
35              ViewState["Page"] = curPage - 1;
36          if (e.CommandName == "Next")
37              ViewState["Page"] = curPage + 1;
38          DataListBind();
39  }
```

【代码解析】第 12 行将数据源控件 sqlGoods 的查询结果集作为 PagedDataSource 对象实例的数据源；第 21～22 行显示当前页和总页数的标签；第 23 行保存当前页到状态视图；第 26～27 行判断是否为第一页，若是则禁用"上一页"按钮；第 34～37 行判断单击的是"上一页"还是"下一页"按钮，修改当前页的值，并保存到状态视图中；第 38 行重新绑定数据到 DataList 控件。

（3）浏览页面，运行效果如图 4-36 所示。

图 4-36 DataList 控件数据分页效果

任务实施

视频精讲：

http://www.icourses.cn/jpk/changeforVideo.action?resId=393342&courseId=3803&firstShowFlag=43

http://www.icourses.cn/jpk/changeforVideo.action?resId=394396&courseId=3803&firstShowFlag=43

步骤 1. 还原数据库备份，备份文件位于"资源\代码\Chapter4Demo\SMDB.bak"路径中。

步骤 2. 新建一个 ASP.NET 空网站，命名为 ShoppingCartDemo，添加 Web 窗体，命名为 GoodsList.aspx 用作商品展示页；添加名为 Login.aspx 的 Web 窗体，用作会员身份验证，添加名为 ShoppingCar.aspx 的 Web 窗体，用作购物车管理页。

步骤 3. 为网站设计主题风格。新建默认主题 default，编写页面的样式文件 css.css，并将该文件存放在默认主题文件夹下，样式文件代码定义如下。

```
01   //程序名称：css.css
02   body{margin: 0 auto;font-size:0.8em;text-align:center;}
03   a{text-decoration:none;}    .noborder{border:0;}
04   .content{width:90%;margin-left:50px;margin-top:20px;text-align:left;}
05   .tb_content { border-width:0px; border-collapse:collapse; width: 80%; text-align:center; }
06   .tb{width:200px;height:300px;    }
07   .tdrow{height:30px;vertical-align:top;}
08   .tdr{width:85px;padding:5px;text-align:left;}
09   .tdl{width:105px;padding:5px;text-align:left;}
10   .center{line-height:20px;padding:8px;border-width:0px;}
11   .name{width:300px; line-height:20px;font-size:1.2em;padding:8px;text-align:left;border-width:0px;}
12   .img{width:200px;height:200px;border:0;}
13   .color{color:#ff4400;font-size:1.4em;}
14   .hstyle{line-height:30px;text-align:center;background-color:#e2f2ff; }
15   .fstyle{line-height:20px;text-align:center;background-color:#eeeeee; }
```

【代码解析】 第 2 行设置页面上字体显示的大小；第 3～15 行设置站点中各页面元素的对齐方式、边距、行高、颜色等属性。

步骤 4. 在 GoodsList.aspx 添加 DataList 控件，参照例 4-14 进行布局。编辑 DataList 的 ItemTemplate 模板，添加一个 ImageButton 按钮，其 CommandName 属性为 addShop，用于将商品添加到会员购物车，如图 4-37 所示。

数据呈现和分页方法参照例 4-15 完成。

步骤 5. 在 Login.aspx 页中添加 TextBox 控件和 Button 控件，按表 4-19 所示设置各控件相应的属性。

表 4-19　Login.aspx 页主要控件属性设置

控件 ID	控 件 类 型	属 性 名	属 性 值
txtUName	TextBox		
txtUPwd	TextBox	TextMode	Password
btnLogin	Button	Text	登录

图 4-37　商品展示效果图

步骤 6. 为 Login.aspx 页中的 btnLogin 按钮添加事件，当会员登录成功后，先判断该会员是否已经拥有购物车，若没有则为该会员创建购物车，并将购物车 ID、会员 ID 和会员名称写入 Session。

（1）编写存储过程 upGetUidByName，根据会员名称和密码获取会员 ID。

```
01   //程序功能：根据会员名称和密码获取会员 ID
02   create proc upGetUidByName
03   (@uName varchar(30), @uPwd varchar(30))
04   as
05   begin
06       select uID from users where uName=@uName and uPwd=@uPwd
07   end
```

【代码解析】第 6 行根据条件查询会员 ID（uID）的值。

（2）编写存储过程 upGetScidByUid，根据会员 ID 获取该会员的购物车，若会员的购物车不存在，则为该会员创建购物车。

```
01   //程序功能：根据会员 ID 获取会员购物车 ID
02   create proc upGetScidByUid
03   (@uID int)
04   as
05   begin
06       if exists(select * from scar where uID=@uID)
07           select scID from scar where uID=@uID
08       else
09       begin
10           insert into scar values(@uID,default)
11           select @@identity
12       end
13   end
```

【代码解析】第 6 行判断指定会员 ID 的购物车信息是否存在；第 7 行查询购物车 ID；第 10 行创建购物车；第 11 行查询新建购物车的 ID 值。

（3）编写获取会员 ID 的方法。

```
01    //程序名称：Login.aspx.cs
02    //程序功能：会员身份验证，并获取会员购物车
03    /// <summary>
04    ///  获取会员 ID
05    /// </summary>
06    protected int getUserIdByName(string uName,string uPwd)
07    {    int uID=0;
08         string connstr = ConfigurationManager.ConnectionStrings["smdb"].ConnectionString;
09         using(SqlConnection conn = new SqlConnection(connstr))
10         {
11              conn.Open();
12              SqlCommand cmd = new SqlCommand("upGetUidByName",conn);
13              cmd.CommandType = CommandType.StoredProcedure;
14              SqlParameter[] ps = new SqlParameter[]{
15                        new SqlParameter("@uName",txtUName.Text),
16                        new SqlParameter("@uPwd",txtUPwd.Text)};
17              cmd.Parameters.AddRange(ps);
18              uID=(int)cmd.ExecuteScalar();
19         }
20         return uID;
21    }
```

【代码解析】第 13～17 行设置命令类型和参数；第 19 行执行命令；第 20 行返回会员 ID。

（4）编写获取会员购物车 ID 的方法。

```
22    protected int getCarIdByUid(int uID)
23    {
24         int scID=0;
25         string connstr = ConfigurationManager.ConnectionStrings["smdb"].ConnectionString;
26         using(SqlConnection conn = new SqlConnection(connstr))
27         {
28              conn.Open();
29              SqlCommand cmd = new SqlCommand("upGetScidByUid",conn);
30              cmd.CommandType = CommandType.StoredProcedure;
31              SqlParameter ps = new SqlParameter("@uID",uID);
32              cmd.Parameters.Add(ps);
33              scID=(int)cmd.ExecuteScalar();
34         }
35         return scID;
36    }
```

【代码解析】第 29 行创建命令；第 30～32 行设置命令类型和参数；第 33 行执行命令；第 35 行返回会员购物车 ID。

学习提示：实际开发中，通常会将 ADO.NET 对数据操作的类和对象封装在一个类库，以
简化重复书写 SqlConnection、SqlCommand 或 SqlDataReader 等对象。SQLHelper
类是微软官方提供的基于.NET Framework 的数据操作组件，使用 SQLHelper 只

需要传入 T-SQL 语句及参数，就可以轻松访问数据库。当然，开发人员也可以根据需要编写自己的 SQLHelp 类，项目 10 中定义的 SqlUtil.cs 类就是典型的公共数据访问类。

（5）编写"登录"按钮单击事件。

```
37    protected void btnLogin_Click(object sender, EventArgs e)
38    {
39        string uName=txtUName.Text;
40        string uPwd=txtUPwd.Text;
41        int uID=getUserIdByName(uName,uPwd);
42        if(uID!=0)
43        {
44            Session["uName"]=uName;
45            Session["uID"]=uID;
46            Session["scID"]=getCarIdByUid(uID);
47            ClientScript.RegisterStartupScript(GetType(),"",
48                "<script>alert('登录成功！');location.href='GoodsList.aspx';</script>");
49        }else {
50            ClientScript.RegisterStartupScript(GetType(),"",
51                "<script>alert('用户名和密码不正确！')</script>");
52    }    }
```

【代码解析】第 41 行调用 getUserIdByName 方法，获取会员 ID；第 46 行调用 getCarIdByUid 方法，获取会员购物车 ID 并写入 Session。

步骤 7. 为 GoodsList.aspx 页的 DataList 控件添加 ItemCommand 事件，判断是否单击了"加入购物车"按钮，若是则将该商品添加到会员购物车中。

（1）编写向购物车中添加信息的存储过程。

```
01    //程序功能：添加商品到会员购物车。若该商品已存在，则修改其数量
02    create proc upAddGoodsToCar
03    (    @scID int ,@gdID int, @num int    )
04    as
05    begin
06        if exists(select * from scarinfo where scid=@scID and gdID=@gdID)
07            update scarinfo set scNum=scNum+@num where scid=@scID and gdID=@gdID
08        else
09            insert into scarinfo values(@scID,@gdID,@num)
10    end
```

【代码解析】第 7 行若商品已经在购物车中，则修改其数量；第 9 行若商品不在购物车中，则向购物车中插入一条记录。

（2）编写 DataList 控件的 ItemCommand 事件。

```
01    //程序名称：GoodsList.aspx.cs
02    //程序功能：商品显示，并将商品添加到购物车
03    protected void dlstGoods_ItemCommand(object source, DataListCommandEventArgs e)
04    {    if (Session["uID"] != null && e.CommandName == "addShop")
```

```
05              {
06                  int gdID = Convert.ToInt32(dlstGoods.DataKeys[e.Item.ItemIndex]);
07                  string str = ConfigurationManager.ConnectionStrings["smdb"].ConnectionString;
08                  using (SqlConnection conn = new SqlConnection(str))
09                  {
10                      conn.Open();
11                      SqlCommand cmd = new SqlCommand("upAddGoodsToCar", conn);
12                      cmd.CommandType = CommandType.StoredProcedure;
13                      SqlParameter[] ps = { new SqlParameter("@scID",Session["scID"]),
14                          new SqlParameter("@gdID",gdID),
15                          new SqlParameter("@num",1)};
16                      cmd.Parameters.AddRange(ps);
17                      cmd.ExecuteNonQuery();
18                  } }
19              else
20                  ClientScript.RegisterStartupScript(GetType(),"",
21                  "<script>alert('请先登录');location.href='Login.aspx';</script>");
22      }
```

【代码解析】第 4 行判断会员是否登录，且是否已单击"加入购物车"按钮；第 6 行获取 GridView 控件的关键字段；第 11～17 行创建命令并添加参数，实现向购物车中插入记录。

（3）在 Page_Load 事件中编写如下代码。

```
23  protected void Page_Load(object sender, EventArgs e)
24  {
25      ltCurUser.Text = "当前用户：游客";
26      if (Session["uName"] != null)
27          ltCurUser.Text = "当前用户："+Session["uName"];
28      if (!IsPostBack)
29          DataListBind();
30  }
```

【代码解析】第 25 行会员未登录时，显示当前用户为游客；第 27 行显示当前用户为登录会员；第 29 行调用例 4-15 中的数据绑定方法。

步骤 8. 在 ShoppingCar.aspx 页中添加 GridView 控件，用来展示会员购物车中的信息，并配置该控件的数据源。

（1）编写存储过程 upGetInfoByScid，用于读取指定会员的购物车信息。

```
01  //程序功能：读取指定会员的购物车信息
02  create proc upGetInfoByScid
03  (@scID int)
04  as
05  begin
06      select sciID,a.gdID,gdName,gdImage,gdPrice,scNum,gdPrice*scNum as scSum
07      from scarinfo a join goods b on a.gdid=b.gdid where scid=@scID
08  end
```

【代码解析】第 6～7 行根据会员 ID 查询购物车相关信息，其中 scSum 为计算列，其值为价格和数量之积。

（2）编写存储过程 upDelScarInfoBySciID，删除购物车中的指定信息。

```
01    //程序功能：根据购物车信息 ID，删除购物车中的指定信息
02    create proc upDelScarInfoBySciID
03    (@sciID int)
04    as
05    begin
06        delete from ScarInfo where sciID=@sciID
07    end
```

【代码解析】第 6 行根据购物车信息 ID，删除 ScarInfo 信息表中的记录。

（3）编写存储过程 upUpdateNumBySciID，更新购物车中商品的购买数量。

```
01    //程序功能：根据购物车信息 ID，更新购物车中商品的购买数量
02    create proc upUpdateNumBySciID
03    (@sciID int,@scNum int)
04    as
05    begin
06        if(@scNum>0)
07            update SCarInfo  set scNum=@scNum where sciID=@sciID
08    end
```

【代码解析】第 6～7 行当输入的数量大于 0 时，更新购物车中指定商品的数量。

（4）编写存储过程 upClearCarByScid，根据购物车 ID 清除购物车。

```
01    //程序功能：根据会员 ID，清除购物车
02    create proc upClearCarByScid
03    (@scID int)
04    as
05    begin
06        delete from SCarInfo where scID=@scID
07    end
```

【代码解析】第 6 行删除 ScarInfo 表中，指定购物车 ID 的所有信息。

（5）配置数据源。

```
01    <!--程序名称：ShoppinCar.aspx-->
02    <asp:SqlDataSource ID="sqlGoods" runat="server"
03    ConnectionString="<%$ ConnectionStrings:smdb %>"    ProviderName="System.Data.SqlClient"
04        SelectCommand="upGetInfoByScid" SelectCommandType="StoredProcedure"
05        DeleteCommand="upDelScarInfoBySciID" DeleteCommandType="StoredProcedure"
06        UpdateCommand="upUpdateNumBySciID" UpdateCommandType="StoredProcedure">
07        <SelectParameters>
08            <asp:SessionParameter Name="scID" SessionField="scID" Type="Int32" />
09        </SelectParameters>
10        <UpdateParameters>
11            <asp:Parameter Name="scNum" Type="Int32" />
```

```
12              </UpdateParameters>
13         </asp:SqlDataSource>
```

【代码解析】第 4～6 行分别设置查询、删除和更新命令，命令类型均为存储过程，第 7～8 行设置查询参数，来源于 Session；第 10～11 行设置更新参数。

学习提示：当数据源控件的 DeleteCommand 和 UpdateCommand 命令类型设置为 Stored Procedure 时，命令参数集只需提供非主关键字段。如 upDelScarInfoBySciID 和 upUpdateNumBySciID 都不需为命令提供主键 sciID 的值。

（6）配置 GridView 控件，用于显示指定会员的购物车信息。GridView 控件的页面代码配置如下。

```
14    <asp:GridView ID="grdGoods" runat="server" AutoGenerateColumns="False" BorderStyle="None"
15    DataKeyNames="sciID" DataSourceID="sqlGoods" CssClass="tb_content" GridLines="None"
16        PageSize="3" onrowdatabound="grdGoods_RowDataBound" ShowFooter="True" >
17    <HeaderStyle CssClass="hstyle" />
18    <FooterStyle CssClass="fstyle" />
19    <Columns>
20      <asp:TemplateField >
21        <ItemTemplate>
22            <asp:CheckBox ID="chkSelect" runat="server" Checked="true" AutoPostBack="true" />
23        </ItemTemplate>
24        <FooterTemplate>
25            <asp:LinkButton ID="lbtnSelectAll" runat="server" onclick="lbtnSelectAll_Click"
26                            Text="取消全选" />
27        </FooterTemplate>
28        <ItemStyle CssClass="center"></ItemStyle>
29      </asp:TemplateField>
30      <asp:TemplateField HeaderText="宝贝">
31        <ItemTemplate>
32            <a href='<%#Eval("gdID","GoodsDetails.aspx?gdid={0}") %>'>    CssClass="noborder"
33            <asp:Image ID="img1" runat="server"
34                    ImageUrl='<%# Eval("gdImage", "images/goods/l{0}") %>' /></a>
35        </ItemTemplate>
36        <FooterTemplate>
37            <a href="GoodsList.aspx">继续挑选商品</a>
38        </FooterTemplate> <ItemStyle CssClass="center" />
39      </asp:TemplateField>
40      <asp:TemplateField HeaderText="名称">
41        <ItemTemplate>
42            <asp:HyperLink ID="hlkName" runat="server"
43                    NavigateUrl='<%# Eval("gdID", "GoodsDetails.aspx?gdid={0}") %>'
44                    Text='<%# Eval("gdName") %>'   />
45        </ItemTemplate>
46        <FooterTemplate>
47            <asp:LinkButton ID="lbtnClear" runat="server" Text="清空购物车"
48                            OnClick="lbtnClear_Click"  />
49        </FooterTemplate> <ItemStyle CssClass="name" />
```

```
50        </asp:TemplateField>
51        <asp:BoundField DataField="gdPrice" ItemStyle-CssClass="center"
52            DataFormatString="{0:C}" HeaderText="单价(元)">
53            <ItemStyle CssClass="center"></ItemStyle></asp:BoundField>
54        <asp:TemplateField ItemStyle-CssClass="center" HeaderText="数量">
55            <ItemTemplate>
56            <asp:TextBox ID="txtNum" runat="server" Width="20px" Text='<%#Bind("scNum") %>' />
57            <asp:ImageButton ID="ibtnUpdate" runat="server" CausesValidation="False"
58                ImageUrl="images/icon/edit.png" ToolTip="单击更新数量" CommandName="Update"
59                Text="更新" OnClientClick="return confirm('确定要修改该商品购买数量？');" />
60            </ItemTemplate>
61            <FooterTemplate><asp:Literal ID="ltlTotal" runat="server" Text="商品总价：" />
62            </FooterTemplate><ItemStyle CssClass="center"></ItemStyle>
63        </asp:TemplateField>
64        <asp:TemplateField ItemStyle-CssClass="center" HeaderText="小计(元)">
65            <ItemTemplate>
66                <asp:Literal ID="ltlSum" runat="server" Text='<%#Eval("scSum","{0:f}")%>' />
67            </ItemTemplate><ItemStyle CssClass="center"></ItemStyle>
68        </asp:TemplateField>
69        <asp:TemplateField ShowHeader="False">
70            <ItemTemplate>
71                <asp:LinkButton ID="lbtnDel" runat="server" CausesValidation="False"
72                    CommandName="Delete" Text="删除"
73                    OnClientClick="return confirm('确定要从购物车中删除该商品？');" />
74            </ItemTemplate>
75            <FooterTemplate>
76                <a href="Order.aspx"> <asp:Image ID="imagComp" runat="server"
77                    ImageUrl="images/icon/comp.jpg" CssClass="noborder" /></a>
78            </FooterTemplate>    <ItemStyle CssClass="center" />
79        </asp:TemplateField>
80        </Columns>
81        <AlternatingRowStyle BackColor="#e2f2ff" />
82        <EmptyDataTemplate>
83            <span style="font-size:12pt; "> 购物车内没有放置任何商品!</span>
84        </EmptyDataTemplate>
85    </asp:GridView>
```

【代码解析】第 14～16 行 设 置 GridView 控 件 grdGoods 的 相 关 参 数，其 中 DataKeyNames 属性设置该控件的关键字段值为 sciID，GridLines 属性为 None 表示不显示 网格，ShowFooter 为 True 表示在该控件中显示页脚；第 19～80 行设置 grdGoods 控件中的 列，共 7 列；第 20～29 行定义了表格的第 1 列，其中项内容为 CheckBox 控件 chkSelect， 页脚为 LinkButton 控件 lbtnSelectAll，第 28 行定义了项内容显示的样式；第 30～39 行定义 表格的第 2 列，其中项内容为带超链接的图片控件，用于显示商品图片，当单击图片时跳 转到 GoodsDetails.aspx 页，页脚为超链接"继续挑选商品"跳转至 GoodsList.aspx 页；第 40～50 行定义了第 3 列,其中项内容为超链接绑定商品名称并跳转至 GoodsDetails.aspx 页， 页脚为"清空购物车"按钮，响应的单击事件为 lbtnClear_Click；第 54～63 行定义了表格 的第 5 列，其中项内容由文本框控件和图片按钮控件组成；文本框控件绑定购买商品的数据，图片按钮控件的 CommandName 属性为 Update，当单击图片时，将新的数量更新至数据库，页脚显示标签对象"商品总价"；第 64～68 行定义第 6 列，绑定商品价格小计，其值为"单价*数量"；第 69～79 行定义表格第 7 列，项内容为图片按钮，其 CommandName值为 Delete，单击该按钮提示是否删除购物车中的相应信息，页脚为图片超链接，单击该链接跳转到 Order.aspx 页进行订单处理；第 81 行设置交替行的样式；第 82～84 行设置数据源为空时的显示内容。

步骤 9. 为 ShoppingCar.aspx 页中的相关控件添加事件处理代码如下，实现商品价格汇总和清空购物车功能。

```
01  //程序名称：ShoppinCar.aspx.cs
02  //程序功能：实现购物车的数据清空及商品价格汇总
03  double sum = 0;                              //定义价格汇总变量
04  protected void Page_Load(object sender, EventArgs e)
05  {
06      if (Session["uName"] != null)
07          ltCurUser.Text = "当前用户：" + Session["uName"];
08      else
09          ClientScript.RegisterStartupScript(GetType(), "",
10              "<script>alert('请先登录！');location.href='Login.aspx';</script>");
11  }
12  /// <summary>
13  /// GridView 控件的行绑定事件，求购物车中商品价格汇总
14  /// </summary>
15  protected void grdGoods_RowDataBound(object sender, GridViewRowEventArgs e)
16  {
17      if (e.Row.RowType == DataControlRowType.DataRow)
18      {
19          Literal ltl= (Literal)e.Row.FindControl("ltlSum");
20          string strSum=ltl.Text;
21          if (!string.IsNullOrEmpty(strSum))
22              sum += Convert.ToDouble(strSum);
23      }
24      else if (e.Row.RowType == DataControlRowType.Footer)
25      {
26          e.Row.Cells[5].Text = String.Format("{0:C}", sum);
27          ((LinkButton)e.Row.FindControl("lbtnClear")).Attributes.Add("onClick",
28              "javascript:return confirm('确定清空购物车？');");
29      }   }
30  /// <summary>
31  /// 清空购物车
32  /// </summary>
33  protected void lbtnClear_Click(object sender, EventArgs e)
34  {
35      string str = ConfigurationManager.ConnectionStrings["smdb"].ConnectionString;
36      using (SqlConnection conn = new SqlConnection(str))
37      {
38          conn.Open();
```

```
39          SqlCommand cmd = new SqlCommand("upClearCarByScid", conn);
40          cmd.CommandType = CommandType.StoredProcedure;
41          SqlParameter p = new SqlParameter("@scID",Session["scID"]) ;
42          cmd.Parameters.Add (p);
43          cmd.ExecuteNonQuery();
44      }
45      Response.Redirect(Request.Path);
46  }
```

【代码解析】第 17 行判断当前绑定的行是否为数据行；第 19 行在当前行中查找 ID 为 ltlSum 的控件；第 21 行判断变量 strSum 是否为空；第 24 行判断当前绑定的行是否为页脚行；第 26 行将变量 sum 按格式输出在 grdGoods 网格的第 6 列页脚中；第 27～28 行为页脚 ID 为 lbtnClear 控件添加客户端单击事件；第 39～43 行创建命令，执行存储过程 upClearCarByScid，清空购物车；第 45 行重新请求当前页。

步骤 10．在浏览器中浏览 Login.aspx 登录页面，输入用户名 admin，密码为 admin，效果如图 4-38 所示，单击"登录"按钮，进入商品展示页面，如图 4-39 所示。

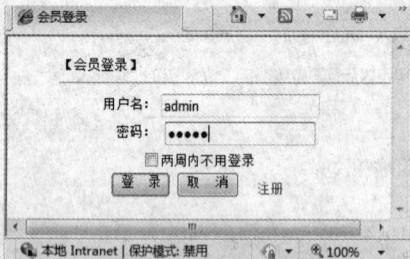

图 4-38 登录页面效果图

图 4-39 商品展示页面效果图

步骤 11．单击商品展示页中"购物车"按钮，打开当前会员的购物车页面，如图 4-40 所示。

图 4-40 购物车页面效果

项 目 小 结

本项目通过 B2C 网上商城系统中的用户验证、商品查询、商品管理和购物车的实现 4 个典型任务,详细介绍使用 ADO.NET 技术访问数据库的原理和方法。具体描述了 ADO.NET 对象模型中 Connection 对象、Command 对象、DataReader 对象、DataAdapter 对象和 DataSet 对象的作用及使用方法。通过案例讲解阐述了连接式数据访问模式和断开式数据访问模式的异同;通过数据绑定技术的介绍,结合 DataSource 数据源控件、GridView 和 DataList 数据控件的使用,减少了编码工作量,有效地实现数据的呈现,提高了数据访问的开发效率;同时,通过具体实例演示了 ADO.NET 调用存储过程的方法,减少了应用程序与数据库服务器之间的通信量,提高了数据访问的安全性和应用程序的可维护性。

本项目 IT 企业常见面试题

1. ADO.NET 中的核对对象有哪些?请分别描述。
2. ADO.NET 支持哪几种数据源?
3. 应用程序与数据库的访问需要几个步骤?
4. 一个连接字符串可以包含哪些属性?
5. DataAdapter 和 DataReader 有何不同?
6. 什么叫做 SQL 注入,如何防止?请举例说明。
7. 简述 Eval 和 Bind 的功能和实现机制。

项 目 实 训

实训任务:
在 B2CSite 网站中操作和使用数据库。

实训目的:
1. 会使用 ADO.NET 的核心对象访问数据库。
2. 会使用 GridView、DataList 等控件显示数据。
3. 会编写存储过程,实现数据访问。

实训内容:
1. 参照案例,为 B2CSite 网站添加商品展示、商品管理、商品查询和购物车功能。
2. 为 B2CSite 网站添加商品详细页 GoodsDetails.aspx,用于呈现商品的详细信息,包括商品名称、图片、价格、运费、库存量、销售量、供货地和商品描述等内容。
3. 为 B2CSite 网站添加订单处理功能,在该网站中添加订单处理页 Order.aspx 和订单详细页 OrderDetails.aspx 页。单击购物车 ShoppingCar.aspx 页中"结算"超链接后,跳转至

Order.aspx 页确认所选购的商品，并填写付款方式、送货地址及电话，确认付款后，生成
订单，其中订单编号根据当前日期自动生成；会员登录后可以查看自己的订单和订单详细
信息。与订单处理相关的数据表设计如表 4-20 和表 4-21 所示。

表 4-20　订单表（Orders）

序号	列名	数据类型	长度	标识	键	允许空	默认值	说明
1	oID	int	4	是	主键	否		订单 ID
2	uID	int	4		外键	否		会员 ID
3	oCode	varchar	50			否		订单编号
4	oPayment	varchar	100			否		支付方式
5	oAddress	varchar	200			否		送货地址
6	oPhone	varchar	20			否		电话
7	oTotal	float	8			否	((0))	总价
8	oAddTime	Datatime	8			否	getdate()	订单时间

表 4-21　订单详情表（OrdersDetails）

序号	列名	数据类型	长度	标识	键	允许空	默认值	说明
1	odID	int	4	是	主键	否		详情 ID
2	oID	int	4		外键	否		订单 ID
3	gdID	int	4		外键	否		商品 ID
4	gdPrice	float	8			否	0	销售价格
5	oNum	int	4			否	0	数量

项目 5   使用 LINQ 实现数据访问

数据访问一直是大多数应用程序的一个非常重要的工作。为了使数据访问的编码变得简单、高效，软件开发领域不断推出新的数据访问框架和产品。LINQ 是微软推出的最新的数据访问技术，能够快速对大部分数据源进行访问和数据整合，LINQ 解决了复杂的数据应用中开发人员需要面对和解决的问题。本项目通过 B2C 网上商城的会员管理和留言板两个典型任务的实现，让读者深入了解 LINQ 对 Web 应用开发的重要性。

任务 1   会员管理功能实现

任务 2   留言板功能实现

任务 1   会员管理功能实现

任务场景

会员管理是大多数 Web 应用信息系统的基本组成，也是核心功能。实现会员管理功能是实现其他业务功能的前提和基础。会员管理主要是对使用本信息系统的会员基本资料的管理，包括增加、修改和删除会员资料。本任务通过掌握 LINQ 的基础知识，使用 LINQ To SQL 技术等，实现基本的会员管理功能。

知识引入

5.1   LINQ 基础

LINQ（Language Integrated Query）即语言集成查询，提供了一种跨各种数据源和数据格式使用数据的一致模型。在 LINQ 查询中，始终使用对象而非针对某种具体数据源的操作命令，可以使用相同的编码模式来查询和转换不同数据源中的数据。

5.1.1   LINQ 架构

自.NET 3.5 开始，LINQ 已成为编程语言的一部分，开发人员可以创建基于 LINQ 的应用程序。被查询的数据可以是 XML、数据库和对象等。LINQ 的基本架构如图 5-1 所示。

在 LINQ 框架中，处于最上方的是 LINQ 应用程序。LINQ 应用程序基于.NET 框架存在。LINQ 支持 C#、VB 等.NET 平台所支持的语言进行 LINQ 查询。在 LINQ 框架中还包括 LINQ Enabled Data Source 层，该层提供 LINQ 查询操作并能够提供数据访问和整合功能。另外，LINQ 能够查询不同的数据源的数据，包括 XML、Database 和 Object 等。

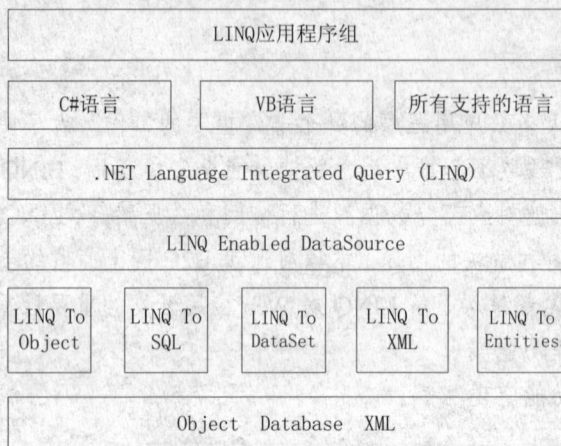

```
┌─────────────────────────────────────────────────┐
│                LINQ应用程序组                      │
└─────────────────────────────────────────────────┘
┌──────────┐  ┌──────────────┐  ┌────────────────┐
│  C#语言   │  │   VB语言      │  │  所有支持的语言  │
└──────────┘  └──────────────┘  └────────────────┘
┌─────────────────────────────────────────────────┐
│   .NET Language Integrated Query (LINQ)          │
└─────────────────────────────────────────────────┘
┌─────────────────────────────────────────────────┐
│          LINQ Enabled DataSource                 │
└─────────────────────────────────────────────────┘
┌────────┐ ┌────────┐ ┌────────┐ ┌────────┐ ┌────────┐
│LINQ To │ │LINQ To │ │LINQ To │ │LINQ To │ │LINQ To │
│Object  │ │SQL     │ │DataSet │ │XML     │ │Entities│
└────────┘ └────────┘ └────────┘ └────────┘ └────────┘
┌─────────────────────────────────────────────────┐
│          Object  Database  XML                   │
└─────────────────────────────────────────────────┘
```

图 5-1　LINQ 基本架构

LINQ 包括 5 个部分：LINQ To Object、LINQ To SQL、LINQ To DataSet、LINQ To Entities 和 LINQ To XML。在.NET 开发中，最常用的是 LINQ To SQL，即基于关系数据的.NET 语言集成查询，用于以对象形式管理关系数据，并提供丰富的查询功能。本节将在 5.2 节详细介绍 LINQ To SQL。

5.1.2　LINQ 语法

LINQ 不仅能够将复杂的查询应用简化成一个简单的查询语句，还支持编程语言本身的特性进行高效的数据访问和筛选。虽然 LINQ 在写法上和 SQL 语句十分相似，但 LINQ 语句在其查询语法上和 SQL 语句还是有出入的。

1. 隐式类型

使用 LINQ 进行查询时，很多时候无法判断某个查询返回的类型。为了解决这个问题，LINQ 引入了隐式类型，即使用关键字 var 声明隐式类型的局部变量。这样，既可以非常方便地表示 LINQ 的查询结果，又不需要考虑其查询结果的类型，代码如下所示。

```
var mylq = from g in Goods where g.gdPrice > 20 && g.gdPrice < 100 select g;
```

【代码解析】等号右边的代码为一个 LINQ 查询语句，左边使用 var 关键字声明一个局部变量 mylq 保存返回结果。

在使用 var 声明局部变量时，应该注意以下几点：

（1）在使用 var 关键字声明局部变量时必须被初始化。下面是错误代码示例。

```
01    var mylq;
```

```
02    mylq = 10;
```

【代码解析】用 var 声明变量 mylq 时没有初始化。

（2）使用 var 关键字只能用于申明局部变量。下面是错误代码示例。

```
01    class VarTest {
02        var name = "myname";
03    }
```

【代码解析】代码中错误地用 var 声明了类的成员变量 name。

（3）var 声明的变量与 object 类型变量完全不同。使用 object 类型声明的变量为弱类型变量，可以被赋予任何类型的值，而使用 var 声明的变量是强类型变量，变量在被初始化时必须确定其类型，且类型一旦确定不能更改。

2. LINQ 查询子句

LINQ 同 SQL 一样，不仅能执行查询操作，也能够实现指定条件的数据查询和数据排序等操作。这些操作需要使用 from、where、orderby 等关键字构造 LINQ 查询子句来完成，这些操作也是 LINQ 中最基本的操作。

（1）from 子句

from 子句是 LINQ 查询子句中最基本的也是最关键的子句，与 SQL 查询语句不同的是，from 关键字必须在 LINQ 查询子句的开始，用于指定查询的数据表。下面的代码返回商品表 Goods 中所有的商品名称。

```
var mylq = from g in Goods select g.gdName;
```

【代码解析】使用 var 定义了一个隐式类型的变量 mylq 保存获取的数据；from g in Goods 指定查询的数据表为商品信息表 Goods；select g.gdName 查询商品信息表 Goods 中所有商品名称 gdName，并返回变量 mylq。

（2）where 子句

在 SQL 查询语句中可以使用 where 子句进行数据筛选，LINQ 中同样包括 where 子句。where 子句位于 from 子句的后面，用于指定筛选的条件，即在 where 子句的代码段中必须返回布尔值才能进行数据源的筛选。下面的代码筛选出价格大于 100 元的商品。

```
var mylq = from g in Goods where g.gdPrice > 10004 select g;
```

【代码解析】where g.gdPrice > 100 指定筛选条件为价格 gdPrice>100。

（3）orderby 子句

在 SQL 查询语句中，常常需要对现有的数据元素进行排序，例如，按照会员的注册时间、商品的价格排序等，这样能够方便用户快速获取需要的信息。在 LINQ 中同样支持排序操作以提取用户需要的信息。例如，要按照商品的价格进行降序排序，代码如下。

```
var mylq = from g in Goods orderby g.gdPrice descending select g;
```

【代码解析】使用关键字 orderby 指定按照价格 gdPrice 进行降序排序。

学习提示：orderby 关键字进行排序时，默认是升序，加上 descending 表示降序。

5.2　LINQ To SQL

LINQ To SQL 是 LINQ 框架的核心组成之一，用于以对象形式处理关系型数据，并提供丰富的查询功能。在 LINQ To SQL 中，关系数据库的数据模型被映射到编程语言所表示的对象模型。当应用程序运行时，LINQ To SQL 会将对象模型中的 LINQ 查询转换成 SQL 查询，然后发送到数据库执行。当数据库返回结果时，LINQ To SQL 会将它们转换回编程语言处理的对象。使用 LINQ To SQL 进行数据访问的基本步骤如下：

（1）创建实体类文件。即创建一个 LINQ To SQL 类文件进行数据集封装。

（2）拖动数据表。即将数据表拖动到 LINQ To SQL 类文件中，进行数据表的可视化操作。

（3）使用实体类文件。即使用 LINQ To SQL 类文件提供的数据集封装进行数据操作。

使用 LINQ To SQL 类文件能够快速地创建一个 LINQ 到关系数据库的映射并进行数据集对象的封装，开发人员能够使用面向对象的方法进行数据操作并提供快速开发的解决方案。本节将以数据的查询、插入、更新和删除操作为例，具体介绍如何使用 LINQ To SQL 实现数据访问。

5.2.1　创建实体类

若要实现基于 LINQ To SQL 的应用程序，首先需要用现有的关系数据库的元数据创建对象模型，对象模型按照编程语言来表示数据库。Visual Studio 2010 中提供的 LINQ To SQL 实体类文件用于将现有数据抽象成对象。这样既符合面向对象的原则，同时也能减少代码，提升扩展性。创建一个 LINQ To SQL 实体类文件，直接将服务资源管理器中的相应表拖放到 LINQ To SQL 类文件的可视化窗口中即可。

案例
演练　**例 5-1**：创建 GoodsType 表的实体类文件。

（1）在 Visual Studio 解决方案资源管理器中，右击网站项目，在弹出的快捷菜单中选择"添加新项"命令，然后选择"LINQ To SQL 类"，命名为 GoodsType.dbml，如图 5-2 所示。

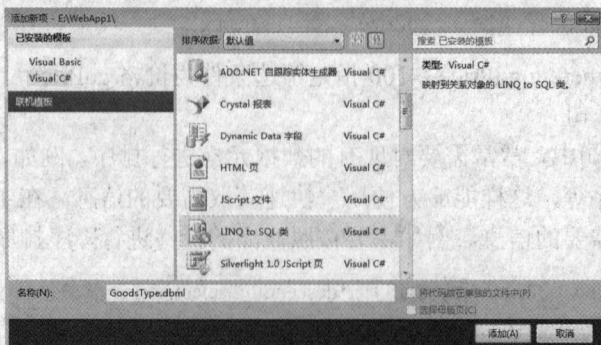

图 5-2　添加 LINQ To SQL 类

（2）在服务器资源管理器中创建一个指向 SMDB 数据库的数据连接，如图 5-3 所示。

（3）在新建的数据连接中找到表 GoodsType，并拖入到 GoodsType.dbml 的设计视图上，如图 5-4 所示。

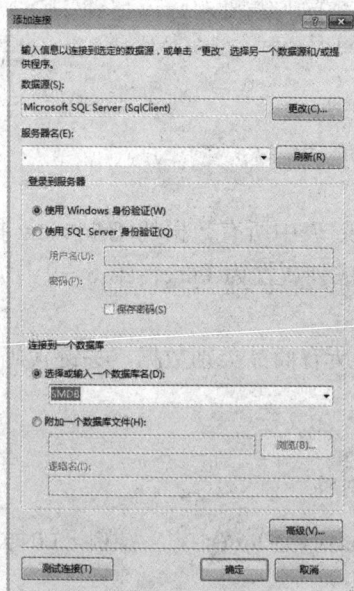

图 5-3　创建数据连接

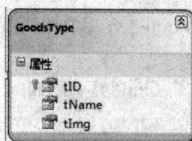

图 5-4　GoodsType 实体类

学习提示： 创建一个扩展名为.dbml 的 LINQ To SQL 文件，即创建了一个能够进行数据操作的类。类名由文件名和 DataContext 构成。例如，创建的文件名为 MyTable.dbml，则类名为 MyTableDataContext。

5.2.2　查询数据

LINQ To SQL 类文件创建完成后，可以使用 LINQ To SQL 对类文件中包含的表进行查询。查询之前必须实例化一个 LINQ To SQL 文件提供的类，如使用下面的代码实例化例 5-1 中所创建的 LINQ To SQL 文件中的类。

```
GoodsTypeDataContext lq = new GoodsTypeDataContext();
```

实例化后，可以使用该类提供的 LINQ To SQL 操作方法进行数据查询，查询得到的结果通常为数据库对应的实体类。

案例演练 例 5-2：使用 LINQ To SQL 查询 GoodsType 表中的数据。

（1）在例 5-1 所建网站项目中添加一个商品类别页面，页面上放置一个 GridView 控件，关键代码如下。

```
01  <!--程序文件：5_2.aspx-->
02  <!--程序功能：商品类别界面-->
03  <form id="form1" runat="server">
```

```
04      <div>
05        <asp:GridView ID="gvGoodsType" runat="server" DataKeyNames="tID"
06          AutoGenerateColumns="false">
07          <Columns>
08            <asp:BoundField DataField="tID" HeaderText="类别编号" />
09            <asp:BoundField DataField="tName" HeaderText="类别名称" />
10          </Columns>
11        </asp:GridView>
12      </div>
13    </form>
```

【代码解析】第 5～11 行定义显示 GoodsType 表中所有数据的 GridView 控件，并设置 GridView 控件的主键名称为 tID，设置自动生成列属性为 false；第 8～9 行定义每行记录显示表中 tID、tName 这两列的数据。

（2）在页面加载事件 Page_Load 中实现显示所有商品类别数据，关键代码如下。

```
01    //程序文件：5_2.aspx.cs
02    //程序功能：实现商品类别查询
03     protected void Page_Load(object sender, EventArgs e)
04     {
05        GoodsTypeDataContext lq = new GoodsTypeDataContext();      //实例化 LINQ 类
06        var mylq = from gt in lq.GoodsType select gt;              //查询数据
07        gvGoodsType.DataSource = mylq;                             //绑定到 GridView
08        gvGoodsType.DataBind();
09     }
```

浏览页面，其显示效果如图 5-5 所示。

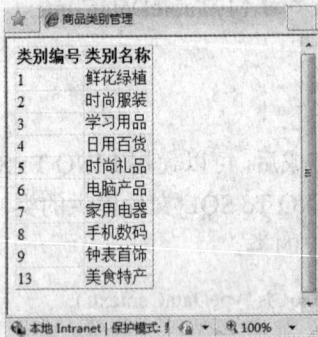

图 5-5 查询数据

5.2.3 插入数据

创建 LINQ To SQL 类文件之后，不仅能够使用该类提供的方法进行数据查询，还能进行数据插入、删除和修改操作。相对于 ADO.NET，使用 LINQ To SQL 进行数据操作更加简单方便。使用 LINQ To SQL 进行数据插入的步骤如下：

（1）创建一个包含各列数据的新对象。

（2）使用 InsertOnSubmit 方法将新对象添加到与数据库中的目标表关联的 LINQ To SQL Table 集合中。

（3）使用 SubmitChanges 方法将更改提交到服务器。

案例
演练   例 5-3：使用 LINQ To SQL 向 GoodsType 表中插入数据。

（1）在例 5-2 所建网站项目的"商品类别"页面中加入一个 Button 控件实现单击该控件插入数据，界面关键代码如下。

```
01  <!--程序文件：5_3.aspx-->
02  <!--程序功能：商品类别界面-->
03  <form id="form1" runat="server">
04    <div>
05      <asp:GridView ID="gvGoodsType" runat="server" DataKeyNames="tID"
06        AutoGenerateColumns="false">
07      <Columns>
08        <asp:BoundField DataField="tID" HeaderText="类别编号" />
09        <asp:BoundField DataField="tName" HeaderText="类别名称" />
10      </Columns>
11      </asp:GridView>
12      <br />
13      <asp:Button ID="btnAdd" runat="server" Text="插入数据" OnClick="btnAdd_Click" />
14    </div>
15  </form>
```

【代码解析】第 13 行增加实现数据插入的 Button 按钮控件，并设置其 ID 属性为 btnAdd，Text 属性为"插入数据"，并添加按钮单击事件。

（2）在按钮单击事件的处理方法中完成数据插入，其关键代码如下。

```
01  //程序文件：5_3.aspx.cs
02  //程序功能：实现商品类别插入
03  protected void btnAdd_Click(object sender, EventArgs e)
04  {
05    GoodsTypeDataContext lq = new GoodsTypeDataContext();    //实例化 LINQ 类
06    GoodsType gt = new GoodsType();                          //创建一个新对象
07    gt.tName = "尚居家饰";                                   //设置相应字段的值
08    lq.GoodsType.InsertOnSubmit(gt);                         //执行插入数据操作
09    lq.SubmitChanges();                                      //提交数据库
10    Response.Redirect("5_3.aspx");                           //重新定位到该页面
11  }
```

【代码解析】第 5～9 行使用 LINQ To SQL 向 GoodsType 表插入了一条新数据，新数据中只设置了 tName 字段为"尚居家饰"；第 10 行刷新该页面，将新插入的数据显示到 GridView 控件中。

浏览页面，单击"插入数据"按钮，运行效果如图 5-6 所示。

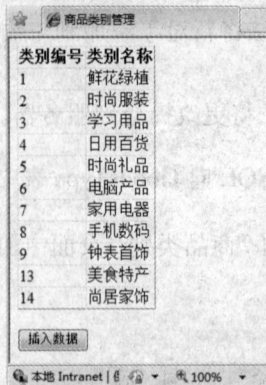

图 5-6　插入数据

5.2.4　更新数据

LINQ 对数据的更新也是非常简单的，执行数据更新的基本步骤如下所示。

（1）查询数据表中要更新的记录。

（2）对得到的 LINQ To SQL 对象中的成员值进行更改。

（3）使用 SubmitChanges 方法将更改提交到数据库。

> 案例演练　例 5-4：使用 LINQ To SQL 向 GoodsType 表中更新数据。

（1）在例 5-3 所建网站项目的商品类别页面中加入一个 Button 控件实现单击该控件更新数据，界面关键代码如下。

```
01  <!--程序文件：5_4.aspx-->
02  <!--程序功能：商品类别界面-->
03  <form id="form1" runat="server">
04    <div>
05      <asp:GridView ID="gvGoodsType" runat="server" DataKeyNames="tID
06      AutoGenerateColumns="false">
07        <Columns>
08          <asp:BoundField DataField="tID" HeaderText="类别编号" />
09          <asp:BoundField DataField="tName" HeaderText="类别名称" />
10        </Columns>
11      </asp:GridView>
12      <br />
13      <asp:Button ID="btnAdd" runat="server" Text="插入数据" OnClick="btnAdd_Click" /> 
14      <asp:Button ID="btnUpdate" runat="server" Text="更新数据" OnClick="btnUpdate_Click"/>
15    </div>
16  </form>
```

【代码解析】第 14 行增加实现数据更新的 Button 按钮控件，并设置其 ID 属性为 btnUpdate，Text 属性为"更新数据"，并添加按钮单击事件。

（2）在按钮单击事件的处理方法中完成数据更新，其关键代码如下。

```
01   //程序文件：5_4.aspx.cs
02   //程序功能：实现商品类别更新
03   protected void btnUpdate_Click(object sender, EventArgs e)
04   {
05       GoodsTypeDataContext lq = new GoodsTypeDataContext();        //实例化 LINQ 类
06       var types = from gt in lq.GoodsType
07                       where gt.tName == "尚居家饰"
08                       select gt;                              //查询名称为"尚居家饰"的记录
09       foreach (var type in types)                             //遍历集合
10       {
11           type.tName = "尚饰家居";                              //修改名称为"尚饰家居"
12       }
13       lq.SubmitChanges();                                     //提交数据库
14       Response.Redirect("5_4.aspx");                          //重新定位到该页面
15   }
```

【代码解析】 第 5～13 行使用 LINQ To SQL 查询 GoodsType 表中名称为"尚居家饰"的记录，将其名称修改为"尚饰家居"，并更新数据库。

学习提示： 使用 LINQ 进行查询之后会返回一个 IEnumerable 的集合。IEnumerable 是.NET 框架中最基本的集合访问器，可以使用 foreach 语句遍历集合元素。

浏览页面，单击"更新数据"按钮，运行效果如图 5-7 所示。

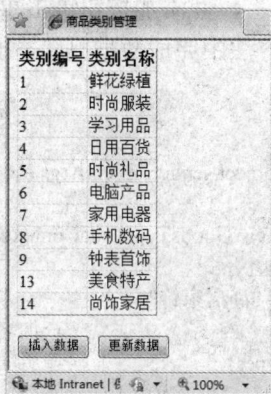

图 5-7　更新数据

5.2.5　删除数据

使用 LINQ 能够快速地删除记录，删除记录的基本步骤如下所示：

（1）查询数据库中需要删除的记录。

（2）使用 DeleteOnSubmit 方法删除查询到的记录。

案例演练　例 5-5：使用 LINQ To SQL 向 GoodsType 表中删除数据。

（1）在例 5-4 所建网站项目的商品类别页面中加入一个 Button 控件实现单击该控件删

除数据，界面关键代码如下。

```
01  <!--程序文件：5_5.aspx-->
02  <!--程序功能：商品类别界面-->
03  <form id="form1" runat="server">
04    <div>
05      <asp:GridView ID="gvGoodsType" runat="server" DataKeyNames="tID"
06        AutoGenerateColumns="false">
07        <Columns>
08          <asp:BoundField DataField="tID" HeaderText="类别编号" />
09          <asp:BoundField DataField="tName" HeaderText="类别名称" />
10        </Columns>
11      </asp:GridView>
12      <br />
13      <asp:Button ID="btnAdd" runat="server" Text="插入数据" OnClick="btnAdd_Click" />
14       
15      <asp:Button ID="btnUpdate" runat="server" Text="更新数据" OnClick="btnUpdate_Click"/>
16       
17      <asp:Button ID="btnDelete" runat="server" Text="删除数据" OnClick="btnDelete_Click"/>
18    </div>
19  </form>
```

【代码解析】第 17 行增加了实现数据删除的 Button 按钮控件，并设置其 ID 属性为
btnDelete，Text 属性为"删除数据"，并添加按钮单击事件。
（2）在按钮单击事件的处理方法中完成数据删除，其关键代码如下。

```
01  //程序文件：5_5.aspx.cs
02  //程序功能：实现商品类别删除
03  protected void btnDelete_Click(object sender, EventArgs e)
04  {
05    GoodsTypeDataContext lq = new GoodsTypeDataContext();        //实例化 LINQ 类
06    var types = from gt in lq.GoodsType
07              where gt.tName == "尚居家饰"
08              select gt;                              //查询名称为"尚居家饰"的记录
09    foreach (GoodsType type in types)                 //遍历集合
10    {
11      lq.GoodsType.DeleteOnSubmit(type);              //删除数据
12    }
13    lq.SubmitChanges();                               //提交数据库
14    Response.Redirect("5_5.aspx");                    //重新定位到该页面
15  }
```

【代码解析】第 5～12 行使用 LINQ To SQL 查询 GoodsType 表中名称为"尚居家饰"
的记录并删除；第 13 行将删除操作提交到数据库；第 14 行刷新该页面，将数据库中数据
显示到 GridView 控件中。
浏览页面，单击"删除数据"按钮，运行效果如图 5-8 所示。

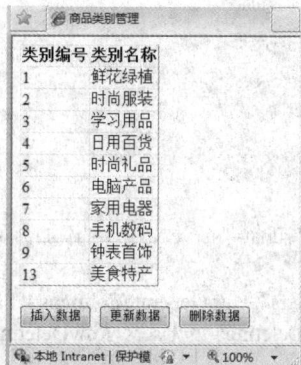

图 5-8 删除数据

任务实施

步骤 1． 还原数据库备份，备份文件位于"资源\代码\Chapter5Demo\SMDB.bak"路径中。

步骤 2． 新建一个 ASP.NET 空网站，命名为 UsersManagerDemo，添加 Web 窗体，命名为 UsersManager.aspx 用作会员管理页；添加名为 AddUsers.aspx 的 Web 窗体，用作添加会员页，添加名为 EditUsers.aspx 的 Web 窗体，用作修改会员页。

步骤 3． 为网站添加放置图片的文件夹 Images，在 Images 文件夹中添加放置头像图片的文件夹 userico，并从"资源\代码\Chapter5Demo\图片\"文件夹中复制所有的头像图片文件至 userico 文件夹中。

步骤 4． 为网站设计主题风格。新建默认主题 Default，编写页面样式文件 css.css 存放在默认主题文件夹下，并在 web.config 文件中配置应用该主题。样式文件代码定义如下。

```
01   /*程序名称：css.css*/
02   /* 程序功能：设置网站样式 */
03   #div1 {text-align:center;}
04   .tb_content td{height:35px;padding:0px;border-bottom-style: dashed;border-bottom-width: 1px;}
05   .tb_content{border-width:0px;border-collapse:collapse;width: 600px;text-align:left;}
06   .nobordertb td {border: 0;}
```

【代码解析】第 4 行设置表格中每个单元格的高度、距离及底部边框线的样式、宽度；第 5 行设置表格的边框线的样式和宽度及表格中文本的对齐方式；第 6 行设置表格中的 CheckBoxList 控件、RadioButtonList 控件不绘制边框线。

步骤 5． 添加名为 Users.dbml 的 LINQ To SQL 类文件，将服务器资源管理器中的 Users 表拖放到该文件的可视化窗口中，如图 5-9 所示。

步骤 6． 在 UsersManager.aspx 页中添加控件。在 UsersManager.aspx 中添加一个 Button 控件和一个 GridView 控件，设置控件属性，并为 GridView 控件添加列，页面采用流布局，页面关键代码如下所示。

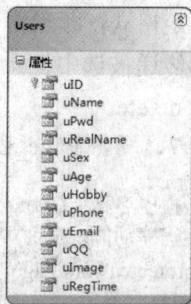

图 5-9 Users 实体类

```
01  <!--程序文件：UsersManager.aspx-->
02  <!--程序功能：会员管理界面-->
03  <form id="form1" runat="server">
04    <div>
05     [会员管理]
06     <hr />
07     <asp:Button ID="btnAdd" runat="server" Text="添加会员" OnClick="btnAdd_Click" />
08     <br /><br />
09     <asp:GridView ID="gvUsers" AutoGenerateColumns="False" DataKeyNames="uID"
10       runat="server" OnRowDeleting="gvUsers_RowDeleting" >
11       <Columns>
12         <asp:BoundField DataField="uID" HeaderText="编号" />
13         <asp:BoundField DataField="uName" HeaderText="用户名" />
14         <asp:BoundField DataField="uRealName" HeaderText="姓名" />
15         <asp:BoundField DataField="uSex" HeaderText="性别" />
16         <asp:BoundField DataField="uAge" HeaderText="年龄" />
17         <asp:BoundField DataField="uHobby" HeaderText="爱好" />
18         <asp:BoundField DataField="uRegTime" HeaderText="注册时间"
19           DataFormatString="{0:yyyy/MM/dd}" />
20         <asp:TemplateField>
21           <ItemTemplate>
22              <asp:HyperLink NavigateUrl='<%# Bind("uID","EditUsers.aspx?id={0}") %>'
23                 ID="hlinkEdit" runat="server" >编辑</asp:HyperLink>
24              <asp:LinkButton ID="lbtDelete" CommandName="delete" runat="server">删除
25                 </asp:LinkButton> 
26           </ItemTemplate>
27         </asp:TemplateField>
28       </Columns>
29     </asp:GridView>
30    </div>
31  </form>
```

【代码解析】第 9 行设置了 GridView 控件 gvUsers 的关键字列为 Uid；第 10 行设置 gvUsers 的 RowDeleting 事件；第 11～28 行定义 gvUsers 控件包含的列；第 19 行定义绑定列 uRegTime 的输出格式，即只显示日期，不显示时间；第 20～27 行定义模板列，模板中包含一个 HyperLink 控件和一个 LinkButton 控件；第 22 行定义 HyperLink 控件的 NavigateUrl 属性的绑定格式，即当单击该 HyperLink 控件时，跳转到 EditUsers.aspx 页面，并以查询字符串方式传递被选中记录的 uID 属性值；第 24 行定义 LinkButton 控件的 CommandName 属性值为 delete。

步骤 7. 编写 Page_Load 事件，实现页面加载时 GridView 中显示所有会员信息。

```
01  //程序名称：UsersManager.aspx.cs
02  //程序功能：页面加载时将 Users 表中的数据显示在 GridView 控件中
03  protected void Page_Load(object sender, EventArgs e)
04  {
05    UsersDataContext lq = new UsersDataContext();      //实例化 LINQ 类
06    var mylq = from gt in lq.Users select gt;          //查询数据
```

```
07      gvUsers.DataSource = mylq;                      //绑定到 GridView 控件
08      gvUsers.DataBind();
09    }
```

步骤 8. 浏览 UsersManager.aspx，运行效果如图 5-10 所示。

步骤 9. 编写"添加会员"按钮的单击事件，代码如下。

```
01    //程序名称：UsersManager.aspx.cs
02    //程序功能：单击"添加会员"按钮，页面跳转至 AddUsers.aspx 页
03    protected void btnAdd_Click(object sender, EventArgs e)
04    {      Response.Redirect("AddUsers.aspx");       }
```

步骤 10. 编写 GridView 控件的 RowDeleting 事件，实现删除会员信息，代码如下。

```
01    //程序名称：UsersManager.aspx.cs
02    //程序功能：删除会员信息
03    protected void gvUsers_RowDeleting(object sender, GridViewDeleteEventArgs e)
04    {
05        UsersDataContext lq = new UsersDataContext();//实例化 LINQ 类
06        var users = from gt in lq.Users
07                    where gt.uID == Convert.ToInt32(gvUsers.DataKeys[e.RowIndex].Value)
08                    select gt;
09        foreach (Users user in users)                //遍历集合
10            lq.Users.DeleteOnSubmit(user);           //删除数据
11        lq.SubmitChanges();                          //提交数据库
12        Response.Redirect("UsersManager.aspx");      //重新定位到该页面
13    }
```

【代码解析】第 6～8 行设置要删除的查询集合。

步骤 11. 在 AddUsers.aspx 页中添加控件，用于添加会员。在该页中添加 TextBox 控件、CheckBox 控件、RadioButtonList 控件、DropDownList 控件和 Button 控件，页面采用表格布局，设计效果如图 5-11 所示。

图 5-10   显示会员信息

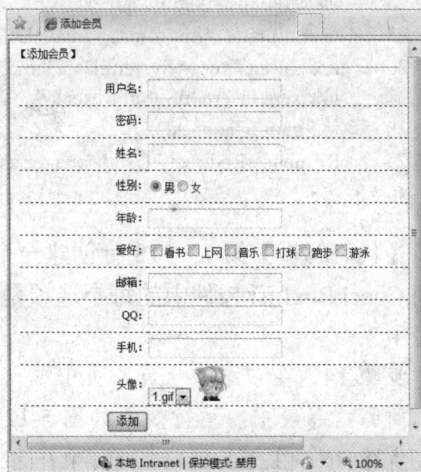

图 5-11   添加会员信息

步骤 12. 设置图 5-11 中的下拉列表控件的 AutoPostBack 属性值为 true，并添加选项改变事件，实现更换不同的头像，代码如下。

```
01  //程序名称：AddUsers.aspx.cs
02  //程序功能：更换头像
03  protected void ddluImage_SelectedIndexChanged(object sender, EventArgs e)
04  {
05    imguImage.ImageUrl = imguImage.ImageUrl.Substring(0,
06      imguImage.ImageUrl.LastIndexOf("/") + 1) + ddluImage.SelectedValue;
07  }
```

【代码解析】 第 5～6 行设置图片的 ImageUrl 地址，该地址由 SubString 方法和 LastIndexOf 方法截取了 Image 控件原图片路径中和下拉列表框选中的项。

步骤 13. 为图 5-11 中的"添加"按钮编写单击事件。

```
08  //程序名称：AddUsers.aspx.cs
09  //程序功能：添加会员
10  protected void butAdd_Click(object sender, EventArgs e)
11  {
12    UsersDataContext lq = new UsersDataContext();          //实例化 LINQ 类
13    Users user = new Users();                              //创建一个新对象
14    user.uName = txtuName.Text;
15    user.uPwd = txtuPwd.Text;
16    user.uRealName = txtuRealName.Text;
17    user.uSex = rbluSex.SelectedValue;
18    user.uAge = Convert.ToInt16(txtuAge.Text);
19    for (int i = 0; i < cbluHobby.Items.Count; i++)
20      if (cbluHobby.Items[i].Selected)
21        user.uHobby += cbluHobby.Items[i].Value;
22    user.uEmail = txtuEmail.Text;
23    user.uQQ = txtuQQ.Text;
24    user.uPhone = txtuPwd.Text;
25    user.uImage = imguImage.ImageUrl.Substring(imguImage.ImageUrl.LastIndexOf("/") + 1);
26    user.uRegTime = System.DateTime.Now;
27    lq.Users.InsertOnSubmit(user);                         //执行插入数据操作
28    lq.SubmitChanges();                                    //提交数据库
29    Response.Redirect("UserManager.aspx");                 //重新定位到会员管理页
30  }
```

【代码解析】 第 13～18 行创建一个新的对象并为相应的字段赋值；第 19～21 行循环判断 CheckBoxList 控件中的每个选项是否被选中，如果被选中则将该项的值加入到 uHobby 字段中。

步骤 14. 在"添加会员"页中填入会员信息，单击"添加"按钮，会员信息将成功添加到商品信息表中。运行效果如图 5-12 和图 5-13 所示。

步骤 15. 在 EditUsers.aspx 页中添加控件，用于修改会员。该页的设计与添加会员页基本相同。要修改指定会员，首先要将该会员信息读取到页面控件中，再进行编辑操作。

图 5-12   添加会员信息

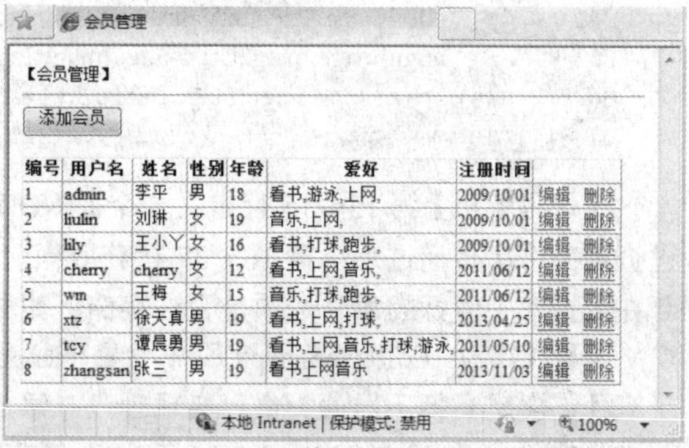

图 5-13   添加会员成功

步骤 16. 编写 EditUsers.aspx 页的 Page_Load 事件，当页面加载时，显示会员可修改信息到页面中，代码如下。

```
01  //程序名称：EditUsers.aspx.cs
02  //程序功能：页面加载时，显示当前选择的会员信息
03  protected void Page_Load(object sender, EventArgs e)
04  {
05    if (Request["id"] == null)                        //判断是否有查询字符串 id 传递到本页
06       Response.Redirect("UsersManager.aspx");        //跳转到会员管理页
07    else
08    {
09       int id = int.Parse(Request["id"].ToString());  //获取传递过来的查询字符串 id 的值
10       if (!IsPostBack)                                //判断页面是否为初次访问
11       {
12         UsersDataContext lq = new UsersDataContext(); //实例化 LINQ 类
13         var users = from gt in lq.Users               //查询数据
14                     where gt.uID == id
15                     select gt;
16         foreach (Users user in users)
17         {
18           txtuName.Text = user.uName;
19           txtuPwd.Text = user.uPwd;
20           txtuRealName.Text = user.uRealName;
21           if (user.uSex == "女") rbluSex.Items[1].Selected = true;
22           txtuAge.Text = user.uAge.ToString();
23           string[] hobbys = user.uHobby.Split(',');   //分割字符串到字符串数组
24           for (int i = 0; i < cbluHobby.Items.Count; i++)
25             for (int j = 0; j < hobbys.Length; j++)
26               if (cbluHobby.Items[i].Value == hobbys[j])
27               {
28                 cbluHobby.Items[i].Selected = true;
29                 break;
30               }
```

```
31        txtuEmail.Text = user.uEmail;
32        txtuQQ.Text = user.uQQ;
33        txtuPhone.Text = user.uPhone;
34        ddluImage.SelectedValue = user.uImage;
35        imguImage.ImageUrl = imguImage.ImageUrl.Substring(0,
36                    imguImage.ImageUrl.LastIndexOf("/") + 1) + user.uImage;
37   }  } }     }
```

【代码解析】第 13～15 行定义一个 LINQ 查询，查询指定 uID 的记录，该 uID 的值通过查询字符串传递过来；第 16～37 行获取当前这条记录并显示在页面中；第 24～30 行判断在数据库中爱好的每一选项是否被存储，如果被存储则该项被选中。

步骤 17. 在 EditUsers.aspx 页中设置下拉列表控件的 **AutoPostBack** 属性和添加选项改变事件，实现更换不同的头像。实现过程与添加会员页基本相同。

步骤 18. 编写 EditUsers.aspx 页中"修改"按钮的单击事件，完成会员信息修改，关键代码如下。

```
38   //程序名称：EditUsers.aspx.cs
39   //程序功能：保存修改的会员信息
40   protected void butEdit_Click(object sender, EventArgs e)
41   {
42       int id = int.Parse(Request["id"].ToString());
43       UsersDataContext lq = new UsersDataContext();              //实例化 LINQ 类
44       var users = from gt in lq.Users where gt.uID == id select gt;
45       foreach (Users user in users)                              //遍历集合
46       {
47         user.uName = txtuName.Text;
48         user.uPwd = txtuPwd.Text;
49         user.uRealName = txtuRealName.Text;
50         user.uSex = rbluSex.SelectedValue;
51         user.uAge = Convert.ToInt16(txtuAge.Text);
52         for (int i = 0; i < cbluHobby.Items.Count; i++)
53           if (cbluHobby.Items[i].Selected) user.uHobby += cbluHobby.Items[i].Value;
54         user.uEmail = txtuEmail.Text;
55         user.uQQ = txtuQQ.Text;
56         user.uPhone = txtuPwd.Text;
57         user.uImage = imguImage.ImageUrl.Substring(imguImage.ImageUrl.LastIndexOf("/") + 1);
58         user.uRegTime = System.DateTime.Now;
59       }
60       lq.SubmitChanges();                                        //提交数据库
61       Response.Redirect("UsersManager.aspx");                    //重新定位到该页面
62   }
```

【代码解析】第 45～59 行遍历集合对会员信息的所有属性进行编辑修改。

步骤 19. 单击图 5-13 中的最后一行记录的"编辑"超链接，页面跳转到 EditUsers.aspx 页，显示效果如图 5-14 所示。对数据进行编辑后，单击"修改"按钮，数据修改成功。

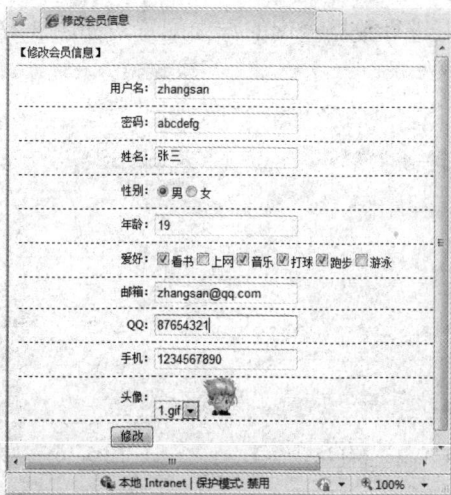

图 5-14　修改会员页

任务 2　留言板功能实现

任务场景

像百度、谷歌和新浪等网站，为了提高和潜在用户之间的交流和沟通，随时随地把握商机，一般都会提供留言板服务。像 QQ 空间、博客等，为了促进网站内部用户的交流，留言板也是必不可少的功能。本任务使用 LinqDataSource 控件、Repeater 控件等，有效地实现留言信息的存储和显示。

知识引入

5.3　LinqDataSource 控件

在 ASP.NET 4.0 中，提供了一个全面支持 LINQ 的数据源控件 LinqDataSource，使用它可以很方便、快速地完成数据的查询、插入、修改和删除。

案例演练　例 5-6：使用 LinqDataSource 控件实现商品类别信息的显示。

（1）使用 LinqDataSource 控件进行数据访问同样需要创建 LINQ To SQL 类文件，这里使用例 5-1 中所创建的类文件。

（2）在 Web 窗体中添加控件。从"工具箱"的"数据"组中，在页面中添加一个 LinqDataSource 控件和一个 GridView 控件。右击 LinqDataSource 控件，在弹出的快捷菜单中选择"配置数据源"命令，如图 5-15 所示。

（3）选择建立好的 LINQ To SQL 类后，单击"下一步"按钮，将进入"配置数据选择"界面，可以在此界面上进行数据查询的详细配置，如图5-16所示。

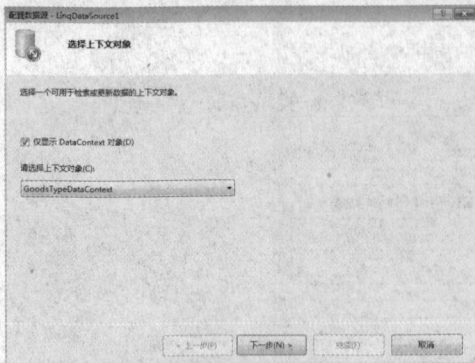

图5-15 "配置数据源"窗口   图5-16 "配置数据选择"界面

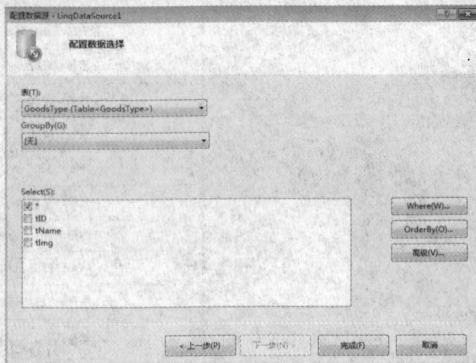

学习提示：若要使 LinqDataSource 控件具有数据插入、更新和删除功能，则必须在"配置数据选择"界面中，单击"高级"按钮，在弹出的"高级选项"窗口中启用相关功能。若要进行数据筛选，则必须在"配置数据选择"界面中单击 Where（W）按钮，在弹出的"配置 Where 表达式"窗口中进行配置，配置方法与 SQLDataSource 控件相同。

（4）在 Web 窗体中右击 GridView 控件，在弹出的快捷菜单中的"选择数据源"下拉列表框，选择 LinqDataSource 控件作为 GridView 控件的数据源。

（5）浏览页面，运行效果如图5-17所示。

图5-17 商品类别查询结果

上述操作完成之后，GridView 控件和 LinqDataSource 控件在 5_6.aspx 页面文件中的代码声明如下。

```
01  <!--程序名称：5_6.aspx-->
02  <!--程序功能：使用 LinqDataSource 控件实现数据显示-->
03  <asp:GridView ID="GridView1" runat="server" AutoGenerateColumns="False"
04     DataKeyNames="tID" DataSourceID="LinqDataSource1">
05     <Columns>
06       <asp:BoundField DataField="tID" HeaderText="tID" InsertVisible="False" ReadOnly="True"
07          SortExpression="tID" />
```

```
08          <asp:BoundField DataField="tName" HeaderText="tName" SortExpression="tName" />
09          <asp:BoundField DataField="tImg" HeaderText="tImg" SortExpression="tImg" />
10      </Columns>
11    </asp:GridView>
12    <asp:LinqDataSource ID="LinqDataSource1" runat="server" TableName="GoodsType"
13      ContextTypeName="GoodsTypeDataContext" >
14    </asp:LinqDataSource>
```

【代码解析】第 3～4 行用于设置 GridView 控件的数据源、关键字、是否自动生成列等属性；第 5～10 行用于设置 GridView 控件所显示的字段；第 12～13 行用于设置 LinqDataSource 控件的数据库连接、上下文等属性。

5.4　Repeater 控件

Repeater 是一个容器控件，可以从页的任何可用数据中创建自定义列表。Repeater 控件不能直接在 Visual Studio 2010 的设计视图中设计，用户必须从头开始通过创建模板为 Repeater 控件设计布局。

运行页面时，Repeater 将绑定数据源中的数据，并按照模板的要求将数据在界面上呈现。正是由于 Repeater 控件没有默认的外观，所以进行界面设计时会感到不太直观。但 Repeater 控件非常灵活，可以通过对模板的灵活使用，创建多种不同形式的列表，包括以特定分隔符隔离的列表，或者 XML 格式的列表，同时还能够非常精确地对界面元素进行定位。另外，Repeater 控件不具有编辑模板，所以一般不使用它来编辑数据。

5.4.1　Repeater 控件模板

Repeater 控件是一个根据模板定义样式循环显示数据的控件，可应用的模板如下。

- HeaderTemplate：呈现在页眉的内容和布局。
- ItemTemplate：显示项的内容和布局，对每一个显示项重复应用。
- AlternatingItemTemplate：交替项的内容和布局。
- SeparatorTemplate：呈现在显示项之间的分隔符。
- FooterTemplate：呈现在页脚的内容和布局。

5.4.2　在 Repeater 控件中显示数据

使用 Repeater 控件显示数据，需要使用 ItemTemplate 模板，其他模板可以选用。在模板中可以直接使用 HTML 制作样式，数据显示使用 Eval 方法绑定数据库中的列。

案例
演练　例 5-7：使用 Repeater 控件和 LinqDataSource 控件显示留言主题信息。

（1）创建 LINQ To SQL 类文件，创建过程与例 5-1 中所创建的类文件相似，这里选择留言信息表 BBSNote 和会员信息表 Users 的所有数据作为数据源，创建的类文件命名为 BBS.dbml，如图 5-18 所示。

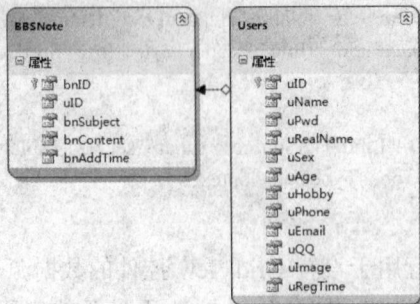

图 5-18　BBS 实体类

（2）在 Web 窗体中添加控件。从"工具箱"的"数据"组中，在页面中添加一个 Linq DataSource 控件和一个 Repeater 控件，并为 Repeater 控件和 LinqDataSource 控件配置数据源，配置过程参考例 5-6，不再赘述。这里进入到"配置数据选择"界面时，选择 BBSNote 表。

（3）切换到"源"编辑界面，为 Repeater 控件设置各模板并编写显示样式。设置完成之后，关键代码如下。

```
01  <!-- 程序名称：5_7.aspx -->
02  <style>
03    body {font-size:12px;}
04    td {padding: 5px;}
05    .title td {background:#f0f0f0;}
06    .table {border:1px solid #ccc;margin:5px 5px 5px 5px;width:500px;}
07    .table th {background-color:darkblue;color:white;}
08  </style>
09  //Repeater 控件模板设计
10  <asp:Repeater ID="Repeater1" runat="server" DataSourceID="LinqDataSource1" >
11    <HeaderTemplate>
12      <table class="table"><tr>
13       <th style="width:45%">标题</th><th style="width:15%">发表人</th>
14       <th>发表时间</th><th></th>
15      </tr>
16    </HeaderTemplate>
17    <ItemTemplate>
18      <tr>
19       <td style="text-align:left">
20         <asp:Label ID="lblSubject" runat="server" Text='<%# Eval("bnSubject") %>'/>
21       </td><td>
22         <asp:Label ID="Label1" runat="server" Text='<%# Eval("Users.uName") %>'/>
23       </td><td>
24         <asp:Label ID="Label2" runat="server" Text='<%# Eval("bnAddTime") %>'/>
25       </td><td>
26         <a ><a href="BBSAnswerList.aspx?id=<%# Eval("bnID") %>">查看</a></a>
27       </td>
28      </tr>
29    </ItemTemplate>
30    <AlternatingItemTemplate>
31      <tr class="title">
```

```
32        <td style="text-align:left">
33          <asp:Label ID="lblSubject" runat="server" Text='<%# Eval("bnSubject") %>'/>
34        </td><td>
35          <asp:Label ID="Label1" runat="server" Text='<%# Eval("Users.uName") %>'/>
36        </td><td>
37          <asp:Label ID="Label2" runat="server" Text='<%# Eval("bnAddTime") %>'/>
38        </td><td>
39          <a ><a href="BBSAnswerList.aspx?id=<%# Eval("bnID") %>">查看</a></a>
40        </td>
41      </tr>
42    </AlternatingItemTemplate>
43    <FooterTemplate>
44        </table>
45    </FooterTemplate>
46  </asp:Repeater>
47  <asp:LinqDataSource ID="LinqDataSource1" runat="server" ContextTypeName="BBSDataContext"
48      TableName="BBSNote">
49  </asp:LinqDataSource>
```

【代码解析】第 10 行设置 Repeater 控件的数据源；第 11～16 行定义 Repeater 控件的 HeaderTemplate 模板项；第 17～29 行定义 Repeater 控件的 ItemTemplate 模板项；第 30～42 行定义 Repeater 控件的 AlternatingItemTemplate 模板项；第 43～45 行定义 Repeater 控件的 FooterTemplate 模板项；第 47～49 行定义数据源控件 LinqDataSource1。

（4）浏览页面，运行效果如图 5-19 所示。

图 5-19   Repeater 控件显示留言主题效果

任务实施

步骤 1. 还原数据库备份，备份文件位于 "资源\代码\Chapter5Demo\SMDB.bak" 路径中。

步骤 2. 新建一个 ASP.NET 空网站，命名为 BBSDemo，添加 Web 窗体，命名为 BBSNoteList.aspx，用作留言板主题页；添加名为 BBSAnswerList.aspx 的 Web 窗体，用作主题回复页；添加名为 Login.aspx 的 Web 窗体，用作会员身份验证。

步骤 3. 为网站设计主题风格。新建默认主题 default，编写页面的样式文件 css.css，并将该文件存放在默认主题文件夹下，并在配置文件 Web.config 中配置应用该主题。样式文件代码定义如下。

```
01  /*程序名称：css.css*/
02  body {text-align:center; font-size:12px;}
03  td {padding: 5px ;}
04  .title td {background:#f0f0f0;}
05  .table {border:1px solid #ccc;margin:5px ;width:500px;}
06  .table th,p {padding: 8px 5px 8px 5px;background-color:darkblue;color:white;}
07  .ba_title {background:#8d8d8d;padding:5px ;}
08  .ba_content {padding:5px ;}
09  .ba_table {text-align:left;border:1px solid #ccc;margin:5px ;width:98%;}
```

【代码解析】 第 2～6 行主要设置留言板主题页样式；第 7～9 行主要设置主题回复页样式。

步骤 4. 添加名为 BBS.dbml 的 LINQ To SQL 类文件，将服务器资源管理器中的 Users 表、BBSNote 表和 BBSAnswer 表拖放到该文件的可视化窗口中，如图 5-20 所示。

步骤 5. 在 BBSNoteList.aspx 中添加 Repeater 控件，参照例 5-7 进行布局，在 Repeater 控件的下方添加 TextBox 控件和 Button 按钮，用于添加新的留言主题，如图 5-21 所示。

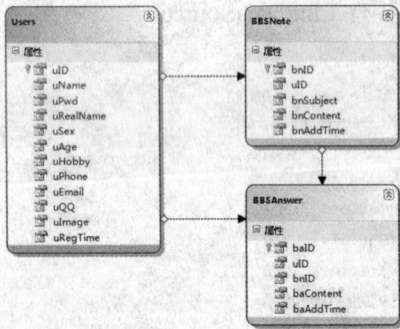

图 5-20 BBS 类实体   图 5-21 留言板界面设计

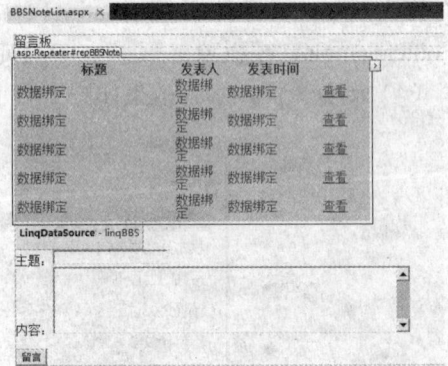

步骤 6. 在 Login.aspx 页中添加 TextBox 控件和 Button 控件，按表 5-1 所示设置各控件相应的属性。

表 5-1 Login.aspx 页主要控件属性设置

控件 ID	控 件 类 型	属 性 名	属 性 值
txtuName	TextBox		
txtuPwd	TextBox	TextMode	Password
btnLogin	Button	Text	登录
btnReset	Button	Text	重置

步骤 7. 为 Login.aspx 页中的 btnLogin 按钮添加事件，当会员登录成功后将会员 ID 写入 Session。

（1）编写获取会员 ID 的方法。

```
01    //程序名称：Login.aspx.cs
02    /// <summary>
03    ///  获取会员 ID
04    /// </summary>
05    /// <param name="uName">用户名</param>
06    /// <param name="uPwd">密码</param>
07    /// <returns>如果返回的 id 值为 0，说明输入的用户名密码不正确，否则返回用户名密码对应的
08    /// uID 字段的值</returns>
09    protected int getUserIdByName(string name,string pwd)
10    {
11        int id = 0;
12        BBSDataContext lq = new BBSDataContext();            //实例化 LINQ 类
13        var users = from gt in lq.Users
14                    where gt.uName == name && gt.uPwd == pwd
15                    select gt;
16        foreach (Users user in users)                        //遍历集合
17            id = user.uID;                                   //获取记录的 uID 字段
18        return id;                                           //返回 id 值
19    }
```

【代码解析】第 13～16 行查询匹配指定用户名和密码的记录。

（2）编写"登录"按钮单击事件。

```
20    protected void btnLogin_Click(object sender, EventArgs e)
21    {
22        string name = txtuName.Text;
23        string pwd = txtuPwd.Text;
24        int uID = getUserIdByName(name, pwd);
25        if (uID != 0)
26        {
27            Session["uID"] = uID;
28            ClientScript.RegisterStartupScript(GetType(), "","<script>alert('登录成功！');
29                                      location.href='BBSNoteList.aspx';</script>");
30        }
31        else
32        {
33            ClientScript.RegisterStartupScript(GetType(), "",
34                                      "<script>alert('用户名和密码不正确！')</script>");
35        }
36    }
```

【代码解析】第 24 行调用 getUserIdByName 方法，获取会员 ID 并写入 Session；第 26～30 行设置用户名和密码输入正确时，提示"登录成功"并跳转到 BBSNoteList.aspx 页；第 32～35 行设置用户名和密码输入不正确时，弹出提示框。

步骤 8. 为 BBSNoteList.aspx 页添加 Page_Load 事件和 Button 控件 Click 事件，实现页面加载时判断用户是否登录，若没有登录则跳转至登录页；登录成功之后才能发表留言。

```
01    //程序名称：BBSNoteList.aspx.cs
02    /// <summary>
```

```
03   /// 页面加载事件，判断用户是否登录
04   /// </summary>
05   protected void Page_Load(object sender, EventArgs e)
06   {
07     if (Session["uID"] == null)
08       ClientScript.RegisterStartupScript(GetType(), "","<script>alert('请先登录！');
09         location.href='Login.aspx';</script>");
10   }
11   /// <summary>
12   /// 留言按钮的单击事件
13   /// </summary>
14   protected void btnSave_Click(object sender, EventArgs e)
15   {
16     BBSDataContext lq = new BBSDataContext();              //实例化 LINQ 类
17     BBSNote note = new BBSNote();                          //创建一个新对象
18     note.bnSubject = txtbnSubject.Text;
19     note.bnContent = txtbnContent.Text;
20     note.uID = Convert.ToInt32(Session["uID"]);
21     note.bnAddTime = System.DateTime.Now;
22     lq.BBSNote.InsertOnSubmit(note);                       //执行插入数据操作
23     lq.SubmitChanges();                                    //提交数据库
24     Response.Redirect("BBSNoteList.aspx");                 //重新定位到该页面
25   }
```

【代码解析】第 7~9 行判断 Session["uID"]是否存在，若不存在则跳转到 Login.aspx 页；第 17 行为新添加的记录创建一个新的对象；第 18~21 行为新创建的对象的各个属性赋值；第 22~23 行将新的留言信息更新到数据库；第 24 行刷新页面，使 Repeater 控件显示新插入的留言。

步骤 9. 为 BBSAnswerList.aspx 页添加两对 Repeater 控件和 LinqDataSource 控件，一对用于获取当前选择的主题信息，一对用于获取当前主题对应的回复信息，布局和设置方法参照例 5-7 完成，不再赘述。在 Repeater 控件的下方添加 TextBox 控件和 Button 按钮，用于添加新的回复，效果如图 5-22 所示。

步骤 10. 为 BBSAnswerList.aspx 页添加 Page_Load 事件和 Button 控件 Click 事件，实现页面加载时判断用户是否登录以及是否选择了某个留言主题。如果没有登录则跳转到登录页，如果没有选择主题，则跳转到主题页。

```
01   //程序名称：BBSAnswerList.aspx.cs
02   /// <summary>
03   /// 页面加载事件，判断用户是否登录，是否选择了某个主题
04   /// </summary>
05   protected void Page_Load(object sender, EventArgs e)
06   {
07     if (Session["uID"] == null)
08       ClientScript.RegisterStartupScript(GetType(), "", "<script>alert('请先登录！');
09         location.href='Login.aspx';</script>");
10     if (Request["id"] == null)
11       ClientScript.RegisterStartupScript(GetType(), "", "<script>alert('请选择留言主题！');
12         location.href='BBSNoteList.aspx';</script>");
13   }
```

```
14    /// <summary>
15    /// 回复按钮的单击事件
16    /// </summary>
17    protected void btnSave_Click(object sender, EventArgs e)
18    {
19        BBSDataContext lq = new BBSDataContext();              //实例化 LINQ 类
20        BBSAnswer ba = new BBSAnswer();                        //创建一个新对象
21        ba.uID = Convert.ToInt32(Session["uID"]);
22        ba.bnID = Convert.ToInt32(Request["id"]);
23        ba.baContent = txtbaContent.Text;
24        ba.baAddTime = System.DateTime.Now;
25        lq.BBSAnswer.InsertOnSubmit(ba);                      //执行插入数据操作
26        lq.SubmitChanges();                                    //提交数据库
27        Response.Redirect("BBSAnswerList.aspx");              //重新定位到该页面
28    }
```

步骤 11. 在浏览器中浏览 Login.aspx 登录页面，输入用户名 admin，密码为 admin，效果如图 5-23 所示，单击"登录"按钮。

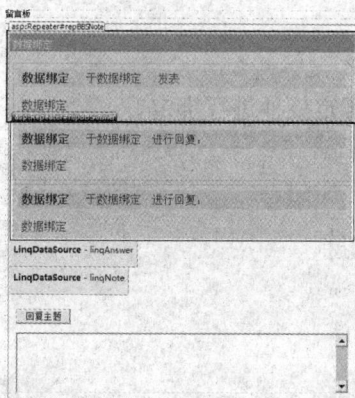

图 5-22　留言板主题回复界面设计

图 5-23　登录页面效果

步骤 12. 打开"留言板"主题页，如图 5-24 所示，单击"查看"超链接，打开当前留言的回复页，如图 5-25 所示。

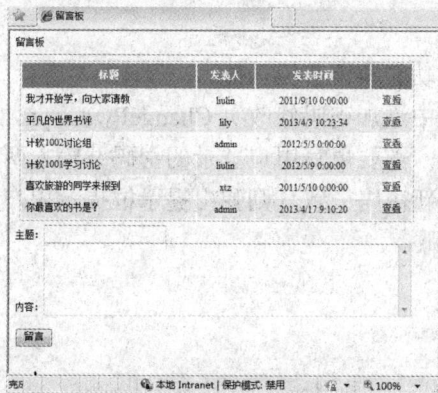

图 5-24　留言主题页效果

图 5-25　留言回复页效果

项 目 小 结

　　LINQ 技术的应用能较好解决数据访问和整合的复杂问题，帮助开发人员实现更为灵活的数据查询。本项目通过 B2C 网上商城中会员管理和留言板两个典型任务的实现，介绍了使用 LINQ 技术实现数据操作的基本原理，包括 LINQ 技术架构、LINQ 的语法，使读者掌握使用 LINQ 技术实现数据插入、查询、删除、修改等操作的方法，同时通过 LinqDataSource 数据源控件和 Repeater 控件的使用，有效地实现信息的存储和显示。

本项目 IT 企业常见面试题

　　1. 在 LINQ 框架中，LINQ 包括哪 5 个组成部分？
　　2. 在 LINQ 语法中为什么需要引入隐式类型？
　　3. 如何使用 LINQ To SQL 技术？
　　4. 如何将 LINQ To SQL 查询同 ASP.NET 数据绑定控件进行绑定？
　　5. 如何使用 LinqDataSource 控件获取数据？

项 目 实 训

实训任务：
在 B2CSite 网站中使用 LINQ 相关技术操作数据库。
实训目的：
1. 会使用 LINQ To SQL 技术访问数据库。
2. 会使用 LinqDataSource 控件访问数据库。
3. 会使用 Repeater 控件显示数据。
实训内容：
1. 根据例题内容，为 B2CSite 网站添加会员管理功能和留言板功能。
2. 为 B2CSite 网站添加密码修改功能，在该网站中添加密码修改页 ChangePwd.aspx，只有登录成功的用户才能进入该页。用户进入该页后，需要填写用户登录的密码并输入两次新密码。如果用户输入的登录密码正确，并且两次新密码一致，则弹出提示框提示用户密码修改成功；否则弹出提示框提示用户密码修改失败。

项目 6   Web 应用开发中的图形编程

在 Web 应用中,图形图像的巧妙运用能够提升网站的友好度和易用性。.NET Framework 提供的 GDI+实现类具有强大的绘图功能,开发人员可以运用该类提供的绘图方法,在 Web 应用程序开发过程中,自由、轻松地进行图形图像布局和编程。

在本项目中,通过完成两个任务,实现 Web 应用程序中图像显示和图形编程。

任务 1   图形验证码的实现

任务 2   网络在线投票的图形绘制

任务 1   图形验证码的实现

任务场景

在实际的 Web 应用开发中,开发人员为了防止非法用户恶意批量注册或者恶意程序暴力破解密码等操作,在用户身份验证时都会采用验证码技术。验证码技术可以有效防止某些特定注册用户采用恶意程序和暴力破解方式对网站进行不断的登录尝试。

本任务通过 GDI+类提供的图形图像编程方法,实现字母和数字混合的图形验证码的绘制与验证。

知识引入

🎞 视频精讲:

http://www.icourses.cn/jpk/changeforVideo.action?resId=418268&courseId=3803&firstShowFlag=52

6.1   图形编程基础

ASP.NET 提供了强大的图形图像处理功能,利用 GDI+的强大绘图功能,只需简单创建一个图形对象的实例,就可以轻松地实现图形的绘制、变换等操作。

6.1.1　GDI+简介

1. GDI

GDI（Graphics Device Interface）即图形设备接口，是 Windows 系统中的一个子系统，其主要任务是负责系统与绘图程序之间的信息交换，处理所有 Windows 程序的图形输出。

在 Windows 操作系统下，绝大多数具备图形界面的应用程序都离不开 GDI，利用 GDI 所提供的库函数可以方便地在屏幕、打印机及其他输出设备上输出图形、文本等操作。GDI 的出现使程序员无需关注硬件设备及设备驱动程序，就可以将应用程序的输出转化到硬件设备上的输出，实现了程序开发者与硬件设备的隔离，从而使开发人员编写设备无关的应用程序变得非常容易，大大方便了开发工作。

2. GDI+

随着 Windows 7 及以上操作系统的推出，微软对图形图像编程进行了更新，在 Windows 7 及以上操作系统中，大量使用了半透明、渐变和边缘模糊化等效果。

为了适应更高的用户要求和用户体验，微软对 GDI 进行了升级，才有了 GDI+。开发人员在输出屏幕和打印机信息时，无需考虑具体显示设备的细节，只需调用 GDI+库输出类的一些方法即可完成图形操作，真正的绘图工作由特定的设备驱动程序来完成。在对 GDI 优化的基础上，GDI+添加了许多新的功能，主要包括：

● 渐变的画刷（Gradient Brushes）

GDI+允许用户创建一个沿路径或直线渐变的画刷来填充外形（shapes）、路径（paths）和区域（regions），渐变画刷可以画直线、曲线和路径，当使用一个线形画刷填充一个外形（shapes）时，填充的颜色能够沿外形逐渐变化。

● 基数样条函数（Cardinal Splines）

GDI+支持基数样条函数。基数样条是一组单个曲线按照一定的顺序连接而成的一条较大曲线。样条由一系列点指定，并通过每一个指定的点。由于基数样条能够平滑地穿过组中的每一个点（不出现尖角），因而比用直线连接创建的路径更加精确和平滑。

● 持久路径对象（Persistent Path Objects）

在 GDI 中，路径属于设备描述表（DC），画完后路径就会被破坏。而在 GDI+中，绘图工作由 Graphics 对象来完成，可以创建几个与 Graphics 分开的路径对象，使图形持久化。

● 变形和矩阵对象（Transformations & Matrix Object）

GDI+提供了矩阵对象，使得编写图形的旋转、平移和缩放代码变得非常容易。

● 可伸缩区域（Scalable Regions）

GDI+允许在区域范围内进行图形的缩放、旋转和平移等变换操作。

● 多种图像格式支持

图像在图形界面程序中占有举足轻重的地位，GDI+除了支持 BMP 等 GDI 支持的图形格式外，还支持 JPEG、GIF、PNG 和 TIFF 等图像格式，并可以直接在程序中使用这些图片文件，无需考虑它们所用的压缩算法。

6.1.2 GDI+绘图类

在 ASP.NET 中，开发人员可以直接调用.NET Framework 中的 GDI+中的方法来获取和绘制图像。GDI+包含了很多的类、结构和枚举，为开发人员提供图形图像的编程开发。这些类、结构和枚举都包含在.NET FrameWork 的类库中，按处理功能的不同包含在不同的命名空间下，如表 6-1 所示。

表 6-1 GDI+的命名空间

命 名 空 间	说 明
System.Drawing	提供对 GDI+基本图形功能的访问
System.Drawing.Drawing2D	提供高级的二维和矢量图形的功能
System.Drawing.Imaging	提供高级 GDI+图像处理功能
System.Drawing.Text	提供高级 GDI+排版功能
System.Drawing.Printing	提供与打印相关的服务

System.Drawing 命名空间是 GDI+的核心，其常用类、结构和枚举如表 6-2~表 6-4 所示。

表 6-2 System.Drawing 命名空间常用的类

类	说 明
Bitmap	封装 GDI+位图，此位图由图形图像及其属性的像素数据组成。Bitmap 是用于处理由像素数据定义的图像的对象
Brush	定义用于填充图形形状（如矩形、椭圆和封闭路径）内部的对象
Brushes	所有标准颜色的画笔。无法继承此类
Font	定义特定的文本格式，包括字体、字号和字形属性。无法继承此类
Graphics	封装一个 GDI+界面绘图的方法和图形显示设备。无法继承此类
Icon	Windows 图标，用于表示对象的小位图图像。尽管图标的大小由系统决定，但仍可将其视为透明的位图
Image	为源自 Bitmap 和 Metafile 的类提供功能的抽象基类
Pen	定义用于绘制直线和曲线的对象。无法继承此类
Pens	所有标准颜色的钢笔。无法继承此类
Region	指示由矩形和路径构成的图形形状的内部。无法继承此类
SolidBrush	定义单色画笔。画笔用于填充图形形状，如矩形、椭圆、扇形、多边形和封闭路径。无法继承此类
StringFormat	封装文本布局信息（如对齐、文字方向和 Tab 停靠位）、显示操作（如省略号插入和国家标准数字替换）和 OpenType 功能。无法继承此类

表 6-3 System.Drawing 命名空间常用的结构

结 构	说 明
Color	表示 RGB 颜色
Point	表示在二维平面中定义点的整数 x 和 y 坐标的有序对
PointF	表示在二维平面中定义点的浮点数 x 和 y 坐标的有序对

续表

结　　构	说　　明
Rectangle	存储一组整数，共 4 个，表示一个矩形的位置和大小
RectangleF	存储一组浮点数，共 4 个，表示一个矩形的位置和大小
Size	存储一个有序整数对，通常为矩形的宽度和高度
SizeF	存储一个有序浮点数对，通常为矩形的宽度和高度
CharacterRange	指定字符串内字符位置的范围

表 6-4　System.Drawing 命名空间常用的枚举

枚　　举	说　　明
ContentAlignment	指定绘图表面上内容的对齐方式
CopyPixelOperation	确定复制像素操作中的源颜色如何与目标颜色组合生成最终颜色
FontStyle	指定应用到文本的字体信息
GraphicsUnit	指定给定数据的度量单位
KnownColor	指定已知的系统颜色
RotateFlipType	指定图像的旋转方向和用于翻转图像的轴
StringAlignment	指定文本字符串相对于其布局矩形的对齐方式
StringDigitSubstitute	枚举类型，指定如何按照用户的区域设置或语言替换字符串中的数字位
StringFormatFlags	指定文本字符串的显示和布局信息
StringTrimming	指定如何在不完全适合布局形状的字符串中修改字符
StringUnit	指定文本字符串的度量单位

6.1.3　Graphics 类

　　Graphics 类是 GDI+图形编程中的核心类，封装了 GDI+界面的绘图方法以及图形显示设备，极大地简化了开发人员的图形编程工作。

　　通过 Graphics 类的属性可以获取 Graphics 对象的分辨率，并能够为 Graphics 对象进行裁剪区域的选择和判断，而页面中图形的绘制则都是通过 Graphics 类的实例方法实现。Graphics 类的常用属性和方法如表 6-5 和表 6-6 所示。

表 6-5　Graphics 类的常用属性

属 性 名	说　　明
DpiX	获取此 Graphics 的水平分辨率
DpiY	获取此 Graphics 的垂直分辨率
IsClipEmpty	获取一个值，该值指示此 Graphics 的剪辑区域是否为空
IsVisibleClipEmpty	获取一个值，该值指示此 Graphics 的可见剪辑区域是否为空
TextContrast	获取或设置呈现文本的灰度校正值
VisibleClipBounds	获取此 Graphics 的可见剪辑区域的边框

表6-6　Graphics 类的常用方法

方　法　名	说　明
Clear	清除整个绘图画面并以指定背景色填充
Dispose	释放 Graphics 使用的所有资源
DrawArc	绘制一段弧线，表示由一对坐标、宽度和高度指定的椭圆部分
DrawBezier	绘制由 4 个 Point 结构定义的贝塞尔样条
DrawBeziers	用 Point 结构数组绘制一系列贝塞尔样条
DrawClosedCurve	绘制由 Point 结构的数组定义的闭合基数样条
DrawCurve	绘制经过一组指定的 Point 结构的基数样条
DrawEllipse	绘制一个由边框（该边框由一对坐标、高度和宽度指定）定义的椭圆
DrawIcon	在指定坐标处绘制由指定的 Icon 表示的图像
DrawImage	在指定位置并且按原始大小绘制指定的 Image
DrawLine	绘制一条连接由坐标对指定的两个点的线条
DrawLines	绘制一系列连接一组 Point 结构的线段
DrawPath	绘制 GraphicsPath
DrawPie	绘制扇形
DrawPolygon	绘制由一组 Point 结构定义的多边形
DrawRectangle	绘制由坐标对、宽度和高度指定的矩形
DrawRectangles	绘制一系列由 Rectangle 结构指定的矩形
DrawString	在指定位置并且用指定的 Brush 和 Font 对象绘制指定的文本字符串
FillClosedCurve	填充由 Point 结构数组定义的闭合基数样条曲线的内部
FillEllipse	填充边框所定义的椭圆的内部
FillPath	填充 GraphicsPath 的内部
FillPie	填充扇形区的内部
FillPolygon	填充 Point 结构指定的点数组所定义的多边形的内部
FillRectangle	填充矩形的内部
FillRectangles	填充由 Rectangle 结构指定的一系列矩形的内部
FillRegion	填充 Region 的内部
Flush	强制执行所有挂起的图形操作并立即返回
FromImage	从指定的 Image 创建新的 Graphics
IsVisible	指示由一对坐标指定的点是否包含在 Graphics 的可见剪辑区域内
MeasureString	测量由指定的 Font 绘制的指定字符串
RotateTransform	将指定旋转应用于此 Graphics 的变换矩阵
Save	保存 Graphics 的当前状态，并用 GraphicsState 标识保存的状态
SetClip	将 Graphics 的剪辑区域设置为指定 Graphics 的 Clip 属性
TransformPoints	使用 Graphics 的变换，将点数组从一个坐标空间转换到另一个坐标空间
TranslateClip	将 Graphics 的剪辑区域按指定的量沿水平方向和垂直方向平移

表 6-6 列出了 Graphics 类的属性和方法，限于篇幅，这里不做具体描述，读者可以使用联机帮助，搜索相关内容进一步学习。

6.2 绘制图形

在 ASP.NET 中使用 GDI+绘图，通常按如下步骤进行操作。

（1）创建 Bitmap 对象作为图形内存空间，所有的绘图将在该位图上操作。

（2）为 Bitmap 对象创建一个 Graphics 上下文对象。

（3）创建 Pen 或 Brush，并使用 Graphics 对象的方法来完成绘图，可以绘制图形、填充图像或从一个已经存在的文件中复制图像。

（4）绘图结束后，调用 Save 方法将图像数据发送至浏览器。

（5）释放 GDI+图形对象所占的资源。

简而言之，类 Bitmap 相当于绘制图形时需要的纸；类 Graphics 相当于绘画的人；类 Pen 和类 Brush 相当于绘画工具，如铅笔、笔刷等；类 Color 则相当于绘画所需的颜料；绘图结束后，将图形发送到客户端，再释放图形所占用的内存资源。

6.2.1 绘制基本图形

视频精讲：

http://www.icourses.cn/jpk/changeforVideo.action?resId=419058&courseId=3803&firstShowFlag=52

通过使用 Graphics 类，可以方便地实现线条、矩形、椭圆和多边形等基本图形的绘制。

1. 绘制直线

案例演练 例 6-1：绘制直线。

根据 GDI+绘图的基本步骤，在页面的 Page_Load 事件中编写如下代码。

```
01    //程序名称：6_1.aspx.cs
02    //程序功能：绘制一条直线
03    using System.Drawing;                                    //导入绘图所需命令空间
04    protected void Page_Load(object sender, EventArgs e)
05    {
06        Bitmap myImage= new Bitmap(400, 200);                //创建 Bitmap 对象
07        Graphics gr = Graphics.FromImage(myImage);           //创建绘图对象
08        Pen pen = new Pen(Color.Red, 2);                     //创建画笔对象
09        gr.Clear(Color.WhiteSmoke);                          //格式化画布
10        gr.DrawLine(pen, 0, 50, 400, 50);                    //绘制直线
11        myImage.Save(Response.OutputStream, System.Drawing.Imaging.ImageFormat.Gif);
12        pen.Dispose();                                       //释放画笔对象
13        gr.Dispose();                                        //释放绘图对象
14        myImage.Dispose();                                   //释放图形对象
15    }
```

【代码解析】第 6 行创建大小为 400×200 的画布 myImage；第 7 行在 myImage 上创建

绘图对象 gr；第 8 行定义一支红色画笔，粗细为 2；第 9 行清除绘图画面；第 10 行绘制一条从点（0,50）到点（400,50）的直线；第 11 行将画面以.gif 的格式输出到 Web 页中。

　　浏览页面，运行效果如图 6-1 所示。

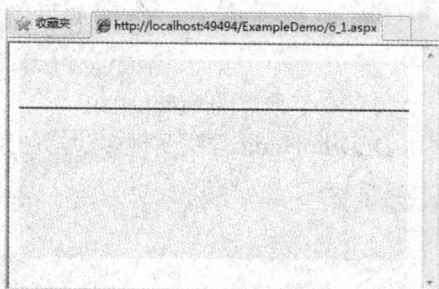

图 6-1　绘制直线

学习提示：使用 Bitmap 的 Save 方法可以使开发人员保存图像到任何有效的流，包括 FileStream，这种方式可以保存动态生成的图像到磁盘，并在以后的其他网页中使用。

2. 绘制矩形和椭圆

　　绘制矩形的方法同绘制直线的方法基本相同，绘制方法是 DrawRectangle。该方法也包括 5 个参数，分别表示画笔、左上角坐标值、矩形的高度和宽度，代码如下。

```
gr.DrawRectangle(pen, 30, 30, 150, 100);                //绘制矩形
```

【代码解析】绘制矩形，矩形左上角的坐标为（30,30），宽度为 150，高度为 100。当需要绘制正方形时，只需要将高度和宽度设置为相等即可，代码如下。

```
gr.DrawRectangle(pen, 30, 30, 100, 100);                //绘制正方形
```

当需要为上述矩形绘制内切椭圆时，需要使用 DrawEllipse 方法，代码如下。

```
gr.DrawEllipse(pen, 30, 30, 150, 100);                //绘制椭圆
```

【代码解析】绘制了一个起点为（30,30），宽度为 150，高度为 100 的椭圆。如果要绘制圆形，只需将高度和宽度设置为相等即可，代码如下。

```
gr.DrawEllipse(pen, 30, 30, 100, 100);                //绘制圆
```

3. 绘制多边形

　　绘制多边形的方法是 DrawPolygon，该方法需要提供画笔和顶点集两个参数。

　　绘制多边形需要先指定多边形各个顶点的坐标，Point 对象表示一个二维坐标系中的一个点，代码如下。

```
Point pt=new Point(20,20);                //创建顶点
```

【代码解析】定义了平面上坐标为（20,20）的顶点。由于多个顶点构成一个多边形，可以定义顶点数组来同时创建多边形的所有顶点，代

码如下。

```
01    Point[] pts = new Point[] {                                    //创建顶点集合
02            new Point(100,100), new Point(130,120), new Point(100,140),
03            new Point(70,140), new Point(40,120), new Point(70,100)
04    };
```

【代码解析】创建了一个含有 6 个顶点的 Point 数组

定义顶点后，就可以调用 DrawPolygon 方法实现多边形的绘制，代码如下。

```
gr.DrawPolygon(pen, pts);                                         //绘制多边形
```

4．绘制文字

当需要在图像中呈现文字时，就需使用 DrawString 方法。该方法需要传递 5 个参数，包括需要绘制的字符串、文本格式对象、笔刷及文字绘制的起点坐标，代码如下。

```
01    Font font = new Font("黑体", 20);                              //创建文字格式
02    Brush brush = new SolidBrush(Color.Blue);                     //创建笔刷
03    gr.DrawString("ASP.NET 程序设计", font, brush, 20, 20);        //绘制文字
```

【代码解析】第 1 行创建"黑体，字号 20"字体对象 font；第 2 行定义"实线，蓝色"的笔刷 brush；第 3 行用定义好的字体和笔刷，在坐标（20,20）处开始绘制字符串"ASP.NET 程序设计"。

学习提示：由于图像在服务器端生成，创建图形时，可以使用服务器上已安装的任何字体，而客户端不需要安装相同的字体。

若要将绘制的文字在画布上实现水平居中呈现，则需调用 Graphics 对象的 MeasureString 方法来测量绘制的文字所占宽度。实现字符串水平面居中显示的代码如下。

```
01    Font font = new Font("黑体", 20);                              //创建文字格式
02    Brush brush = new SolidBrush(Color.Blue);                     //创建笔刷
03    int width=300;
04    string str="ASP.NET 程序设计";
05    gr.DrawString(str, font, brush, width/2-gr.MeasureString(str,font).Width/2, 20);
```

【代码解析】第 3 行定义画布宽度为 300；第 5 行使用定义好的字体和笔刷，在纵坐标为 20 的位置，按水平居中绘制字符串"ASP.NET 程序设计"，gr.MeasureString(str,font)用于测量 font 字体下字符串所占的宽度。

5．填充形状

在 Graphics 类的方法中，以 Fill 开头的方法实现了对形状的填充。

案例演练 6-2：填充形状。

根据 GDI+的绘图步骤，具体代码如下。

```
01    //程序名称：6_2.aspx.cs
```

```
02    //程序功能：填充形状
03    using System.Drawing;
04    protected void Page_Load(object sender, EventArgs e)
05    {
06        Bitmap myImage = new Bitmap(400, 200);                          //创建 Bitmap 对象
07        Graphics gr = Graphics.FromImage(myImage);                     //创建绘图对象
08        Pen pen = new Pen(Color.Red, 2);                               //创建画笔对象
09        gr.Clear(Color.WhiteSmoke);                                    //格式化画布
10        Font font = new Font("黑体", 20);                              //创建文字格式
11        Brush brush = new SolidBrush(Color.Blue);                      //创建笔刷
12        gr.DrawString("ASP.NET 程序设计", font, brush, 100, 20);       //绘制文字
13        gr.DrawLine(pen, 0, 50, 400, 50);                              //绘制直线
14        gr.FillRectangle(brush, 70, 70, 150, 100);                     //填充矩形
15        brush = new SolidBrush(Color.YellowGreen);
16        gr.FillEllipse(brush, 70, 70, 150, 100);                       //填充椭圆
17        brush = new SolidBrush(Color.Pink);
18        Point[] pts = new Point[]{    new Point(300,100),
19                                      new Point(330,120),
20                                      new Point(300,140),
21                                      new Point(270,140),
22                                      new Point(240,120),
23                                      new Point(270,100)    };
24        gr.FillPolygon(brush, pts);                                    //填充多边形
25        myImage.Save(Response.OutputStream, System.Drawing.Imaging.ImageFormat.Gif);
26        pen.Dispose();                                                 //释放画笔对象
27        gr.Dispose();                                                  //释放绘图对象
28        myImage.Dispose();                                             //释放图形对象
29    }
```

【代码解析】第 11 行定义蓝色的笔刷；第 14 行用蓝色的笔刷填充矩形；第 15 行定义黄绿色的笔刷；第 16 行用黄绿色的笔刷填充椭圆；第 17 行定义粉色的笔刷；第 18～23 行定义 6 个顶点的数组 pts；第 24 行用粉色的笔刷填充六边形。

浏览页面，运行效果如图 6-2 所示。

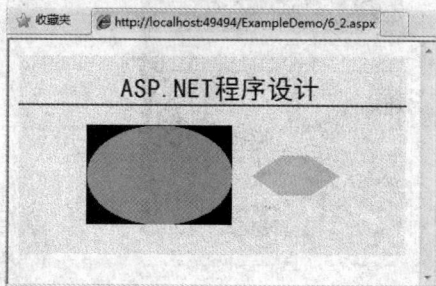

图 6-2　填充图形效果图

6.2.2　绘制图片

尽管 ASP.NET 提供的 Image 控件可以快速地载入图形，但它不支持 Click 事件。而

GDI+除了可以绘制图形和文字外，还可以绘制或编辑已有图片，为图片添加水印或裁剪图片等操作。

案例
演练 例 6-3：绘制图片。

绘制应用程序根目录下 images 文件夹中的图片 img1.jpg。

```
01    //程序名称：6_3.aspx.cs
02    //程序功能：绘制图片
03    using System.Drawing;
04    using System.Drawing.Imaging;
05    protected void Page_Load(object sender, EventArgs e)
06    {
07          Bitmap image = new Bitmap(300, 300);
08          Graphics gr = Graphics.FromImage(image);
09          gr.FillRectangle(Brushes.WhiteSmoke, 1, 1, 300, 300);
10          Font font = new Font("宋体", 12, FontStyle.Regular);
11          gr.DrawString("显示现有图片", font, Brushes.Blue, 10, 5);
12          string filepath= Server.MapPath("images/img1.jpg");
13          System.Drawing.Image img = System.Drawing.Image.FromFile(filepath);
14          gr.DrawImage(img, 10, 30, 280, 260);
15          image.Save(Response.OutputStream, ImageFormat.Gif);
16          gr.Dispose();
17          image.Dispose();
}
```

【代码解析】第 9 行用指定的笔刷填充了一个矩形；第 13 行 Image.FromFile 方法从指定的图片文件中构造一个 Image 对象，此处的 Image 是 System.Drawing 命令空间下的类，与 Image 控件不同；第 14 行使用 Graphics 对象的 DrawImage 方法将 Image 对象绘制到画布上，DrawImage 方法指定要绘制的 Image 对象、起始坐标、宽度和高度 5 个参数。

浏览页面，运行效果如图 6-3 所示。

图 6-3　绘制图片效果图

视频精讲：

http://www.icourses.cn/jpk/changeforVideo.action?resId=421010&courseId=3803&firstShowFlag=52

6.3　Random 类

随机数在应用程序设计，尤其是在实践环境模拟和测试等领域得到了非常广泛的应用。在.NET Web 应用开发中，.NET Framework 中提供的 Random 类可以方便生成随机数。

Random 类是一个伪随机数生成器，能够产生满足一定的随机性统计要求的数字序列。既然是伪随机数生成器，产生的数字就不是绝对的随机，而是通过一定的算法产生的伪随机数。初始化一个随机数发生器有两种方法：

第一种方法是不指定随机种子，系统自动选取当前时间作为随机种子，代码如下。

```
Random rand= new Random();
```

第二种方法是指定一个 int 型参数作为随机种子，代码如下。

```
Random rand = new Random(10);
```

【代码解析】以 10 为种子产生随机数。当种子相同时，产生的随机数相同。

Random 类的常用方法如表 6-7 所示。

表 6-7　Random 类的常用方法

方　法　名　称	功　能　描　述
Next()	返回非负随机数
Next(Int32)	返回一个小于所指定最大值的非负随机数
Next(Int32, Int32)	返回一个指定范围内的随机数
NextBytes	用随机数填充指定字节数组的元素
NextDouble	返回一个介于 0.0～1.0 之间的随机数
Sample	返回一个介于 0.0～1.0 之间的随机数

案例演练　例 6-4：随机产生 1～20 之间互不相同的 20 个整数。

```
01    //程序名称：6_4.aspx.cs
02    //程序功能：随机产生互不相同的整数
03    protected void Page_Load(object sender, EventArgs e)
04    {
05        int maxValue =20;
06        int minValue =1;
07        int count =20;
08        Random rand = new Random();            //定义随机变量 rand
09        int length = maxValue - minValue + 1;   //设置随机数变化范围
10        byte[] keys = new byte[length];
11        rand.NextBytes(keys);                  //用随机数填充 keys 数组的元素
12        //产生 1~20 范围内的 20 个数
13        int[] items = new int[length];
14        for (int i = 0; i < length; i++)
15            items[i] = i + minValue;
16        Array.Sort(keys, items);
17        int[] result = new int[count];
```

```
18          Array.Copy(items, result, count);
19          for (int i = 0; i < result.Length; i++)
20              Label1.Text+="    " + result[i].ToString();
21      }
```

【代码解析】第 16 行 Array.Sort(keys,items)方法按 keys 数组中值的大小实现对 keys 和 items 数组进行排序；第 18 行 Array.Copy(items,result,count)方法则表示将 items 数组中指定的 count 个元素复制到 result 数组中。

浏览页面，运行效果如图 6-4 所示。

图 6-4　随机产生数字序列

6.4　动态网页作为图像源

Image 控件的 ImageUrl 除了可以设置图片位置外，还可以指向动态网页产生的图形图像，也就是说，动态网页产生的图形图像可以在其他网页中像图像文件一样使用。

案例演练　例 6-5：动态网页作为图像源。

将本项目例 6-2 中页面绘制图作为图像源，在 6_5.aspx 页添加 Image 服务器控件，设置其 ImageUrl 的属性值为"~/6_2.aspx"，对应的页面中<form>标签的代码如下。

```
01  <!--程序名称：6_5.aspx-->
02  <form id="form1" runat="server">
03      <div style="text-align:center">
04          <span style="color:Blue;font-size:20px">动态页作为图像源</span>
05          <asp:Image ID="Image1" runat="server" ImageUrl="~/6_2.aspx" />
06      </div>
07  </form>
```

【代码解析】第 5 行声明 Image 控件 Image1，URL 指定为 6_2.aspx 页文件。

浏览页面，运行效果如图 6-5 所示。

图 6-5　动态页作为图像源效果图

任务实施

📹 视频精讲:

http://www.icourses.cn/jpk/changeforVideo.action?resId=426221&courseId=3803&firstShowFlag=52

步骤 1. 新建一个 ASP.NET 空网站, 命名为 ImageCheckDemo。新建名为 CheckCode.aspx 的 Web 窗体。

步骤 2. 在 CheckCode.aspx.as 中添加自定义方法 GenerateCode, 其功能是随机产生 4 位的字母或数字。

```
01    //程序名称: CheckCode.aspx.cs
02    //程序功能: 生成图形验证码的页面
03    /// <summary>
04    ///  随机产生 4 位的字母或数字
05    /// </summary>
06    private string GenerateCode()
07    {
08        int num;
09        char code;
10        string checkCode = String.Empty;
11        Random rand = new Random();                      //声明随机变量 rand
12        for (int i = 0; i < 4; i++)
13        {   //随机产生 4 个随机字母或数字
14            num = rand.Next();
15            if (i % 2 != 0)
16                code = (char)('0' + (char)(num % 10));    //2、4 位上产生数字
17            else
18                code = (char)('A' + (char)(num % 26));    //1、3 位上产生字母
19            checkCode += code;
20        }
21        Response.Cookies.Add(new HttpCookie("CheckCode",checkCode));
22        return checkCode;
23    }
```

【代码解析】第 12～20 行随机产生长度为 4 的字符串 checkCode, 其中偶数位为数字, 奇数位为字母; 第 21 行将 checkCode 字符串添加到 Cookies 中。

步骤 3. 在 CheckCode.aspx.as 中添加自定义方法 DrawCheckImage, 实现对步骤 2 产生的字符串进行图片绘制。

```
24    /// <summary>
25    ///绘制 checkCode 字符串
26    /// </summary>
27    private void DrawCheckImage(string checkCode)
28    {
29        if (checkCode == null || checkCode.Trim() == String.Empty)
30            return;
```

```
31        //定义校验码图像的大小，其长度随校验码长度的变化而变化
32        Bitmap image = new Bitmap((int)Math.Ceiling(checkCode.Length * 12.5), 22);
33        Graphics g = Graphics.FromImage(image);
34        try
35        {       Random random = new Random();
36                g.Clear(Color.White);                          //清空图片背景色
37                for (int i = 0; i < 4; i++)
38                {     //随机画图片的背景噪音线
39                        int x1 = random.Next(image.Width);
40                        int x2 = random.Next(image.Width);
41                        int y1 = random.Next(image.Height);
42                        int y2 = random.Next(image.Height);
43                        g.DrawLine(new Pen(Color.Black), x1, x2, y1, y2);
44                }
45                Font font = new Font("Arial", 12, FontStyle.Bold | FontStyle.Italic);
46                System.Drawing.Drawing2D.LinearGradientBrush brush =
47                        new System.Drawing.Drawing2D.LinearGradientBrush
48                        (new Rectangle(0, 0, image.Width, image.Height),
49                                Color.Blue, Color.DarkRed, 1.2f, true);
50                g.DrawString(checkCode, font, brush, 2, 2);
51                for (int i = 0; i < 100; i++)
52                {      //画图片的前景噪音点
53                        int x = random.Next(image.Width);
54                        int y = random.Next(image.Height);
55                        image.SetPixel(x, y, Color.FromArgb(random.Next()));
56                }
57                g.DrawRectangle(new Pen(Color.Silver), 0, 0, image.Width - 1, image.Height - 1);
58                System.IO.MemoryStream ms = new System.IO.MemoryStream();
59                        image.Save(ms, System.Drawing.Imaging.ImageFormat.Gif);
60                Response.ClearContent();
61                Response.ContentType = "image/Gif";
62                Response.BinaryWrite(ms.ToArray());
63        } catch (Exception ee)       { }
64        finally
65        {       g.Dispose();
66                image.Dispose();
67        }
68  }
```

【代码解析】第 37～44 行随机产生顶点，绘制 4 条直线；第 45 行定义加粗、斜体格式的字体；第 46～49 行定义线性渐变画刷；第 50 行用定义好的字体和画刷绘制 checkCode；第 51～56 行根据随机颜色绘制 100 个点作为前景噪音；第 57 行绘制图片边框线；第 58～59 行将图片以.gif 格式保存在内存中。

步骤 4. 在 CheckCode.aspx.as 中的 Page_Load 事件中添加如下代码，实现当页面加载时进行校验码的绘制。

```
69    protected void Page_Load(object sender, EventArgs e)
70    {
```

```
71              DrawCheckImage(GenerateCode());
72      }
```

【代码解析】第 71 行调用 DrawCheckImage 方法，绘制 GenerateCode 方法产生的验证码字符串。

步骤 5. 新建名为 UserLogin.aspx 的 Web 窗体。添加如图 6-6 所示的页面元素。

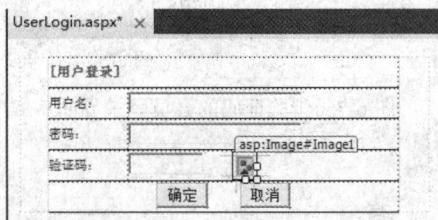

图 6-6 登录窗口 UI 设计

步骤 6. 设置 UserLogin.aspx 中的控件属性，如表 6-8 所示。

表 6-8 界面主要控件设置

控件 ID	控 件 类 型	属 性 名	属 性 值
txtUName	TextBox		
txtUPwd	TextBox	TextMode	Password
txtCheckCode	TextBox		
btnLogin	Button	Text	确认
btnCancel	Button	Text	取消
Image1	Image	ImageUrl	~/CheckCode.aspx

步骤 7. 为 UserLogin.aspx 中的 Button 控件 btnConfirm 添加单击事件，实现对用户名、密码和校验码的验证。

```
01    //程序名称：UserLogin.aspx.cs
02    //程序功能：校验图形验证码
03    protected void btnLogin_Click(object sender, EventArgs e)
04    {
05          HttpCookie cookie = Request.Cookies["CheckCode"];
06          if (txtUName.Text == "admin" && txtUPwd.Text == "admin")
07          {
08              if (cookie.Value == txtCheckCode.Text)
09                  Response.Write("<script>alert('登录成功！')</script>");
10              else
11                  Response.Write("<script>alert('验证码错误！')</script>");
12          }
13          else {
14              Response.Write("<script>alert('用户名或密码错误!')</script>");
15          } }
```

【代码解析】第 5 行创建 Cookie 对象 cookie，读取 Cookie "CheckCode" 的值；第 8 行验证用户输入的验证码与 cookie 是否匹配。

步骤 8. 在浏览器中查看运行效果，如图 6-7 所示。

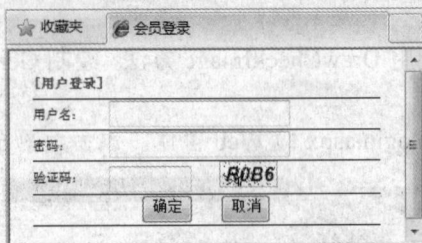

图 6-7　带验证码的会员登录界面

知识拓展

图片特效处理

ASP.NET 通过 GDI+创建图像，并且能像 Photoshop 软件一样对图片进行特效处理。这里以图 6-8 所示的图片为例进行底片和浮雕效果的特效处理。

（1）底片效果

通过 Photoshop 等图像处理软件可以很方便地将图片制作成底片效果，但是在传统的图片处理领域，只能通过软件进行图片效果的更改。

在图片显示中，每一张图片都是由若干个像素点组成的，像素点越多，图片的显示就越清晰。要实现底片效果，只需获取图片中每个像素点的值，取反保存即可。

图 6-8　img1.jpg 原图

Bitmap 类的 GetPixel 方法可以获取图片中像素点的值，该方法在运用时需要传递像素点的坐标值。方法 SetPixel 则可以设置图片中像素点的值。下面的代码实现了对 Images 目录下的图片 img1.jpg 的底片效果。

```
01    //程序名称：Extend6_1.aspx.cs
02    //程序功能：图片底片效果
03    protected void Page_Load(object sender, EventArgs e)
04    {
05        Bitmap image = new Bitmap(Server.MapPath("images/img1.jpg"));
06        for(int i=0;i<image.Width;i++)
07            for (int j = 0; j < image.Height; j++)
08            {
09                Color pix = image.GetPixel(i, j);              //获取图像像素值
10                int r = 255 - pix.R;                           //颜色取反保存
11                int g = 255 - pix.G;
12                int b = 255 - pix.B;
13                image.SetPixel(i,j,Color.FromArgb(r,g,b));     //设置像素值
14            }
15        image.Save(Response.OutputStream,Imaging.ImageFormat.Jpeg);
```

```
16          image.Dispose();
17     }
```

【代码解析】通过循环遍历图片中的像素值，并对像素值取反来实现底片效果。

浏览页面，处理后的效果图如图 6-9 所示。

（2）浮雕效果

对于图片效果的更改和渲染都是通过修改像素的值来实现的。浮雕效果的实现方法跟底片效果的实现方法基本相似，常用的算法是将图像上每个像素点与其相邻的像素点形成差值，相似颜色淡化，不同颜色之间保持突出，从而形成纵深感，实现浮雕的效果。在实际开发中，通常的做法是将像素点的像素值和周边的像素值相减后再加上 128 即可，代码如下。

图 6-9　处理后的底片效果

```
01     //程序名称：Extend6_2.aspx.cs
02     //程序功能：图片浮雕效果
03     /// <summary>
04     /// 颜色检测方法
05     /// </summary>
06     protected int check(int x)
07     {    if (x > 255)
08              return 255;
09          return x;
10     }
```

【代码解析】对颜色值超过 255 的按 255 处理。

实现浮雕效果的代码如下。

```
11     protected void Page_Load(object sender, EventArgs e)
12     {
13          Bitmap image = new Bitmap(Server.MapPath("images/img1.jpg"));
14          for (int i = 0; i < image.Width-1; i++)
15              for (int j = 0; j < image.Height-1; j++)
16              {
17                  Color pix1 = image.GetPixel(i, j);
18                  Color pix2 = image.GetPixel(i + 1, j + 1);
19                  //浮雕效果的计算
20                  int r = Math.Abs(pix1.R - pix2.R + 128);
21                  int g = Math.Abs(pix1.G - pix2.G + 128);
22                  int b = Math.Abs(pix1.B - pix2.B + 128);
23                  //防止颜色溢出处理
24                  r = check(r);
25                  g = check(g);
26                  b = check(b);
27                  image.SetPixel(i, j, Color.FromArgb(r, g, b));
28              }
29          image.Save(Response.OutputStream, ImageFormat.Jpeg);
```

```
30          image.Dispose();
31   }
```

【代码解析】通过循环遍历图片中的像素值，并将像素值和周边的像素值相减后加上128。

浏览页面，实现的浮雕效果如图 6-10 所示。

图 6-10 浮雕效果图

任务 2   网络在线投票的图形绘制

任务场景

网络在线投票是网络用户的兴趣、价值取向以及热点关注等信息的关注程度的体现。在项目 3 的任务 2 中，通过 Cookie 对象和文件的读写操作，实现了在线投票功能，为了更为直观地显示和查看投票结果，将投票结果图形化是一种较好的手段。本任务使用 Chart 控件实现投票结果的图表化。

知识引入

6.5   使用 Chart 控件创建图表

一个信息系统大多会涉及数据统计，通过图表展示统计数据有助于用户理解和分析数据。ASP.NET 提供的 Chart 服务器控件可以帮助开发人员快速创建美观实用的图表。

Chart 控件位于工具栏的数据分组下，如图 6-11 所示。

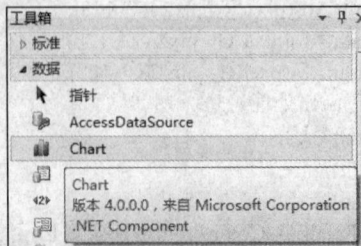

图 6-11 Chart 服务器控件

将控件从工具箱中拖放至页面中，其对应的页面代码如下。

```
01  <asp:Chart ID="Chart1" runat="server">
02      <Series>
03          <asp:Series Name="Series1"> </asp:Series>
04      </Series>
05      <ChartAreas>
06          <asp:ChartArea Name="ChartArea1"> </asp:ChartArea>
07      </ChartAreas>
08  </asp:Chart>
```

【代码解析】第 2～4 行声明图表的数据系列集；第 5～7 行声明图表的图形区域集。
Chart 控件包含的常用属性如表 6-9 所示。

表 6-9　Chart 控件的常用属性

属 性 名	说　　明
ChartAreas	图表的绘图区域。包含一个或多个图形区<asp:ChartArea>，每一个图形区都有自己的渲染属性（如颜色、标签、线条等）
Series	数据系列集。包含一个或多个数据系列<asp:Series>，每一个数据系列包含多个数据点（Points），且都有自己的图表类型。用户可以将系列分配到任何 ChartArea 中显示
Legends	图例集合，即标注图形中各个线条或颜色的含义。包含一个或多个图例<asp:Legend>
Titles	标题集。包含一个或多个标题<asp:Title>

案例
演练　例 6-6：创建图表。

在页面中添加 Chart 控件，并设置参数，代码如下。

```
01  <!--程序名称：6_6.aspx-->
02  <asp:Chart ID="Chart1" runat="server" >
03      <Series>
04          <asp:Series Name="Series1" ChartType="Pie" ChartArea="ChartArea1"  >
05              <Points>
06                  <asp:DataPoint AxisLabel="看书" YValues="15" />
07                  <asp:DataPoint AxisLabel="写代码" YValues="11" />
08                  <asp:DataPoint AxisLabel="上网" YValues="18" />
09                  <asp:DataPoint AxisLabel="运动" YValues="10" />
10              </Points>
11          </asp:Series>
12      </Series>
13      <ChartAreas>
14          <asp:ChartArea Name="ChartArea1" Area3DStyle-Enable3D="true"> </asp:ChartArea>
15      </ChartAreas>
16      <Legends> <asp:Legend></asp:Legend> </Legends>
17      <Titles>
18          <asp:Title Text="空闲时间你做什么？ 调查结果"></asp:Title>
19      </Titles>
20  </asp:Chart>
```

【代码解析】第 4～11 行声明了一个数据系列，系列类型为饼图，在 ChartArea1 区域显示；第 5～10 行声明了数据系列中的点集，包含 4 个数据点；第 6 行声明了一个数据点，分类轴标签文本 AxisLabel 为"看书"，数据轴的值 YValues 为 15；第 14 行声明了图形区 ChartArea1，显示为三维效果；第 16 行声明图例；第 18 行定义图表标题。

切换到设计视图，呈现效果如图 6-12 所示。该效果也可以通过服务器代码来动态加载。

|案例演练| 例 6-7：使用代码动态创建图表。

从工具箱中拖曳一个 Chart 控件到页面中。在页面的 Page_Load 事件中添加如下代码。

```
01  //程序名称：6_7.aspx.cs
02  //程序功能：创建图表
03  using System.Drawing;
04  using System.Web.UI.DataVisualization.Charting;        //导入创建图表所需的命名空间
05  protected void Page_Load(object sender, EventArgs e)
06  {
07      string[] axisLabel = new string[] {"学习工作", "娱乐", "购物", "社交" };
08      int[] yValues = new int[] {20, 8, 5, 12 };
09      Chart1.BackColor = Color.WhiteSmoke;              //设置 Chart1 控件的背景色
10      Chart1.ChartAreas[0].BackColor = Color.Wheat;     //设置绘图区的背景色
11      Chart1.Titles.Add("你上网主要做什么？ 调查结果");   //设置图表标题
12      Chart1.Series[0].Points.DataBindXY(axisLabel,yValues);
13      Chart1.Series[0].ChartType = SeriesChartType.Pie;  //设置图表类型为饼图
14      Chart1.ChartAreas[0].Area3DStyle.Enable3D = true;  //设置三维显示图表
15      Chart1.Legends.Add(new Legend());                 //添加图例
16  }
```

【代码解析】第 7 行分类轴显示数据 axisLabel 数组；第 8 行定义数值轴显示数据 yValues 数组；第 12 行将数组 axisLabel 和 yValues 绑定到数据系列 1 的数据点（Points）集合中，其中数组 axisLabel 绑定到分类轴上，数组 yValues 绑定到数值轴上。

浏览页面，运行效果如图 6-13 所示。

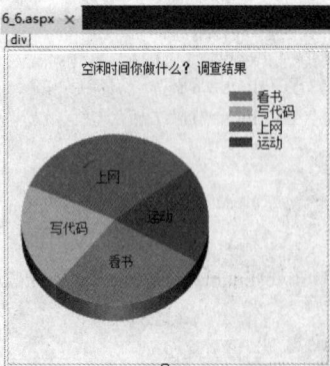

图 6-12　图表显示效果　　　　图 6-13　动态绑定图表显示效果

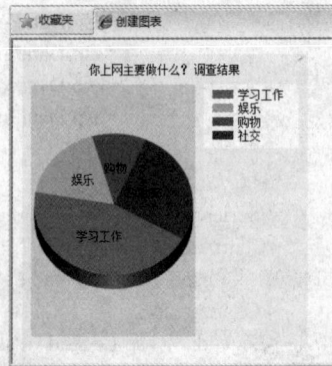

Chart 控件可以支持众多图表类型，其属性也非常丰富，限于篇幅，这里不作过多展开，读者可以参考 MSDN 提供的代码库 http://code.msdn.microsoft.com/mschart 中提供的示例进

一步学习。

任务实施

步骤 1. 新建一个 ASP.NET 空网站，命名为 VoteGraphicDemo。

步骤 2. 将项目 3 任务 2 中 Vote.aspx、Login.aspx 两个窗体及对应代码和 vote.txt 文件以添加现有项的方式添加到 VoteGraphicDemo 网站中。

步骤 3. 删除 Vote.aspx 页中的 lblView 标签控件，并添加 Chart 控件，代码如下。

```
01  <!--程序名称：Vote.aspx-->
02  <div style="float:right;">
03      <asp:Chart ID="Chart1" runat="server">
04          <Series>
05              <asp:Series Name="Series1"> </asp:Series>
06          </Series>
07          <ChartAreas>
08              <asp:ChartArea Name="ChartArea1"> </asp:ChartArea>
09          </ChartAreas>
10      </asp:Chart>
11  </div>
```

【代码解析】第 3～10 行为 Chart 控件的页面代码。

步骤 4. 修改"查看"按钮（btnView）的单击事件。这里使用 DataTable 来存放新闻人物的姓名和对应票数的数据，并通过 DataView 对象将数据绑定到数据系列中，代码如下。

```
01  //程序名称：Vote.aspx.cs
02  //程序功能：绘制新闻人物投票统计图
03  using System.Drawing;
04  using System.Web.UI.DataVisualization.Charting;
05  protected void btnView_Click(object sender, EventArgs e)
06  {
07      DataTable dt = new DataTable("tempVote");                      //创建 DataTable 对象 dt
08      DataColumn colName=new DataColumn("name",typeof(string));
09      DataColumn colVote = new DataColumn("vote", typeof(int));
10      dt.Columns.Add(colName);
11      dt.Columns.Add(colVote);
12      for (int i = 0; i < count.Count; i++)
13      {
14          DataRow dr = dt.NewRow();
15          dr["name"] = rbtlVote.Items[i].Value;
16          dr["vote"] = count[i];
17          dt.Rows.Add(dr);
18      }
19      DataView dw = new DataView(dt);
20      Chart1.BackColor = Color.WhiteSmoke;
21      Chart1.Titles.Add("新闻人物投票统计图表");                        //添加图表标题
22      //设置数据系列格式
```

```
23        Chart1.Series["Series1"].ChartType = SeriesChartType.Column;        //设置图表类型为柱状图
24        Chart1.Series["Series1"].Points.DataBindXY(dw, "name", dw, "vote");
25        Chart1.Series["Series1"].IsValueShownAsLabel = true;        //设置显示数据点标签
26        //设置绘图区格式
27        Chart1.ChartAreas["ChartArea1"].AxisX.Title = "姓名";        //设置分类轴标题
28        Chart1.ChartAreas["ChartArea1"].AxisY.Title = "票数";        //设置数值轴标题
29        Chart1.ChartAreas["ChartArea1"].AxisX.Interval = 1;        //设置分类轴间隔为 1
30        Chart1.ChartAreas["ChartArea1"].AxisY.Minimum = 5;        //设置数值轴最小刻度为 5
31        Chart1.ChartAreas["ChartArea1"].BackColor = Color.Wheat;
32    }
```

【代码解析】第 8～11 行为 dt 表创建两列并添加到 dt 中；第 12～18 行为依次将每一位新闻人物的姓名和票数作为行添加到表 dt 中；第 19 行在 dt 表上创建 DataView 对象 dw；第 24 行将 dw 数据视图中 name 列绑定到数据系列的分类轴，将 vote 列绑定到数据系列的数值轴。

步骤 5. 浏览 Vote.aspx 页，单击"查看"按钮，运行效果如图 6-14 所示。

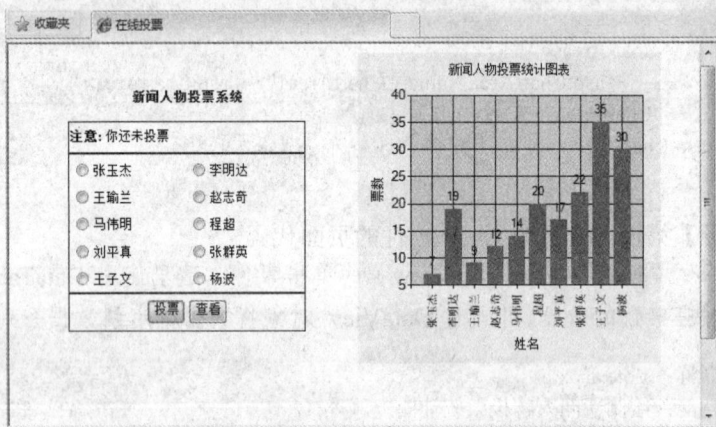

图 6-14　网络在线投票图形显示

项 目 小 结

本项目介绍了.NET Framework 提供的 GDI+绘图技术，通过生动的比喻讲解了使用 Bitmap、Graphics、Pen、Brush 和 Color 等对象在 Web 页面上绘制图形的方法，并结合 Random 类和动态网页作为图像源技术的使用，阐述了图形验证码这一典型任务的实现过程。同时，本项目还着重介绍了.NET Framework 4.0 中新增的 Chart 控件，并通过实例详细讲解了利用 Chart 控件在页面中绘制图表的具体过程。

本项目 IT 企业常见面试题

1．常用绘图类所在的命名空间有哪些？

2．ASP.NET 中如何创建统计图表？

3．实现图形验证码的一般步骤有哪些？

项 目 实 训

实训任务：

在 B2CSite 网站中添加图形验证码功能和数据统计图表。

实训目的：

1．会使用 GDI+中的常用类绘制基本图形。

2．会使用 Random 函数产生随机数。

3．会使用 Chart 控件绘制图表。

实训内容：

1．为 B2CSite 网站中的登录功能添加图形验证码的校验。

2．根据 SMDB 数据库中的数据，为 B2CSite 网站添加商品销售量统计图表，可以根据选择来确定图表的类型，根据选择确定是否采用三维显示效果，是否显示数据，如图 6-15 所示。

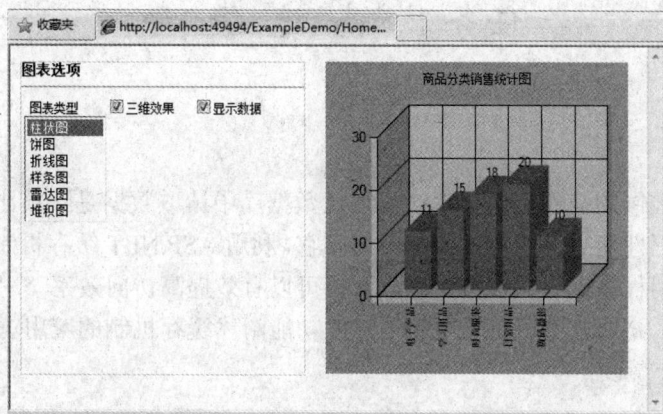

图 6-15 商品分类统计效果图

项目 7 高速缓存、跟踪检测和站点部署

一个程序就是一个世界。开发 Web 应用程序时除要考虑界面的美观和内容的丰富之外，还需要考虑用户访问站点时页面的读取效率，提高站点访问效率的方法有很多，其中最重要的一种就是利用缓存机制。应用系统开发完成后，难免会有不可知或不可预见的一些问题，开发人员需要借助跟踪检测技术来收集系统相关信息，以维护系统的可用性。完成后的 ASP.NET Web 应用程序还需要通过打包或发布，交付给最终用户。

在本项目中，使用 ASP.NET 提供的高速缓存、跟踪检测和站点部署来实现以上功能。

任务 1 高速缓存

任务 2 跟踪检测

任务 3 站点部署

任务 1 高 速 缓 存

任务场景

页面中执行最慢的操作是数据库访问，从数据库中读取数据是一项比较耗时的操作。改进数据访问代码性能的最好方法就是不访问它，利用 ASP.NET 缓存机制可以将数据库记录缓存起来，应用程序直接从缓存中读取数据可以有效提高访问效率。

在本任务中，将通过实现浏览电影信息的功能阐述缓存机制的应用。

知识引入

📹 *视频精讲*：

http://www.icourses.cn/jpk/changeforVideo.action?resId=400588&courseId=3803&firstShowFlag=53

7.1 缓存概述

通常情况下，应用程序可以将那些频繁访问的数据以及需要大量处理时间来创建的数据存储在内存中，从而提高性能。例如，如果应用程序使用复杂的逻辑来处理大量数据，然后将数据作为用户频繁访问的报表返回，可以避免用户每次请求数据时重新创建报表的麻烦，从而提高效率。反之，如果应用程序包含一个处理复杂数据但不需要经常更新的页，

则在每次请求时服务器都重新创建该页，将会使工作效率很低。为了提高应用程序的性能，ASP.NET 使用两种基本的缓存机制来提高缓存功能。

1. 页输出缓存

页输出缓存是在内存中存储处理后的 ASP.NET 页的内容。这一机制允许 ASP.NET 直接向客户端发送页响应，而不必再次经过页处理生命周期。页输出缓存对于那些不经常更改但需要大量处理才能创建的页非常有用。可以分别为每个页配置页缓存，也可以在 web.config 文件中创建缓存配置文件。利用缓存配置文件，只定义一次缓存设置就可以在多个页中使用这些设置。

页输出缓存提供了两种页缓存模型：整页缓存和部分页缓存。整页缓存允许将页的全部内容保存在内存中，并用于完成客户端请求。部分页缓存允许缓存页的部分内容，其他部分则为动态内容。

2. 应用程序缓存

与服务器状态管理类似，应用程序缓存也是以编程方式，通过键/值对将数据存储在内存中。与服务器状态管理不同的是，应用程序缓存中的数据是易失的，即数据并不是在整个应用程序生命周期中都存储在内存中。使用应用程序缓存的优点是由 ASP.NET 管理缓存，它会在项过期、无效或内存不足时自动删除缓存中的项。

使用应用程序缓存的模式是，确定在访问某一项时该项是否存在于缓存中，如果存在则使用。如果该项不存在，则可以重新创建该项，然后将其放回缓存中，这一模式可确保缓存中始终有最新的数据。

7.2 页输出缓存

页输出缓存使用户可以缓存 ASP.NET 页所发生的部分响应或所有响应。利用输出缓存能有效提高 Web 应用程序的性能。对站点中访问最频繁的页进行缓存可以大幅提高 Web 服务器的吞吐量。

1. 设置页的可缓存性

在 ASP.NET 中，可以通过在页面文件中使用@OutputCache 指令，以声明的方式设置页的可缓存性，还可以通过编程方式设置页面的可缓存性。

以声明性方式设置页输出缓存是通过在页面文件或用户控件文件中添加@OutputCache 指令完成。@OutputCache 指令的属性说明如表 7-1 所示。

表 7-1 @OutputCache 指令的属性说明

属　　性	说　　明
Duration	页或用户控件进行缓存的时间，单位为秒。此项必选
Location	OutputCacheLocation 枚举值之一，默认值为 Any。此项必选
CacheProfile	与该页关联的缓存设置的名称。可选属性，默认值为空字符串

续表

属　　性	说　　明
VaryByParam	分号分隔的字符串列表，用于使输出缓存发生变化
VaryByControl	一个分号分隔的字符串列表，用于更改用户控件的输出缓存。这些字符串代表用户控件中声明的服务器控件的 ID 属性值
VaryByHeader	分号分隔的 HTTP 标头列表，用于使输出缓存发生变化。将该属性设为多标头时，对于每个指定标头组合，输出缓存都包含一个不同版本的请求文档
VaryByCustom	表示自定义输出缓存要求的任意文本

属性 Location 的值类型为 OutputCacheLocation 枚举类型，包括的值如表 7-2 所示。

表 7-2　OutputCacheLocation 枚举类型值

属　　性	说　　明
Any	输出缓存位于请求的客户端浏览器、参与请求的代理服务器或处理请求的服务器上
Client	输出缓存位于产生请求的浏览器客户端上
None	对于请求的页，禁用输出缓存
Server	输出缓存位于处理请求的 Web 服务器上
ServerAndClient	输出缓存只能存储在源服务器或发生请求的客户端中。代理服务器不能缓存响应

若要设置页面能被缓存 60 秒，并且只能在服务器上被缓存，则代码设置如下。

```
<%@ OutputCache Location="Server" Duration="60" VaryByParam="None" %>
```

如果未显示设置 Location 属性，则默认为 Any，也就是说，可以将页输出缓存在与响应有关的所有具有缓存功能的网络设备上。

缓存的设置也可以在 web.config 文件中进行定义，代码如下所示。

```
01    <system.web>
02      <caching>
03        <outputCacheSettings>
04          <outputCacheProfiles>
05            <add name="myCache" Location="Server" Duration="60" VaryByParam="none"/>
06          </outputCacheProfiles>
07        </outputCacheSettings>
08      </caching>
09    </system.web>
```

【代码解析】第 5 行定义了缓存 Location、Duration 和 VaryByParam 等属性的值。

在页面或用户控件文件中包含@OutputCache 指令，并将 CacheProfile 属性设置为 web.config 文件中缓存配置文件的名称，代码如下。

```
<%@ OutputCache CacheProfiles="myCache" %>
```

【代码解析】设置页的缓存参数由 myCache 指定。

学习提示：如果每个页面的缓存时间相同，在 web.config 文件中统一控制缓存设置是明智的做法。

2. 缓存一个页面的多个版本

ASP.NET 允许在输出缓存中缓存同一页的多个版本，输出缓存可能会因下列因素而异。

- 初始请求中的查询字符串，使用 VaryByParam 属性。
- 回发时传递的控制值，使用 VaryByControl 属性。
- 随请求传递的 HTTP 标头，使用 VaryByHeader 属性。
- 发出请求的浏览器的主版本号，使用 VaryByCustom 属性。
- 该页中的自定义字符串，使用 VaryByCustom 属性。这种情况下，可以在 Global.asax 文件中创建自定义代码以指定该页的缓存行为。

通常使用 VaryByParam 属性设置网页的多个版本。例如，在商品明细信息页，通过查询字符串传递参数来显示具体某一商品，就可以为该网页创建多个版本，代码如下。

```
<%@ OutputCache duration="60" VaryByParam="gID" %>
```

【代码解析】将 VaryByParam 属性设为 gID（商品 ID），当请求该网页传递的参数不同时，就创建一个新版本并存入缓存。在缓存未过期之前，所有对该商品查看的访问都将从缓存中获取。

3. 部分页缓存

部分页缓存通常使用用户控件来包含缓存的内容，然后将用户控件标记为可缓存来缓存部分页输出，该选项允许缓存页中的特定内容，而每次都重新创建整个页。例如，如果创建的页显示大量动态内容（如股票信息），同时也有些部分是静态的，则可以在用户控件中创建这些静态部分并将用户控件配置为缓存。

创建包含缓存部分的用户控件后，还需确定用户控件的缓存策略，在.ascx 文件中缓存策略使用@OutputCache 指令设置。

案例
演练　例 7-1：部分缓存示例。

创建一个用户控件 WebUserControl.ascx，放入一个 Label 控件用于显示当前时间，并设置该用户控件将缓存 120 秒。WebUserControl.ascx 页面代码如下。

```
01   <!--程序名称：WebUserControl.ascx-->
02   <%@ Control Language="C#" AutoEventWireup="true"
03       CodeFile="WebUserControl.ascx.cs" Inherits="WebUserControl" %>
04   <%@ OutputCache Duration="120" VaryByParam="none" %>
05   被缓存的用户控件：<asp:Label ID="Label1" runat="server" Text="Label"></asp:Label>
```

【代码解析】第 2～3 行定义了用户控件的@Control 指令；第 4 行声明@OutputCache 指令，缓存时间为 120 秒，VaryByParam 属性为 none 表示不希望根据任何参数来改变缓存的内容。

在 WebUserControl.ascx.cs 代码文件中将当前时间赋值为标签 Label1，代码如下。

```
01   //程序名称：WebUserControl.ascs.cs
02   //程序功能：获取缓存的时间
```

```
03    protected void Page_Load(object sender, EventArgs e)
04    {
05        Label1.Text = DateTime.Now.ToLongTimeString();
06    }
```

添加 Web 窗体 7_1.aspx，在该窗体中添加一个 Label 控件和 WebUserControl.ascx 用户控件，在 7_1.aspx 页的 Page_Load 事件中添加如下代码。

```
01    //程序名称：7_1.aspx.cs
02    //程序功能：输出系统时间
03    protected void Page_Load(object sender, EventArgs e)
04    {
05        Label1.Text = DateTime.Now.ToLongTimeString();
06    }
```

浏览页面，运行效果如图 7-1 所示，刷新页面后的效果如图 7-2 所示，120 秒后再次刷新的效果如图 7-3 所示。

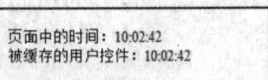

```
页面中的时间：10:02:42
被缓存的用户控件：10:02:42
```

```
页面中的时间：10:03:20
被缓存的用户控件：10:02:42
```

```
页面中的时间：10:04:44
被缓存的用户控件：10:04:44
```

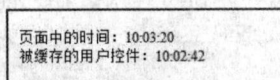

图 7-1　页面效果 1　　　　图 7-2　页面效果 2　　　　图 7-3　页面效果 3

从图 7-1 可以看到，两个 Label 显示的时间一致。当刷新页面后，页面中的 Label 控件的值立即发生变化，而且一直递增，而用户控件中的 Label 显示的时间仍然没有变化，这是因为刷新请求获取的用户控件位于缓存中，所以它的数据没有变化；当用户控件被缓存后的时间超过了 120 秒，用户控件缓存过期，再次刷新，就可以看到页面时间又一致了。此时，用户控件中的数据将会被重新创建并再次被缓存。

当缓存内容被添加到页面后，在页面中还可以设置缓存设置。这时必须考虑两者的输出缓存时间。如果页的输出缓存持续时间长于用户控件的输出缓存持续时间，则页的输出缓存持续时间优先。例如，如果页的输出缓存设置为 100 秒，而用户控件的输出缓存设置为 50 秒，则包括用户控件在内的整个页将在输出缓存中存储 100 秒，而与用户控件较短的时间设置无关。

在例 7-1 中，在 Default.aspx 页面中添加缓存设置，将设置缓存时间为 200 秒，代码如下。

```
<%@ OutputCache duration="200" VaryByParam="None" %>
```

再次浏览页面，即使时间超过了 120 秒，用户控件的 Label 值也没有变化，而是直到 200 秒后才和页面一起发生变化。

如果页的输出缓存持续时间比用户控件的输出缓存持续时间短，即使已为某个请求重新生成该页的其余部分，也将一直缓存用户控件直到其持续时间到期为止。例如，如果页面的输出缓存设置为 50 秒，而用户控件的输出缓存设置为 100 秒，则页的其余部分每到期两次，用户控件才到期一次。

7.3　应用程序缓存

应用程序缓存是由 System.Web.Caching.Cache 类实现的，缓存实例是应用程序专用，并且每个应用程序只有一个缓存实例。缓存实例通过 Page 类或 UserControl 类的 Cache 属性公开，缓存生存期依赖于应用程序的生存期，当重新启动应用程序后，将重新创建 Cache 对象，也就是说缓存数据将被清空。

Cache 对象可以设置和访问应用程序缓存中的项，使用该对象的 Insert 方法或 Add 方法向应用程序缓存添加项，以设置依赖项、过期策略和删除通知。若使用 Insert 方法向缓存添加项，且已经存在与现有项同名的项，则缓存中的现有项将被替换；若使用 Add 方法向缓存添加项，将返回添加到缓存中的对象，当缓存中已经存在与现有项同名的项，使用 Add 方法不会替换同名项，也不会引发异常。

1.　将项添加到缓存中

（1）添加缓存项

① 通过键和值直接设置项

将项以键/值对的形式存放在 Cache 中，同样可以通过键来检索这些项。

```
Cache["GoodsType"] = dsTypes;
```

【代码解析】创建缓存对象 GoodsType，将商品类别的数据集缓存起来。

② 通过 Insert 方法将项添加到缓存中

可以通过 Cache 类的 Insert 方法传递键和值来添加项，代码如下。

```
Cache.Insert("GoodsType ", dsTypes);
```

由于 Add 方法与 Insert 方法添加项的方式类似，这里不再赘述。

（2）设置缓存依赖项

在 ASP.NET 中，可以为缓存项添加的依赖项如表 7-3 所示。

表 7-3　缓存项的依赖项

依　赖　项	说　　明
键依赖项	允许缓存项依赖于应用程序缓存中另一缓存项的键。如果删除了原始项，则具有键依赖关系的项也会被删除
文件依赖项	缓存项可以依赖于外部文件。如果该文件被修改或删除，则缓存项也会被删除
SQL 依赖项	缓存项依赖于 SQL Server 数据库中表的更改
聚合依赖项	通过使用 AggregateCacheDependency 类，缓存项可以依赖于多个元素。如果任何依赖项发生更改，该项都会从缓存中删除
自定义依赖项	可以用自己的代码创建依赖关系以配置缓存中的项

在向缓存中添加项时，可以为 Cache 对象的 Insert 或 Add 方法传递 CacheDependncy 对象（或 SqlCacheDependncy 对象）的一个实例。若具有关联依赖项的项发生更改，缓存项便会失效并从缓存中删除。

① 添加缓存项的键依赖项

如果一个缓存项依赖于一个依赖项，当依赖项更改时则缓存项也被删除。例如，向缓存中添加一个缓存项 cacheGoods，该项依赖于缓存中的另一个项 cacheType，代码如下。

```
01    Cache.Insert("cacheGoods", cacheValue,
02            new System.Web.Caching.CacheDependency(null, new string[] { "cacheType" }));
```

【代码解析】向缓存项 cacheGoods 添加依赖项 cacheType。

只要 cacheType 发生变化，则 cacheGoods 立即从缓存中删除。可以向 CacheDependency 构造函数的第二个参数（字符串数组）传递多个缓存键，一次添加多个缓存依赖项，即只要其中任意一个缓存项发生变化，则 cacheGoods 将被删除。

② 添加缓存项的文件依赖项

缓存依赖项还可以依赖于文件，当文件被修改或删除时，缓存项将被删除。例如，如果编写一个处理 XML 文件中的财务数据的应用，则可以从该文件将数据插入缓存中并在此 XML 文件上保留一个依赖项。当该文件更新时，从缓存中删除该项，而应用程序将重新读取 XML 文件，然后将刷新后的数据放入缓存中。

```
01    Cache.Insert("cacheGoods ", cacheValue,
02            new System.Web.Caching.CacheDependency(Server.MapPath("XMLFile.xml")));
```

【代码解析】向缓存项 cacheGoods 添加依赖项文件 XMLFile.xml。

③ 添加缓存项的 SQL 依赖项

在实际应用中，往往需要将数据库中某个表的记录进行缓存。但是，由于数据库中的记录是随时变化的，如某个用户修改了记录或添加、删除了记录等。在这种情况下，就可以为缓存项添加 SQL 依赖项，当数据库记录发生变化时自动删除缓存项，数据库依赖项是通过使用 SqlCacheDependency 对象创建，依赖项是数据库中的记录。

案例演练 例 7-2：创建数据库依赖。

首先在 web.config 文件中进行数据库缓存依赖的配置，代码如下。

```
01    <!--程序名称：web.config-->
02    <connectionStrings>
03    <add name="smdbConn"
04            connectionString="server=(local);database=smdb;integrated security=true; " />
05    </connectionStrings>
06    <system.web>
07        <caching>
08            <sqlCacheDependency>
09                <databases>
10                    <add name="smdb" connectionStringName="smdbConn"/>
11                </databases>
12            </sqlCacheDependency>
13        </caching>
14    </system.web>
```

【代码解析】第 8～12 行定义了缓存依赖使用的数据库连接的名称。

然后为数据库启动缓存依赖。如果配置的是 SqlCacheDependency，则需要使用 aspnet_regsql 命令来开启，其格式如下所示。

```
aspnet_regsql -C "server=(local);database=smdb;integrated security=true; " -ed -et -t "GoodsType"
```

【代码解析】-C 表示数据库连接字符串；-ed 允许对数据库使用 SqlCacheDependency 功能；-et 允许对数据表使用 SqlCacheDependency 功能；-t 用来指示后面的参数是实现依赖的数据表名。

在命令提示窗口中执行命令后的效果如图 7-4 所示。

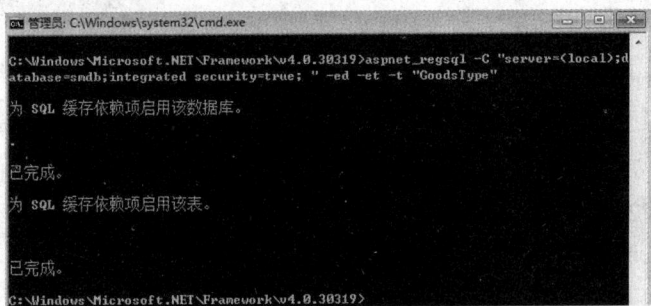

图 7-4　启用数据库缓存依赖

学习提示：aspnet_regsql.exe 文件通常位于 C:\Windows\Microsoft.NET\Framework\下对应版本的文件夹中。

接着添加 Web 窗体 7_2.aspx，在该窗体中添加 ListBox 控件 lbxType。为该窗体的代码类添加两个静态方法分别用来创建和获取缓存对象。

```
01  //程序名称：7_2.aspx.cs
02  //程序功能：实现数据库缓存依赖
03  using System.Web.Caching;                          //导入缓存所需的命名空间
04  /// <summary>
05  /// 创建缓存。参数 cacheKey 为缓存的名称，value 为待缓存的数据 scDep 为 Sql 依赖
06  /// </summary>
07  public static void setCache(string cacheKey, object value, SqlCacheDependency scDep)
08  {
09      HttpRuntime.Cache.Insert(cacheKey, value, scDep,
10          Cache.NoAbsoluteExpiration, Cache.NoSlidingExpiration );
11  }
12  /// <summary>
13  /// 获取 Cache
14  /// </summary>
15  public static object getCache(string cacheKey)
16  {
17      return HttpRuntime.Cache["cacheKey"];
18  }
```

【代码解析】第 9～10 行创建 Cache 对象，Cache.NoAbsoluteExpiration 表示从不到期；

Cache.NoSlidingExpiration 表示禁用可调过期；第 17 行返回 Cache 对象。

再定义获取数据表 GoodsType 的方法 getData，返回 GoodsType 表的数据集。

```
19    public DataSet getData()
20    {
21        DataSet ds = new DataSet();
22        string str = ConfigurationManager.ConnectionStrings["smdbconn"].ConnectionString;
23        using (SqlConnection conn = new SqlConnection(str))
24        {
25            conn.Open();
26            SqlDataAdapter sda = new SqlDataAdapter("select tID,tName from GoodsType", conn);
27            sda.Fill(ds, "types");
28        }
29        return ds;
30    }
```

【代码解析】第 21 行声明 DataSet 对象 ds；第 26 行创建 SqlDataAdapter 对象从数据表中查询数据；第 27 行将查询的数据填充到 ds 中。

最后在 Page_Load 事件中添加代码，实现数据库缓存依赖。

```
31    protected void Page_Load(object sender, EventArgs e)
32    {
33        object objTypes = getCache("goodsType");
34        if (objTypes == null)
35        {
36            objTypes = getData();
37            if (objTypes != null)
38            {
39                SqlCacheDependency scDep = new SqlCacheDependency("SMDB", "GoodsType");
40                setCache("goodsType", objTypes, scDep);
41            }
42        }
43        lbxType.DataSource = (DataSet)objTypes;
44        lbxType.DataTextField = "tName";
45        lbxType.DataValueField = "tID";
46        lbxType.DataBind();
47    }
```

【代码解析】第 33 行获取缓存对象 objTypes；第 36 行获取数据；第 39 行创建对 SMDB 数据库的表 GoodsType 的依赖；第 40 行创建 Cache 对象；第 43～46 行将 objTypes 绑定到页面中的 lbxTypes 列表控件中。

至此，数据库依赖缓存就设置完成了，只要数据表 GoodsType 的内容发生变化，查询操作才会重新查询更新缓存内容，这样可以有效减少数据库的重复查询，提高系统运行的性能和效率。

学习提示： *实际开发中缓存功能是大型站点设计的重要部分，由数据库驱动的 Web 应用程序，如果需要改善其性能，最好的方法是使用缓存功能。*

（3）设置缓存过期策略

Cache 类提供了强大的功能，允许自定义如何缓存项以及缓存多长时间。例如，当系统内存不足时，缓存会自动删除很少使用的或优先级较低的项以释放内存。该技术也称为清理，这是缓存确保过期数据不占用服务器资源的方式之一。

当使用 Insert 或 Add 方法将项添加到缓存时，可以指定 Cache 对象的过期策略。可以通过使用 DateTime 值指定项的确切过期时间（绝对过期时间）定义对象的生存期；也可以使用 TimeSpan 值指定一个弹性过期时间（可调性过期时间），可调性过期时间允许用户根据项的上次访问时间来指定该项过期之前的运行时间，一旦项过期，ASP.NET 便将它从缓存中删除，试图检索它的值将返回 null，除非该项被重新添加到缓存中。

例如，添加一个绝对过期的缓存项，指定具体的过期时间为 30 分钟。

```
01    Cache.Insert("goodsType", cacheValue, null, DateTime.Now.AddMinutes(30),
02              System.Web.Caching.Cache.NoSlidingExpiration);
```

【代码解析】从创建缓存对象开始计时，当时间满 30 分钟后，该缓存项将被删除。同样，可以将缓存项的过期策略设置为可调性过期，代码如下。

```
01    Cache.Insert("goodsType", cacheValue, null,
02              System.Web.Caching.Cache.NoAbsoluteExpiration, new TimeSpan(0,30,0));
```

【代码解析】指定可调时间为 30 分钟。

（4）设置缓存的优先级

在 ASP.NET 中，对已过期的缓存项执行清理，将根据在创建缓存项时指定的优先级来进行清理。也就是说，在服务器释放系统内存时，级别越低的缓存项越容易被清理。通常缓存项的优先级由 CacheItemPriority 枚举值指定，该枚举具有的成员如表 7-4 所示。

表 7-4　CacheItemPriority 枚举值

成 员 名 称	说　　明
AboveNormal	在服务器释放系统内存时，具有该优先级级别的缓存项被删除的可能性比分配了 Normal 优先级的项要小
BelowNormal	在服务器释放系统内存时，具有该优先级级别的缓存项比分配了 Normal 优先级的项更有可能被删除
Default	缓存项优先级的默认值为 Normal
High	在服务器释放系统内存时，具有该优先级级别的缓存项最不可能被删除
Low	在服务器释放系统内存时，具有该优先级级别的缓存项最有可能被删除
Normal	在服务器释放系统内存时，具有该优先级级别的缓存项很有可能被删除，且被删除的可能性仅次于具有 Low 或 BelowNormal 优先级的那些项
NotRemovable	在服务器释放系统内存时，具有该优先级级别的缓存项将不会被自动删除。但是，具有该优先级级别的项会根据项的绝对到期时间或可调整到期时间与其他项一起被删除

使用 CacheItemPriority 枚举值指定其优先级，代码如下。

```
01    Cache.Insert("goodsType",cacheValue, null,
```

```
02          System.Web.Caching.Cache.NoAbsoluteExpiration,
03          System.Web.Caching.CacheItemPriority.High, null);
```

【代码解析】定义缓存的优先级为 High。

2. 读取缓存项

由于缓存项在 Cache 中都是以键/值对形式存储的，可以通过键来检索被缓存的项，代码如下。

```
01    if (Cache["goodsType "] != null)
02    {
03          DataSet dsGoodsType = (DataSet)Cache["goodsType"];
04    }
```

【代码解析】第 3 行读取缓存。

学习提示：在读取缓存项时，一般首先判断该缓存项是否存在，然后再进行访问。

3. 从缓存中删除项

ASP.NET 缓存中的数据是易失的，即不能永远保存。当缓存已满、项已过期或依赖项发生更改时，缓存中的数据会自动删除。

除了允许从缓存中自动删除之外，还可以显式删除缓存，代码如下。

```
Cache.Remove("goodsType ");
```

【代码解析】使用 Remove 方法显式删除缓存。

任务实施

步骤 1. 新建一个 ASP.NET 空网站，命名为 CacheDemo。

步骤 2. 在 SQL Server 中新建名为 MoviesMIS 的数据库，并在其中添加名为 Movies 的表，用于保存电影信息。定义表的 SQL 语句如下所示。

```
01    //程序功能：在 MoviesMIS 数据库中创建名为 Movies 的表
02    USE MoviesMIS
03    GO
04    CREATE TABLE [dbo].[Movies]
05    (    [MoviesId] [int] NOT NULL PRIMARY KEY,
06         [MoviesTitle] [nvarchar](50) NULL,
07         [MoviesDirector] [nvarchar](50) NULL,
08         [MoviesReleased] [datetime] NULL
09    )
```

【代码解析】添加表 Movies。

步骤 3. 打开 Default.aspx 页，添加 GridView 控件 grvMoive 用于显示电影标题列表，使用配置数据源向导为 grvMoive 配置数据源，生成代码如下。

```
01    <!--程序名称：Default.aspx-->
02    <asp:GridView ID="grdMoive" runat="server" AutoGenerateColumns="False"
03        DataKeyNames="MoviesId" DataSourceID="SqlDataSource1">
04        <Columns>
05            <asp:HyperLinkField DataNavigateUrlFields="MoviesId" DataTextField="MoviesTitle"
06            DataNavigateUrlFormatString="Default.aspx?id={0}" HeaderText="电影标题" />
07        </Columns>
08    </asp:GridView>
09    <asp:SqlDataSource ID="SqlDataSource1" runat="server"
10        ConnectionString="<%$ ConnectionStrings: MoviesConn %>"
11        SelectCommand="SELECT [MoviesId], [MoviesTitle] FROM [Movies]">
12    </asp:SqlDataSource>
```

【代码解析】第 4~7 行声明 GridView 控件中的列，以超链接样式显示电影标题；第 9~12 行定义 GridView 控件所使用的数据源控件。

步骤 4. 在网站中添加显示电影详细信息的用户控件 MovieDetail.ascx，并添加 DetailsView 控件 dvMovieDetail，用于显示电影详细信息，使用配置数据源向导为 dvMovieDetail 配置数据源，生成代码如下。

```
01    <!--程序名称：MovieDetail.ascx-->
02    <%@ Control Language="C#" AutoEventWireup="true" CodeFile="MovieDetail.ascx.cs"
03    Inherits="MovieDetail" %>
04    <asp:DetailsView ID="dvMovieDetail" runat="server" AutoGenerateRows="False"
05    DataKeyNames="MoviesId" DataSourceID="SqlDataSource1" Height="50px" Width="300px">
06        <Fields>
07            <asp:BoundField DataField="MoviesId" HeaderText="MoviesId" ReadOnly="True"
08                SortExpression="MoviesId" InsertVisible="False" />
09            <asp:BoundField DataField="MoviesTitle" HeaderText="MoviesTitle"
10                SortExpression="MoviesTitle" />
11            <asp:BoundField DataField="MoviesDirector" HeaderText="MoviesDirector"
12                SortExpression="MoviesDirector" />
13            <asp:BoundField DataField="MoviesReleased" HeaderText="MoviesReleased"
14                SortExpression="MoviesReleased" />
15        </Fields>
16    </asp:DetailsView>
17    <asp:SqlDataSource ID="SqlDataSource1" runat="server"
18        ConnectionString="<%$ ConnectionStrings: MoviesConn %>"
19        SelectCommand="SELECT * FROM [Movies] WHERE ([MoviesId] = @MoviesId)">
20        <SelectParameters>
21            <asp:QueryStringParameter Name="MoviesId" QueryStringField="id" Type="Int32" />
22        </SelectParameters>
23    </asp:SqlDataSource>
```

【代码解析】第 6~15 行声明 DetailsView 控件的数据绑定字段，用于显示指定电影的详细信息；第 21 行声明数据源控件需使用的查询字符串参数。

步骤 5. 将用户控件 MovieDetail.ascx 拖曳至 Default.aspx 页面中，效果如图 7-5 所示。

步骤 6. 浏览 Default.aspx 页面，选中一个电影标题的运行效果，如图 7-6 所示。

图 7-5 Default.aspx 页面的设计界面　　　　图 7-6 浏览 Default.aspx 页面的显示效果

步骤 7．对 MovieDetail.ascx 用户控件进行缓存。打开 MovieDetail.ascx 文件的源编辑界面，在 @Control 指令下添加 @ OutputCache 指令，代码如下。

```
01    <!--程序名称：MovieDetail.ascx-->
02    <%@ OutputCache Duration="60" VaryByParam="id" %>
```

【代码解析】第 2 行声明缓存时间为 60 秒，根据参数 id 来更新缓存内容。

步骤 8．为了更好地判断是否进行了缓存，在 MovieDetail.ascx 用户控件和 Default.aspx 页面的中分别添加一个 Label(控件 ID 均为 Label1)用于显示系统时，并在 MovieDetail.ascx 用户控件和 Default.aspx 页面的 Page_Load 事件中都添加如下代码。

```
Label1.Text = DateTime.Now.ToString();
```

步骤 9．浏览 Default.aspx 页面，选中一个电影标题显示效果，如图 7-7 所示。选择另一个电影标题的显示效果，如图 7-8 所示。再次选中前一次选择的电影标题的显示效果，如图 7-9 所示。

图 7-7 显示效果 1　　　　图 7-8 显示效果 2　　　　图 7-9 显示效果 3

任务 2　跟踪检测

任务场景

　　在 Web 应用程序开发过程中，开发人员可以使用内部的调试器发现并解决问题，但是在产品发布环境下，考虑到安全以及版权，使用调试器对于管理员来说是一个巨大的任务。为了跟踪和收集应用程序的相关数据，开发人员使用 Trace 对象跟踪 HTTP 头信息以及会话状态信息。

在本任务中，通过跟踪本项目任务 1 中的电影浏览页面，将用户控件中的时间显示在 Trace 中。

知识引入

7.4 跟踪概述

利用跟踪技术，可以查看有关对 ASP.NET 页请求的诊断信息，允许开发人员在代码中直接编写调试语句，而不必将应用程序部署到成品服务器时从应用程序中删除这些语句，仅仅通过设置编译开关就可以完成。

ASP.NET 跟踪机制将消息写入显示在 ASP.NET 网页和跟踪查看器 Trace.axd 中。可以直接查看追加到页面末尾的跟踪信息，也可以使用单独的跟踪查看器查看。若要通过跟踪查看器查看，一般在浏览器中定位到 Web 应用的根目录（如 http://localhost/网站名称），在后面加上 Trace.axd 即可。例如，对项目 4 中任务 3 的 GoodsManagerDemo 应用程序进行跟踪，其界面如图 7-10 所示。单击"查看详细信息"超链接，可浏览每个页面的跟踪输出消息，如图 7-11 所示。

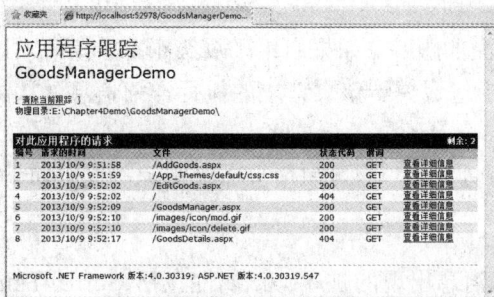

图 7-10　"应用程序跟踪"界面

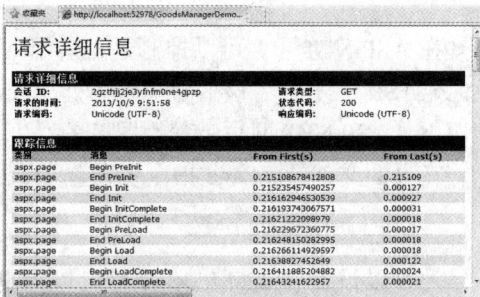

图 7-11　查看跟踪输出消息

表 7-5 列出了跟踪输出的几个部分。

表 7-5　跟踪信息输出说明

输出信息类别	说　　明
请求详细信息	显示关于当前请求和响应的常规信息
跟踪信息	显示页级事件流。若创建了自定义跟踪消息，这些消息将显示在"跟踪信息"部分
控件树	显示关于在页中创建的 ASP.NET 服务器控件的信息
会话状态	显示关于存储在会话状态中的值的信息
应用程序状态	显示关于存储在应用程序状态中的值的信息
Cookie 集合	显示关于针对每个请求和响应在浏览器和服务器之间传递的 Cookie 的信息。该部分既显示持久性 Cookie，也显示会话 Cookie

续表

输出信息类别	说　明
标头集合	显示关于请求和响应消息的标头名称/值对（提供关于消息体或所请求的资源的信息）的信息。标头信息用来控制请求消息的处理方式和响应消息的创建方式
窗体集合	显示名称/值对，显示在回发期间的请求中提交的窗体元素值（控件值）
Querystring 集合	显示在 URL 中传递的值
服务器变量	显示服务器相关的环境变量的集合和请求标头信息。HttpRequest 对象的 ServerVariables 属性返回服务器变量的 NameValueCollection

在实际应用中，开发人员会查看跟踪的详细信息，该信息一般显示方式如图 7-12 所示。

图 7-12　跟踪信息的显示方式

图 7-12 显示了页面生命周期中的事件和用户自定义的输出消息，从中可以查看各事件方法运行的时间以及相关变量的输出，从而帮助开发人员分析应用程序的执行情况。

7.5　页级跟踪

在 ASP.NET 中，可以控制是否启用单个页面的跟踪。如果启用了页级跟踪，在请求该页时，ASP.NET 会为该页附加一系列的表，表中包含关于该页请求的执行详细信息。默认情况下，ASP.NET 网页是禁用跟踪的。

在页面文件的@Page 指令中设置 Trace 属性为 true，即可启用页面级跟踪，代码如下。

```
<%@ Page Trace="true" %>
```

还可以设置 TraceMode 属性，以指定跟踪消息出现的顺序。该属性包括 SortByTime 和 SorttByCategory，前者将按跟踪消息的处理顺序对跟踪消息进行排序，后者则按在页或服务器控件代码的 System.Web.TraceContext.Warn 和 System.Web.TraceContext.Write 方法调用中指定的类别对消息进行排序。默认值为 SortByTime。

实际开发中，经常需要对某些关键变量进行跟踪，或者是执行到一段代码后给出提示消息等。消息的输出，可通过 Page 类的 Trace 属性来完成。Trace 属性返回当前 Web 请求的 TraceContext 对象，该对象捕获并提供有关 Web 请求的详细信息，通过调用其方法（Write 和 Warn）可将消息追加到特定的跟踪类别。Write 和 Warn 都可以输出跟踪信息，只是后者输出的文本显示为红色。

在 Default.aspx 页中启用页级跟踪，并在页面的默认事件 Page_Load 中自定义输出消息。

```
01    protected void Page_Load(object sender, EventArgs e)
02    {
```

```
03          Trace.Warn("ASPNET_TRACE","Page_Load");
04    }
```

【代码解析】第 3 行将消息 Page_Load 输出到 ASPNET_TRACE 类别。

浏览页面，查看跟踪信息，如图 7-13 所示。

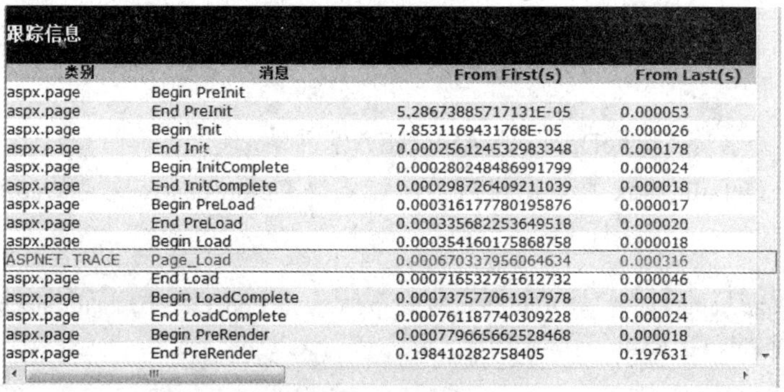

类别	消息	From First(s)	From Last(s)
aspx.page	Begin PreInit		
aspx.page	End PreInit	5.28673885717131E-05	0.000053
aspx.page	Begin Init	7.8531169431768E-05	0.000026
aspx.page	End Init	0.000256124532983348	0.000178
aspx.page	Begin InitComplete	0.000280248486991799	0.000024
aspx.page	End InitComplete	0.000298726409211039	0.000018
aspx.page	Begin PreLoad	0.000316177780195876	0.000017
aspx.page	End PreLoad	0.000335682253649518	0.000020
aspx.page	Begin Load	0.000354160175868758	0.000018
ASPNET_TRACE	Page_Load	0.000670337956064634	0.000316
aspx.page	End Load	0.000716532761612732	0.000046
aspx.page	Begin LoadComplete	0.000737577061917978	0.000021
aspx.page	End LoadComplete	0.000761187740309228	0.000024
aspx.page	Begin PreRender	0.000779665662528468	0.000018
aspx.page	End PreRender	0.198410282758405	0.197631

图 7-13　查看跟踪信息

7.6　应用程序级跟踪

通过对应用程序的 web.config 文件进行配置，也可以在所有页（除显示设置跟踪的页）中控制是否显示跟踪信息。

页级跟踪的设置将覆盖应用程序级的设置。即使应用程序级启用了跟踪，如果在页面中通过显式设置禁用了跟踪，则该页面上也不会显示跟踪信息，或者说如果在应用程序级禁用了启用跟踪，只要页面上启用跟踪，也可以查看该页的跟踪信息。

在 web.config 文件中，通过对<trace>节点进行设置，即可启用或禁用应用程序级跟踪。<trace>节点的相关配置属性如表 7-6 所示。

表 7-6　<trace>节点的相关配置属性

属　性	说　　明
Enabled	若要对应用程序启用跟踪，则为 true；否则为 false。默认为 false
pageOutput	若要在页中和跟踪查看器（Trace.axd）中显示跟踪，则为 true；否则为 false。默认为 false
RequestLimit	要在服务器上存储的跟踪请求书，默认值为 10
traceMode	跟踪信息的显示顺序
localOnly	若要使跟踪查看器（Trace.axd）只在主机 Web 服务器上可用，则为 true，否则为 false。默认为 true
mostRecent	若要在跟踪输出中显示最新的跟踪信息，则为 true，否则为 false，表示一旦超出 RequestLimit 值，则不存储新的请求。默认值为 false

假设要为应用程序配置跟踪，且要求最多可收集 20 个请求的跟踪信息，并允许使用服务器以外的计算机上的浏览器显示跟踪查看器，可配置如下代码。

```
01    <configuration>
02        <system.web>
```

```
03          <trace enabled="true" requestLimit="20" localOnly="false"/>
04      </system.web>
05  </configuration>
```

【代码解析】第 3 行应用程序启用跟踪。

任务实施

步骤 1．打开名为 CacheDemo 的 ASP.NET 空网站。

步骤 2．在 Default.aspx 页面中启用跟踪，修改 Default.aspx 文件的@Page 指令，修改代码如下。

```
01  <%@ Page Language="C#" AutoEventWireup="true"  CodeFile="Default.aspx.cs"
02      Inherits="_Default" Trace="true" %>
```

【代码解析】第 2 行定义 Trace 属性为 true，启用页面跟踪。

步骤 3．在 MovieDetail.ascx 的 Page_Load 事件中添加如下代码，设置跟踪系统时间。

```
01  //程序名称：MovieDetail.ascx.cs
02  //程序功能：查看跟踪信息
03  protected void Page_Load(object sender, EventArgs e)
04  {
05      Label1.Text = DateTime.Now.ToString();
06      Trace.Warn(Label1.Text);
07  }
```

【代码解析】第 6 行跟踪系统时间。

步骤 4．浏览 Default.aspx 页面，效果如图 7-14 所示。

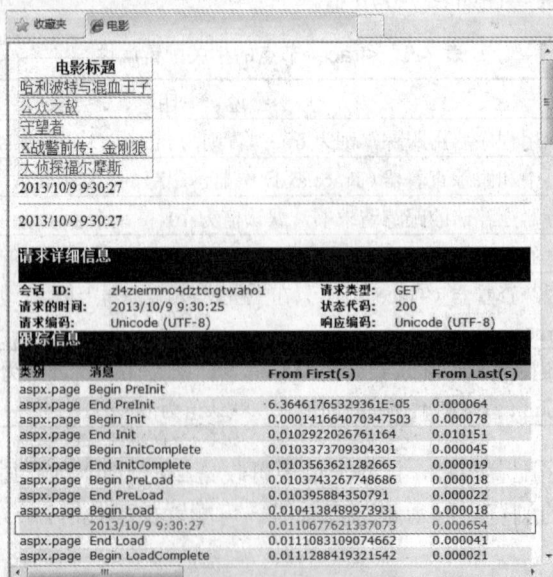

图 7-14　页面跟踪效果

· 242 ·

任务 3　站 点 部 署

任务场景

构建应用程序的一个重要方面是还要考虑如何打包，以方便部署应用程序。大多数 Web 应用程序都仅在内部发布，此时使用简单的复制功能就足够了。但如果允许其他人购买或使用 Web 应用程序，就需要通过打包使部署过程尽可能简单。

本任务将实现对本项目任务 1 的部署。

知识引入

　　 视频精讲：

http://www.icourses.cn/jpk/changeforVideo.action?resId=401353&courseId=3803&firstShowFlag=53

7.7　部署站点概述

部署 ASP.NET Web 站点的方式很多，包括站点复制、站点发布和创建安装程序包。

7.7.1　复制站点

复制站点是通过使用站点复制工具将 Web 站点的源文件复制到目标站点来完成站点的部署。站点复制工具集成在 Visual Studio 2010 的 IDE 中。

1. 站点复制工具简介

站点复制工具可以在当前站点与另一个站点之间复制文件。在 Visual Studio 中创建任何类型的站点，包括本地站点、IIS 站点、远程站点和 FTP 站点。该工具支持同步功能，同步检查两个站点上的文件并确保所有文件都是最新的。

使用站点复制工具的优点：

● 只需将文件从站点复制到目标计算机即可完成部署。

● 可以使用 Visual Web Developer 所支持的任何连接协议部署到目标计算机。如果需要，可以直接在服务器上更改网页或修复网页中的错误。

● 如果使用的是其文件存储在中央服务器中的项目，则可以使用同步功能确保文件的本地和远程版本保持同步。

使用站点复制工具的缺点：

● 站点按原样复制。因此，若文件包含编译错误，则只有用户运行引发该错误的网页时才会发现该错误。

- 由于没有经过编译，所以当用户请求网页时将执行动态编译，并缓存编译后的资源。因此，对站点的第一次访问速度较慢。
- 由于发布的是源代码，因此其代码是公开的，可能导致代码泄露。

2. 使用站点复制工具

（1）连接到目标站点

首先，从 Visual Studio 2010 的 IDE 中选择"网站"菜单项，然后选择"复制网站"命令即可打开站点复制工具，如图 7-15 所示。

从图 7-15 中可以看出，第一行区域设定连接的目标站点，其下分为左右两部分，左边为源站点，右边为远程站点（也称目标站点）。在源站点和远程站点的文件列表框中，显示了站点的目录结构，并能看到每个文件的状态和修改日期。

要复制站点文件，必须先连接到目标站点。站点复制工具能够让复制操作指定目标，该目标可以是文件系统站点、本地 IIS Web 站点、FTP 站点或远程 Web 站点。

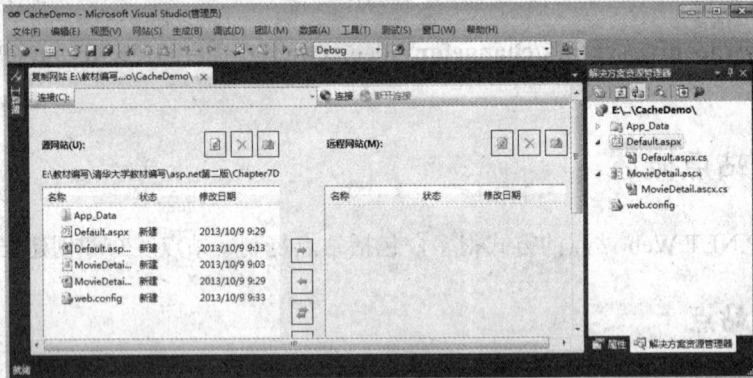

图 7-15　"复制网站"对话框

单击"连接"按钮，打开"打开网站"对话框，指定目标站点，如图 7-16 所示。

图 7-16　"打开网站"对话框

选择"文件系统"选项，并指定目标站点存储在 C:\Inetpub\wwwroot\test 目录下，单击"打开"按钮，即可连接到目标站点。

一旦连接成功后，该连接在打开该站点时就是活动的。如果不需要连接到远程站点，则可以删除连接。

（2）复制源文件

可以使用站点复制工具复制构成站点的所有源文件，包括 ASPX 文件、代码隐藏文件和其他 Web 文件（如静态 HTML 文件、图像等）。

复制工具允许逐个复制文件或一次复制所有文件。通常第一次发布时使用一次性复制所有文件，而以后每次在本地修改了个别文件后则使用逐个复制的方法。例如，在源站点的文件列表中选择所有文件后单击"复制"按钮或直接右击并选择"将网站复制到远程网站"命令，将一次复制所有文件；当选择某个文件后单击"复制"按钮或右击并选择"复制选定的文件"命令即可复制该文件。操作界面如图 7-17 所示。

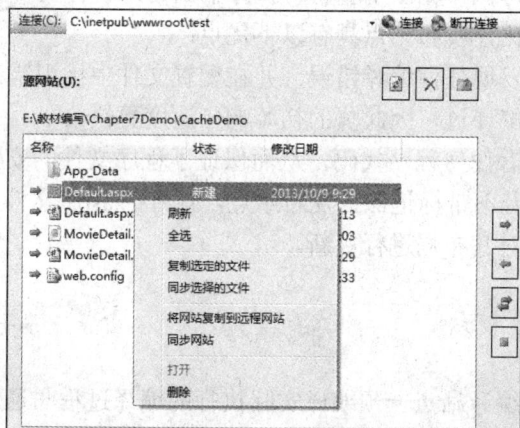

图 7-17　"复制选定文件"效果图

在进行文件复制时，需要注意如下几点：

- 文件的较旧版本不会覆盖较新版本。因此，即使在复制了整个站点以后，两个站点也可能不同。
- 如果所复制的文件包括一个已删除的文件而目标站点中仍有该文件的副本，则将提示是否也要删除目标站点中的该文件。
- 若复制的文件在目标站点中已发生更改，将提示是否要改写目标站点中的文件。

（3）同步文件

实际开发中，有时需要将开发的站点部署到一个测试服务器。但在测试的过程中，有可能在本地开发中修改了某个文件或者是直接在测试服务器上修改了某些文件，这时源站点和远程站点中的某些文件就不同步了。此时可在图 7-17 所示界面中可选择"同步网站"或选择单个文件后右击选择"同步选择的文件"命令进行同步。

一般在使用同步站点时，复制工具将检查所有文件的状态并执行如下任务。

- 将新建文件复制到没有该文件的站点中。
- 复制已更改的文件，使得两个站点都具有该文件的最新版本。

● 不复制未更改的文件。

在同步过程中，将检测如表 7-7 所示条件并给出提示信息。

表 7-7　同步过程的提示信息

条　　件	结　　果
已删除了一个站点上的文件	提示是否要删除另一个站点上的相应文件
文件在两个站点上的时间戳不同（在不同时间对两个站点上的该文件进行了添加或编辑）	提示要保留哪一个版本

7.7.2　发布站点

发布站点是指编译站点并将输出复制到指定位置。主要完成将 App_Code 文件夹中的页、源代码等预编译到可执行输出中和将可执行输出写入目标文件夹两个任务。

同"站点复制"相比，发布站点具有以下优点：

● 预编译过程能发现任何编译错误，并在配置文件中标识错误。

● 由于页面已被编译过，因此页的初始响应速度更快。

● 不会随站点部署任何程序代码，从而保证了程序文件的安全性，并可以带标记保护发布站点；若不带标记保护发布站点，就将把.aspx 文件按原样复制到站点中并允许在部署后对其布局进行更新。

1. 预编译站点

（1）预编译概述

发布的第一步是预编译站点。预编译实际执行的编译过程与通常在浏览器中请求页时发生的动态编译的编译过程相同。预编译站点有以下优点：

● 可以加快用户的响应时间，因为页和代码文件在第一次被请求时无需编译。

● 可以在用户看到站点之前识别编译时的 bug。

● 可以创建站点的已编译版本，并将该版本部署到成品服务器，而无需源代码。

ASP.NET 提供了两种预编译站点的类型：预编译现有站点和针对部署的预编译。

① 预编译现有站点

可以通过预编译现有站点来稍稍提高站点的性能。对于经常更改和补充 ASP.NET 网页及代码文件的站点则更是如此。对于内容不固定的站点，动态编译新增页和更改页所需的额外时间会影响用户对站点质量的感受。

在执行本地预编译时，将编译所有 ASP.NET 文件类型（HTML 文件、图形和其他非 ASP.NET 静态文件将保持原状）。在预编译过程中，编译器将为所有可执行输出创建程序集，并将程序集放在%SystemRoot%\Microsoft.NET\Framework\version\Temporary ASP.NET Files 文件夹中，ASP.NET 将通过此文件夹中的程序集来完成页请求。

如果再次预编译站点，那么只需编译新文件或更改过的文件，由于编译的优化，即使是细微的更新之后也可以编译站点。

② 针对部署的预编译

预编译站点的另一个好处是生成可以部署到成品服务器站点的可执行版本。针对部署进行预编译，并将以布局形式创建输出，其中包括程序集、配置信息、有关站点文件夹的信息以及静态文件等。站点编译之后，可以使用类似 FTP 工具将其部署到成品服务器。部署完成之后即可运行。预编译方式包括针对部署和针对部署和更新两种方式。

当仅针对部署进行预编译时，所有 ASP.NET 源文件将生成程序集。其中包括页中的程序代码、.cs 和.vb 类文件以及其他代码文件和资源文件。编译器将从输出中删除所有源代码和标记。在生成的布局中，为每个.aspx 文件生成编译后的文件（扩展名为.compiled），该文件包括指向该页相应程序集的指针。如要更改站点（包括页的布局），则必须更改原始文件，重新编译站点并重新部署布局，但可以更改成品服务器上的 web.config 文件，而无需重新编译站点。

当对部署和更新站点进行预编译时，编译器将所有源代码（.aspx 文件除外）和资源文件生成程序集。编译器将.aspx 文件转换成使用编译后的代码隐藏模型的单个文件，并将其复制到布局中。使用此方式，可以在编译站点中的 ASP.NET 网页之后，对其进行有限的更改。例如，可以更改控件的排列、页的颜色、字体和其他外观元素，还可以添加不需要事件处理程序或其他代码的控件。

（2）预编译期间对文件的处理

① 编译的文件

预编译过程是对 ASP.NET Web 应用程序中各种类型文件的执行操作。文件的处理方式各不相同，这取决于应用程序预编译是只用于部署还是用于部署和更新。

表 7-8 描述了不同的文件类型以及应用程序预编译只用于部署时对这些文件类型所执行的操作。

表 7-8 用于部署时对各种文件类型所执行的操作

文 件 类 型	预编译操作	输 出 位 置
.aspx .ascx .master	生成程序集和一个指向该程序集的.compiled 文件。原始文件保留在原位置，作为完成请求的占位符	程序集和.compiled 文件写入 Bin 文件夹中。页被输出至与源文件相同的位置，删除.aspx 文件的内容
.asmx .ashx	生成程序集，原始文件保留在原位置，作为完成请求的占位符	Bin 文件夹
App_Code 文件夹中的文件	生成一个或多个程序集（取决于 web.config 设置）	Bin 文件夹
未包含在 App_Code 文件夹中的.cs 或.vb 文件	与依赖于这些文件的页或资源一起编译	Bin 文件夹
Bin 文件夹中的.dll 文件	按原样复制文件	Bin 文件夹
资源（.resx）文件	App_LocalResources 或 App_Global-Resources 文件夹中的.resx 文件，生成一个或多个程序集以及一个区域性结构	Bin 文件夹
App_Themes 文件夹及子文件夹中的文件	在目标位置生成程序集并生成指向这些程序集的.compiled 文件	Bin 文件夹

续表

文 件 类 型	预编译操作	输 出 位 置
静态文件（.html、.htm、图形文件等）	按原样复制文件	与源结构相同
浏览器定义文件	按原样复制文件	App_Browsers
依赖项目	将依赖项目的输出生成到程序集中	Bin 文件夹
Web.config 文件	按原样复制文件	与源结构相同
Global.asax 文件	编译到程序集中	Bin 文件夹

表 7-9 描述了不同的文件类型以及应用程序预编译对部署和更新时对这些文件类型所执行的操作。

表 7-9　对部署和更新时对这些文件类型所执行的操作

文 件 类 型	预编译操作	输 出 位 置
.aspx .ascx .master	对于具有代码隐藏类文件的所有文件，生成一个程序集，并将这些文件的单文件版本复制到目标位置	程序集文件写入 Bin 文件夹中。.aspx、.ascx、.master 文件被输出至与源结构相同的位置
.asmx .ashx	按原样复制文件，但不编译	与源结构相同
App_Code 文件夹中的文件	生成一个程序集和一个.compiled 文件	Bin 文件夹
未包含在 App_Code 文件夹中的.cs 或.vb 文件	与依赖于这些文件的页或资源一起编译	Bin 文件夹
Bin 文件夹中的.dll 文件	按原样复制文件	Bin 文件夹
资源（.resx）文件	App_GlobalResources 文件夹中的.resx 文件，生成一个或多个程序集以及一个区域性结构；App_LocalResources 文件夹中的.resx 文件，按原样复制到输出位置的 App_LocalResources 文件夹中	程序集放置在 Bin 文件夹中
App_Themes 文件夹及子文件夹中的文件	按原样复制文件	与源结构相同
静态文件（.html、.htm、图形文件等）	按原样复制文件	与源结构相同
浏览器定义文件	按原样复制文件	App_Browsers
依赖项目	将依赖项目的输出生成到程序集中	Bin 文件夹
Web.config 文件	按原样复制文件	与源结构相同
Global.asax 文件	编译到程序集中	Bin 文件夹

② .compiled 文件

ASP.NET Web 应用程序中的可执行文件、程序集和程序集名称以及文件扩展名为.compiled 的文件都是在编译时生成的，.compiled 文件不包含可执行代码，只包含 ASP.NET 查询相应的程序集所需的信息。

在部署预编译的应用程序之后，ASP.NET 使用 Bin 文件夹下的程序集来处理请求。预编译输出包含.aspx 或.asmx 文件，不包含任何代码，采用该方式来限制对特定文件的访问。

③ 更新部署的站点

在部署预编译的站点之后，还可以对站点中的文件或页面布局进行一定的更改。表 7-10 描述了不同类型的更改所造成的影响。

表 7-10　不同文件类型的更新比较

文 件 类 型	允许的更改（仅部署）	允许的更改（部署和更新）
静态文件（.html、.htm、图形文件等）	可以更改、删除或添加静态文件。当 ASP.NET 网页引用的页或页元素已被更改或删除，可能会发生错误	可以更改、删除或添加静态文件。当 ASP.NET 网页引用的页或页元素已被更改或删除，可能会发生错误
.aspx 文件	不允许更改现有的页。不允许添加新的.aspx 文件	可以更改.aspx 文件的布局和添加不需要代码的元素，还可以添加新的.aspx 文件（该文件通常在首次请求时进行编译）
.skin 文件	忽略更改和新增的.skin 文件	允许更改和新增的.skin 文件
Web.config 文件	允许更改，这些更改将影响.aspx 文件的编译	如果所做的更改不会影响站点或页的编译（包括编译器设置、信任级别和全球化），则允许进行更改
浏览器定义文件	允许更改和新增文件	允许更改和新增文件
从资源（.resx）文件编译的程序集	可以为全局和局部资源添加新的资源程序集文件	可以为全局和局部资源添加新的资源程序集

2. 发布站点

（1）使用站点发布工具

使用集成在 Visual Studio 2010 的 IDE 中的站点发布工具来完成站点的发布。通过选择"生成"菜单的"发布站点"命令或在解决方案资源管理器里右击 Web 项目并选择"发布站点"命令，打开"发布网站"对话框，如图 7-18 所示。

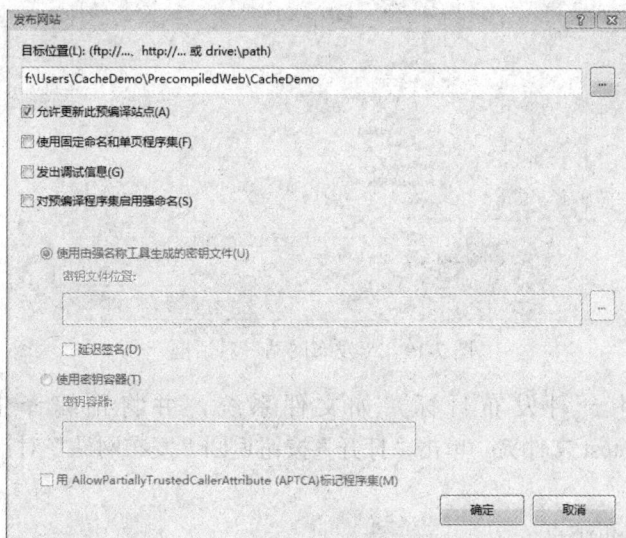

图 7-18　"发布网站"对话框

在图 7-18 所示的"发布网站"对话框中有 3 个复选框控制着预编译的执行，其含义分别如下。

① 允许更新此预编译站点：指定.aspx 页面的内容不编译到程序集中，而是标记保留原样，从而能够在预编译站点后更改 HTML 和客户端功能。选中该复选框将执行部署和更新的预编译，反之则仅执行部署的预编译。

② 使用固定命名的单页程序集：指定在预编译过程中将关闭批处理，以便生成带有固定名称的程序集，将继续编译主题文件和外观文件到单个程序集。

③ 对预编译程序集启用强命名：指定使用密钥文件或密钥容器使生成程序集具有强名称，以对程序集进行编码并保证未被恶意篡改。在选中此复选框后，可以执行以下操作：

● 指定要使用的密钥文件的位置以对程序集进行签名。如果使用密钥文件，可以选中"延迟签名"复选框，它以两个阶段对程序集进行签名：首先使用公钥文件进行签名，然后使用在稍后调用 aspnet_compiler.exe 命令过程中指定的私钥文件进行签名。

● 从系统的 CSP（加密服务提供程序）中指定密钥容器的位置，用来为程序集命名。

● 选择是否使用 AllowPartiallyTrustedCallers 属性标记程序集，此属性允许由部分受信任的代码调用强命名的程序集。没有此声明，只有完全受信任的调用方可以使用这样的程序集。

为发布站点选择不同的目标，单击"目标位置"文本框右边的按钮，即可进入"发布网站"对话框，如图 7-19 所示。

图 7-19 "发布网站"对话框

可以选择其中一种发布目标，如文件系统，并将预编译生成布局输出到 C:\Inetpub\wwwroot\test 文件夹。单击"打开"按钮返回"发布网站"对话框，单击"确定"按钮即可启动发布。

（2）配置已发布站点

发布网站的过程将对网站中的可执行文件进行编译，然后将输出写入指定的文件夹中。

由于测试环境与发布应用程序的位置之间存在配置差异，所以发布的应用程序可能与测试环境中的应用程序行为不同。如果出现这种情况，在发布网站后可能需要更改配置设置，完成以下配置任务：

① 检查原始站点的配置和已发布站点需要更改的设置。开发站点与成品站点的常见设置包括连接字符串、成员资格设置、调试设置、跟踪、自定义错误等其他安全设置。

因为配置设置是继承的，开发人员需要查看 Machine.config 文件的本地版本或位于 %SystemRoot%\Microsoft.NET\Framework\vsrsion\CONFIG 目录下的 web.config 文件以及应用程序中的任何 web.config 文件。

② 发布站点以后，最好使用不同用户账户测试已发布站点的所有网页。如果已发布的站点与原始站点行为不同，可能需要对已发布的站点进行配置更改。

③ 若要查看已发布站点的配置设置，需打开远程站点并直接编辑远程站点的 web.config 文件。

④ 比较已发布的站点与原始站点的配置设置。在已发布站点的 Web 服务器上，除应用程序的 web.config 文件外，还需要查看 Machine.config 文件或位于远程计算机的 %SystemRoot%\Microsoft.NET\Framework\vsrsion\CONFIG 目录下的 web.config 文件。

⑤ 对敏感配置设置（如安全设置和连接字符串）进行加密。

7.7.3　Web 项目安装包

可以通过创建 Web 安装项目生成.msi 文件或其他文件（setup.exe 和 Windows 组件文件），即 Web 项目安装包。然后将该安装包复制到其他计算机，运行.msi 或 setup.exe 可执行文件即可完成 Web 项目的安装。

1.　安装项目概述

安装项目用于创建安装程序，以便分发应用程序。最终的 Windows Installer（.msi）文件包含应用程序、任何依赖文件以及有关应用程序的信息（如注册表项和安装说明等）。

在 Visual Studio 2010 中有两种类型的安装项目，即安装项目和 Web 安装项目。安装项与 Web 安装项目之间的区别在于安装程序的部署位置不同：安装项目将文件安装到目标计算机的文件系统中；而 Web 安装项目将文件安装到 Web 服务器的虚拟目录中。此外，Visual Studio 2010 中提供的"安装向导"简化了创建安装项目或 Web 安装项目的过程。

与简单的复制文件相比，使用部署在 Web 服务器上的安装文件提供的好处是，可以自动处理任何与注册和配置有关的问题，如添加注册表项和自动安装数据等。

2.　创建 Web 安装项目

若要将 Web 应用程序部署到 Web 服务器，就需创建 Web 安装项目，生成其并将其复制到 Web 服务器计算机，然后使用 Web 安装项目中定义的设置，在服务器上运行安装程序来安装应用程序。

案例
演练 例 7-3：创建 Web 安装项目。

（1）打开 Visual Studio 2010，选择"文件"菜单中的"添加新项目"菜单项，打开如图 7-20 所示对话框，在"已安装的模板"列表中选择"其他项目类型"→"安装和部署"→Visual Studio Installer 选项，选择"Web 安装项目"选项。

图 7-20 "新建项目"对话框

输入安装项目的名称并选择好存储路径后，单击"确定"按钮即可创建 Web 安装项目。值得注意的是，使用 Visual Studio 2010 创建的 Web 应用程序必须运行在安装.NET Framework 4.0 的计算机环境中。因此，这里需要为安装项目添加.NET Framework 4.0 组件。当在未安装.NET Framework 4.0 的计算机上运行该安装包时，自动安装.NET Framework 4.0。

（2）在解决方案管理器中右击 WebSetup1，在弹出的快捷菜单中选择"属性"命令，打开 Web 安装项目的属性设置对话框，如图 7-21 所示；单击"系统必备"按钮，打开"系统必备"对话框，选中.NET Framework 4.0 复选框，如图 7-22 所示。

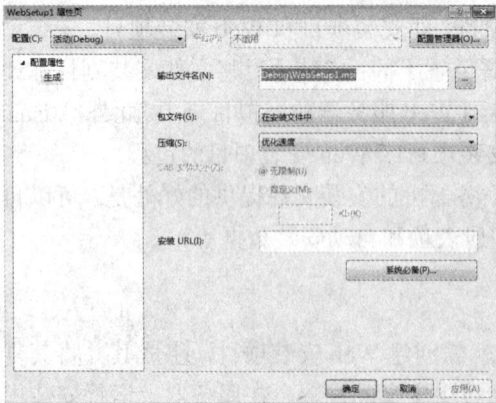

图 7-21 WebSetup1 属性对话框

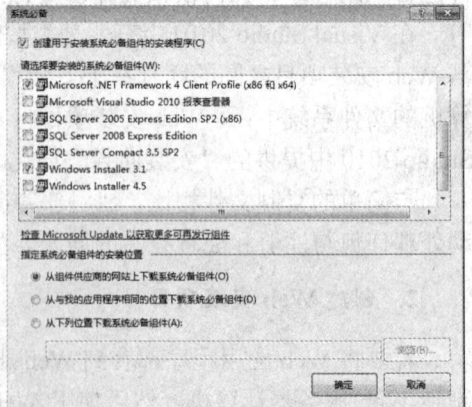

图 7-22 "系统必备"对话框

（3）添加输出文件。指定安装程序的内容以及这些内容将被安装到目标计算机的位置。

打开安装项目的"文件视图"编辑器（默认情况下该视图已打开），Web 安装项目默认创建了 Bin 目录。可以在视图中添加 Web 应用的部署文件，如程序集、.Compiled 文件以及页面文件和静态文件、资源文件等，即包括所有预编译输出文件及其布局结构，或者直接包括站点的源代码及其布局结构，如图 7-23 所示。

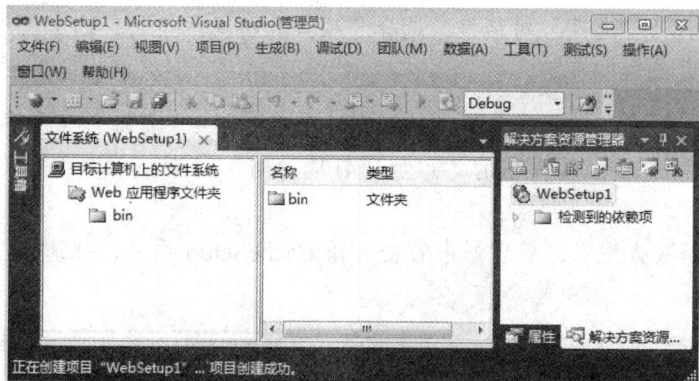

图 7-23　添加输出文件界面

（4）添加输出文件后，接下来编译安装项目，然后测试项目是否能够正常运行。在解决方案资源管理器中右击安装项目名称，选择"生成"命令，启动编译。编译完成后，在项目输出文件夹下直接运行.msi 或 setup.exe 文件启动应用程序安装向导，如图 7-24 所示。

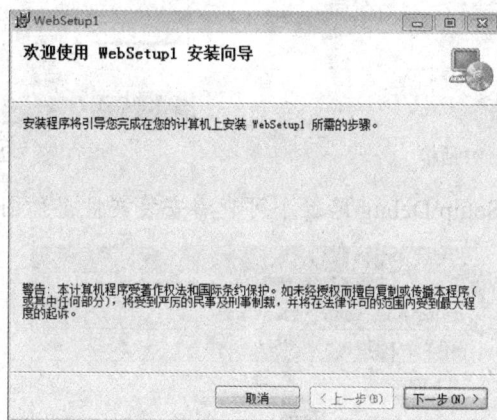

图 7-24　"安装向导"界面

在向导的指引下按默认设置逐步单击"下一步"按钮即可完成 Web 应用程序的安装。安装完成后，将会在 IIS 下创建一个虚拟目录 WebSetup1，并在 C:\Inetpub\wwwroot 目录下创建文件夹 WebSetup1，所有输出文件都将以相同的布局放置在该文件夹中。

任务实施

步骤 1. 打开名为 CacheDemo 的 ASP.NET 网站。
步骤 2. 在解决方案资源管理器中右击"解决方案 CacheDemo"，打开"新建项目"

对话框，在"已安装的模板"列表中选择"其他项目类型"→"安装和部署"→Visual Studio Installer 选项，选择"Web 安装项目"选项，设置输出名称和位置，名称为 CacheSetup，位置为 F:\，单击"确定"按钮。

学习提示：若在解决方案资源管理器中看不到解决方案，只需选择菜单项"工具"→"选项"打开"选项"对话框，选择"项目和解决方案"，选中"总是显示解决方案"复选框即可。

　　步骤 3．在当前窗口中右击选择"Web 应用程序文件夹"选项，并选择"添加"命令，选择"项目输出"选项，在弹出的"添加项目输出组"对话框中单击"确定"按钮，如图 7-25 所示。

　　步骤 4．在解决方案资源管理器中右击选择 CacheSetup 项目，并选择"生成"命令，如图 7-26 所示。

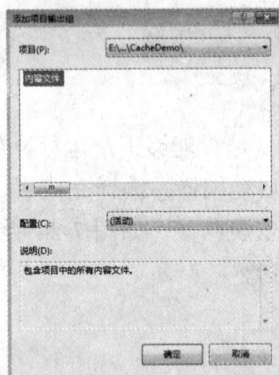

图 7-25　"添加项目输出组"对话框

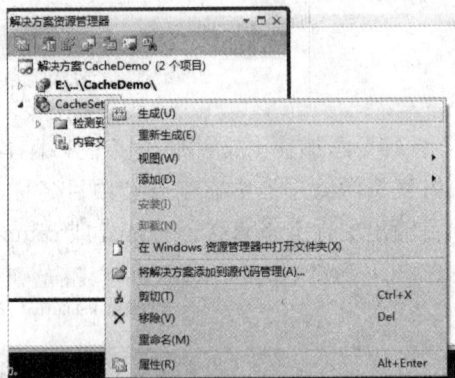

图 7-26　生成安装项目

　　步骤 5．在 F:\CacheSetup\Debug 路径下可查看安装文件，如图 7-27 所示。

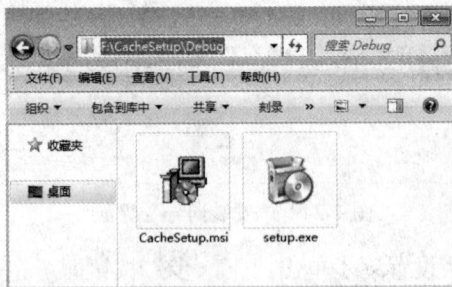

图 7-27　查看安装文件

项 目 小 结

　　在本项目中，任务 1 通过实例讲解了 ASP.NET 提供的缓存机制，包括局部缓存、页面缓存、应用程序缓存技术和 Cache 对象的使用，通过缓存机制的运用，有效提高访问效率。

任务 2 介绍了跟踪检测的常用手段，包括页级跟踪和应用程序跟踪，并通过介绍 Trace 对象的使用来为了跟踪和收集应用程序的相关数据，为开发人员维护系统提供依据。任务 3 详细介绍了应用程序部署的 3 种方法，包括复制站点、站点发布和应用程序打包。

本项目 IT 企业常见面试题

1．实现系统缓存有哪些方法？
2．为什么要用缓存依赖？有哪几种缓存依赖方式？
3．页面缓存中 VaryByParam 属性的作用是什么？
4．为什么要使用跟踪技术？怎样启用 ASP.NET Web 应用程序的跟踪？
5．叙述创建 Web 项目安装包的步骤。

项 目 实 训

实训任务：
使用页面缓存和跟踪技术，并发布网站。
实训目的：
1．会使用缓存技术提高页面访问效率。
2．会使用页面跟踪检测。
3．能正确发布网站。
实训内容：
1．为 B2CSite 网站中母版页添加商品分类导航，并将该分类导航区域设计成页面缓存，缓存时间为 30 分钟，分类导航的界面设计可参考淘宝、京东等电子商务网站的风格。
2．使用跟踪技术，跟踪网站中用户登录保存的 Session 状态信息。
3．将 B2CSite 网站部署到 IIS 中，名称为 B2CSite。

项目 8　jQuery 实现网页特效

随着 Web 2.0 的兴起，JavaScript 越来越受到重视，一系列 JavaScript 程序库也蓬勃发展起来。从早期的 Prototype、Dojo 到 2006 年的 jQuery，再到 2007 年的 ExtJS，互联网正在掀起一场 JavaScript 风暴。jQuery 以其独特、优雅的姿态，始终位于这场风暴的中心，受到越来越多人的青睐。

本项目通过滑动菜单和影片海报预览两个典型任务的实现，让读者深入了解在 Web 开发中如何应用 jQuery 实现网页特效。

任务 1　滑动菜单

任务 2　影片海报预览

任务 1　滑 动 菜 单

任务场景

菜单设计在网站设计中占有重要的地位，不仅要为用户提供更好的视觉体验，还要方便用户查找需要的信息。如何设计简单易用又有视觉冲击力的菜单，一直是网页设计师头疼的问题。本任务结合 jQuery 的基础知识，使用 jQuery 对 DOM 的操作技术，实现炫彩的滑动菜单。

知识引入

8.1　jQuery 基础

8.1.1　jQuery 简介

jQuery 是一个优秀的 JavaScript 库，是由 John Resig 创建于 2006 年 1 月的一个开源项目。jQuery 凭借简洁的语法和跨平台的兼容性，极大地简化了 JavaScript 开发人员遍历 HTML 文档、操作 DOM、处理事件、执行动画和开发 Ajax 等操作。其独特而又优雅的代码风格改变了 JavaScript 程序员的设计思路和编写程序的方式。总之，无论是网页设计师、后台开发者、业余爱好者还是项目管理者，都有足够多的理由去学习 jQuery。

jQuery 也是一个轻量级的 JavaScript 库，强调的理念是写的少、做的多（write less, do more）。jQuery 独特的选择器、链式操作、事件处理机制和封装完善的 AJAX 都是其他 JavaScript 库望尘莫及的。

作为一个流行的 JavaScript 库，jQuery 兼容 CSS3，还兼容各种浏览器（IE6.0+，Firefox1.5+，Safari2.0+，Opera9.0+，Chrome）。jQuery 是免费开源的，开发者可以自己编写 jQuery 的扩展插件，开发功能强大的静态或动态网页。

8.1.2　使用 jQuery

jQuery 是一个单独的 JavaScript 文件，可以保存到本地直接引用，也可以从多个公共服务器中选择引用。

如果本地使用，可以从 jQuery 官方网站 http://jquery.com/ 下载到最新的 jQuery。jQuery 有精简版（压缩版）和开发版（非压缩版），其中开发版具有注释、空格和换行，作为 ASP.NET 开发人员，方便进行调试和阅读。精简版是将开发版中的所有空格和注释删除以后得到的版本，这个版本文件更小，下载速度更快，能够提高网页加载速度。jQuery 不需要安装，一般把下载的 jQuery.js 文件放置在网站的 scripts 目录下，在网页中引用。引用的方法与引用其他 JavaScript 文件相同，使用<script>标签加载文件。

```
01    <head>
02        <script type="text/javascript" src="/scripts/jquery.js"></script>
03    </head>
```

【代码解析】第 2 行引入本地 jQuery 脚本库。

如果服务器引用，有 Google、Microsoft 等多家公司给 jQuery 提供 CDN 服务，比较常用的引用地址如下所示。

```
01    <head>
02        <script type="text/javascript"
03            src="http://ajax.googleapis.com/ajax/libs/jquery/1.10.2/jquery.min.js"></script>
04    <head>
```

【代码解析】第 2~3 行引入 Google 公司提供的 jQuery 服务。

学习提示：<script>标签应该放在网页的<head>标签之间。

8.1.3　jQuery 和$

在编写 jQuery 程序之前，首先要明确一点，$和 jQuery 是完全等价的，$是 jQuery 的一个简写形式。例如$("#mytable")和 jQuery("#mytable")是等价的。只不过使用$语法更简洁，语句更短。

根据参数和用法的不同，jQuery 提供了 4 个核心函数。

1．jQuery(expression,[context])

本函数接收一个选择器的表达式，然后用这个表达式去匹配一组元素。选择器的概念将在 8.2 节中做具体介绍。默认情况下，如果没有指定 context 参数，$()将在当前的 HTML 文档中查找 DOM 元素；如果指定了 context 参数，如一个 DOM 元素集或 jQuery 对象，那就会在这个 context 中查找。下面的代码将查找所有 p 元素，并且这些元素都必须是 div 元素的子元素。

其 HTML 代码如下所示。

```
<p>one</p> <div><p>two</p></div> <p>three</p>
```

其 jQuery 代码如下所示。

```
$("div > p");
```

其结果为：

```
<p>two</p>
```

2. jQuery(html)

本函数根据提供的 HTML 标签代码动态创建由 jQuery 对象包装的 DOM 元素。下面的代码创建了一个 div 元素（包括其中的内容），并将它追加到 body 元素中。

```
$("<div><p>Hello</p></div>").appendTo("body");
```

3. jQuery(elements)

本函数将一个或多个 DOM 元素转换成 jQuery 对象。下列代码实现设置网页的背景色。

```
$(document.body).css( "background", "black" );
```

4. jQuery(callback)

本函数是$(document).ready()的简写。允许绑定一个在 DOM 文档载入完成后执行的函数。使用本函数，需要把页面中所有需要在 DOM 加载完成后执行的$()操作符都封装在其中。下面的代码当 DOM 加载完成之后执行其中的函数。

```
01   $(function(){
02       // Document is ready
03   });
```

8.1.4 第一个 jQuery 的 Hello World 程序

案例
演练 例 8-1：弹出 Hello World 的消息提示框。页面加载之后弹出对话框，显示"Hello World！"。

创建页面文件，并添加 jQuery 程序，关键代码如下。

```
01   <!--程序名称：8_1.html-->
02   <html>
03     <head>
04       <title>Hello World</title>
05       <!-- 引入  jQuery -->
06       <script src="scripts/jquery.js" type="text/javascript"></script>
07       <script type="text/javascript">
```

```
08          $ (function(){
09             alert("Hello World!");//弹出提示框
10          });
11        </script>
12     </head>
13     <body></body>
14   </html>
```

【代码解析】第 6 行使用本地 jQuery 库，其文件放置在 scripts 文件夹中。第 8～10 行使用$(document).ready()的简写函数，完成页面加载完成之后弹出提示框，显示"Hello World！"。

运行结果如图 8-1 所示。当用户打开该页面时，弹出对话框显示"Hello World！"。

图 8-1　输出"Hello World！"

8.2　jQuery 选择器

在 jQuery 中，对事件处理、遍历 DOM 和 Ajax 操作都依赖于选择器。jQuery 选择器完全继承了 CSS 的风格。利用 jQuery 选择器可以非常便捷地查找特定的 DOM 元素，添加相应的行为，而无需担心浏览器是否支持这一选择器。

jQuery 选择器分为基本选择器、层次选择器、过滤选择器和表单选择器等。下面将分别用不同的选择器来查找 HTML 代码中的元素并对其进行简单的操作。为了能更清晰、直观地讲解选择器，首先需要设计一个简单的页面，里面包含各种元素，然后使用 jQuery 选择器匹配元素并调整它们的样式。简单页面的关键代码如下。

```
01   <body>
02     <div id="notMe"><p>id="notMe"</p></div>
03     <div id="myDiv">id="myDiv"</div>
04     <form>
05       <input type="text" id="txtuser" />
06       <input type="text" id="txtpass" />
07     </form>
08   </body>
```

8.2.1　基本选择器

基本选择器是 jQuery 中最常用的选择器，也是最简单的选择器，通过#id、.class、标签名等来查找 DOM 元素。使用基本选择器可以完成绝大多数的工作。表 8-1 对各种基本选择器进行了介绍说明。

表 8-1　基本选择器

选　择　器	说　　明	返　回　值	示　　例
#id	根据给定的 id 匹配一个元素	单个元素	$("#userid")选取 id 为 userid 的元素
.class	根据给定的类名匹配元素	元素集合	$(".user")选取所有 class 为 user 的元素
element	根据给定的元素名匹配元素	元素集合	$("p")选取所有的\<p/\>元素

下面的代码使用基本选择器改变 id 为 myDiv 的元素的背景颜色。

```
$("#myDiv").css( "background", "black" );
```

8.2.2　层次选择器

如果想通过 DOM 元素之间的层次关系来获取特定的元素，例如子元素、子孙元素、兄弟元素、相邻元素等，那么层次选择器是一个很好的选择。表 8-2 列举了常用的层次选择器。

表 8-2　层次选择器

选　择　器	说　　明	返　回　值	示　　例
$("ancestor descendant")	选取 ancestor 元素里的所有 descendant 后代元素	元素集合	$("div span")选取 div 元素里的所有 span 元素
$("parent>child")	选取 parent 元素下的 child 子元素，与$("ancestor descendant")的区别是$("ancestor descendant")选择的是后代元素	元素集合	$("div>span")选取 div 元素下所有 span 子元素

下面的代码使用层次选择器改变\<body\>标签内所有的 div 元素的背景颜色。

```
$("body div").css( "background", "black" );
```

8.2.3　过滤选择器

过滤选择器主要是通过特定的过滤规则筛选出所需的 DOM 元素，过滤规则与 CSS 中的伪类选择器语法相同，即选择器都以冒号（:）开头。表 8-3 对常用的过滤选择器进行了介绍说明。

表 8-3　过滤选择器

选　择　器	说　　明	返　回　值	示　　例
:first	选取第一个元素	单个元素	$("div:first")选取所有 div 元素中第一个 div 元素
:last	选取最后一个元素	单个元素	$("div:last")选取所有 div 元素中最后一个 div 元素

选择器	说　明	返回值	示　例
:not(selector)	去除所有与给定选择其匹配的元素	元素集合	$("input:not(.myClass)")选取 class 不是 myClass 的 input 元素
:eq(index)	选取索引等于 index 的元素	单个元素	$("input:eq(1)")选取索引等于 1 的 input 元素
:gt(index)	选取索引大于 index 的元素	元素集合	$("input:gt(1)")选取索引大于 1 的 input 元素
:lt(index)	选取索引小于 index 的元素	元素集合	$("input:lt(1)")选取索引小于 1 的 input 元素
:header	选取所有的标题元素	元素集合	$(":header")选取网页中所有的 h1、h2、h3……
:focus	选取当前获取焦点的元素	元素集合	$(":focus")选取当前获取焦点的元素
:contains(text)	选取含有文本内容为 text 的元素	元素集合	$("div:contains('我')")选取含有文本"我"的 div 元素
:empty	选取不包含子元素或者文本的空元素	元素集合	$("div:empty")选取所有是空元素的 div 元素
:parent	选取含有子元素或者文本的元素	元素集合	$("div:parent")选取拥有子元素的 div 元素
:hidden	选取所有不可见的元素	元素集合	$("input:hidden")选取所有不可见的 input 元素
:visible	选取所有可见的元素	元素集合	$("input:visible")选取所有可见的 input 元素

下面的代码使用过滤选择器改变第一个 div 元素的背景颜色。

```
$("div:first").css( "background", "black" );
```

8.2.4　表单选择器

为了使用户能够更加灵活地操作表单，在 jQuery 中专门加入了表单选择器。利用这个选择器，能更加方便地获取到表单的某个或某类型的元素。表 8-4 对常用的表单选择器进行了介绍说明。

表 8-4　表单选择器

选择器	说　明	返回值	示　例
:input	选择所有的 input 元素、textarea 元素、select 元素和 button 元素	元素集合	$(":input")选取所有的 input 元素、textarea 元素、select 元素和 button 元素
:text	选取所有单行文本框	元素集合	$(":text")选取所有的单行文本框
:password	选取所有的密码框	元素集合	$(":password")选取所有的单行文本框
:radio	选取所有的单选按钮	元素集合	$(":radio")选取所有的单选按钮
:checkbox	选取所有的复选框	元素集合	$(":checkbox")选取所有的复选框

续表

选 择 器	说 明	返 回 值	示 例
:submit	选取所有的提交按钮	元素集合	$(":submit")选取所有的提交按钮
:image	选取所有的图像元素	元素集合	$(":image")选取所有的图像元素
:reset	选取所有的重置按钮	元素集合	$(":image")选取所有的重置按钮
:button	选取所有的按钮	元素集合	$(":button")选取所有的按钮

下面的代码使用表单选择器获取文本框的个数。

```
$("form :text").length;
```

案例
演练　例 8-2：汽车品牌列表的展示效果。用户进入该页面时，汽车品牌列表默认是精简显示的，单击商品列表下方的"全部显示"按钮来显示全部品牌，按钮上的文字也被换成"精简显示"。再次单击按钮，页面回到初始状态。

（1）设计静态网页文件，关键代码如下。

```
01  <!-- 程序文件：8_2.html -->
02  <!-- 程序功能：汽车品牌列表的展示效果 -->
03  <html xmlns="http://www.w3.org/1999/xhtml">
04    <head>
05      <meta http-equiv="Content-Type" content="text/html; charset=utf-8" />
06      <title>汽车品牌列表展示</title>
07      <link rel="stylesheet" type="text/css" href="css/default.css" />
08    </head>
09    <body>
10      <div class="listofbrand">
11        <ul>
12          <li><a href="#">别克</a></li>
13          <li><a href="#">宝马</a></li>
14          <li><a href="#">东风</a></li>
15          <li><a href="#">长安</a></li>
16          <li><a href="#">吉利</a></li>
17          <li><a href="#">奇瑞</a></li>
18        </ul>
19        <div class="showmore">
20          <a href="more.html"><span>全部显示</span></a>
21        </div>
22      </div>
23    </body>
24  </html>
```

【代码解析】第 11～18 行定义了<ul>标签放置所有的汽车品牌名称。第 20 行定义了一个<a>标签，用于在不同效果之间替换。

（2）设置静态网页的样式，关键代码如下。

```
01  /* 程序文件：default.css */
02  /* 程序功能：设置静态网页的样式 */
```

```
03    *{ margin:0 ; padding:0; }
04    body { font-size:12px;    text-align:center; border:1px solid #AAA; }
05    a { color:#04D;    text-decoration:none; }
06    a:hover { color:#F50; text-decoration:underline; }
07    .listofbrand { width:300px; margin:0 auto; text-align:center; margin-top:40px; }
08    .listofbrand ul { list-style:none; }
09    .listofbrand ul li { display:block; float:left; width:100px; line-height:20px; }
10    .showmore { clear:both; text-align:center; padding-top:10px; }
11    .showmore a { display:block; width:120px; margin:0 auto; line-height:24px; border:1px solid #AAA; }
```

【代码解析】第 7～9 行定义放置所有品牌名称所用到的<div>标签、<ul>标签和<li>标签的样式。第 10～11 行定义进行展示替换的<div>标签和<a>标签的样式。

（3）在静态网页文件的 head 标签之间添加 jQuery 程序完成展示效果替换功能，关键代码如下。

```
01    <script src="scripts/jquery.js" type="text/javascript"></script><!-- 引入 jQuery -->
02    <script type="text/javascript">
03      $(function () {
04        //文档加载完毕之后执行下列程序
05        var $category = $('ul li:gt(2)');                    //获得索引值大于 2 的品牌集合对象
06        $category.hide();                                    //隐藏上面获取到的 jQuery 对象
07        var $toggleBtn = $('div.showmore > a');              //获取"全部显示"a 元素
08        $toggleBtn.click(function() {
09          if ($category.is(":visible")) {
10            $category.hide();                                //隐藏$category
11            $(this).find('span').text("全部显示");           //改变文本
12          } else {
13            $category.show();                                //显示$category
14            $(this).find('span').text("精简显示");           //改变文本
15          }
16          return false;                                      //超链接不跳转
17        });
18      });
19    </script>
```

【代码解析】第 3～18 行定义了 jQuery 的核心函数，此函数在文档加载之后被调用。第 7 行查找 class 属性值为 showmore 的 div 标签下的<a>标签，并获取它。第 8～17 行为获取的对象创建 click 事件，完成展示替换效果。

浏览页面，运行结果如图 8-2 和图 8-3 所示。当用户单击"全部显示"按钮时，将显示全部汽车品牌信息。当用户单击"精简显示"按钮时，只显示部分汽车品牌信息。

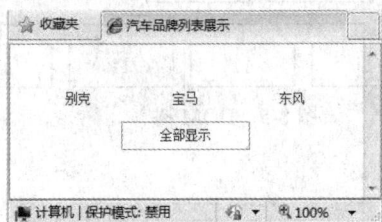

图 8-2　精简显示效果　　　　　　　　　图 8-3　全部显示效果

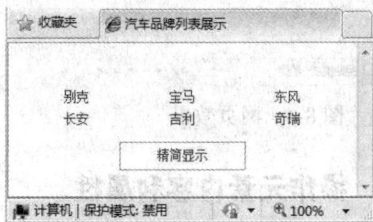

8.3 jQuery 操作 DOM

DOM 是 Document Object Model 的缩写，即文档对象模型。根据 W3C DOM 规范，DOM 提供了一套标准，方便不同类型的浏览器以及不同脚本的语言轻松访问页面中所有标准组件。DOM 解决了不同浏览器之间的冲突，给予了 Web 设计师和开发者一套标准的方法，让他们能够轻松获取和操作网页中的数据、脚本和元素。

Document 即文档，创建一个页面并加载到 Web 浏览器时，DOM 根据该页面的内容创建一个文档文件；Object 即对象，在 DOM 中，任何概念都可以视为对象，即页面中的所有元素都可以看作对象；Model 即模型，DOM 通过树状模型展示页面的元素和内容，其展示的方式则是通过节点实现。

为了能全面地了解 jQuery 操作 DOM，首先需要构建一个网页，其关键代码如下所示。

```
01  <html>
02    <head>
03      <title></title>
04    </head>
05    <body>
06      <p title="选择你最喜欢的活动。">你的兴趣爱好是？</p>
07      <ul>
08        <li title="跳舞">跳舞</li>
09        <li title="唱歌">唱歌</li>
10        <li title="画画">画画</li>
11        <li title="上网">上网</li>
12      </ul>
13    </body>
14  </html>
```

浏览页面，运行效果如图 8-4 所示。

由于页面中的每个元素都可以看作是对象，将网页用一棵 DOM 树表示出来，其 DOM 树结构如图 8-5 所示。

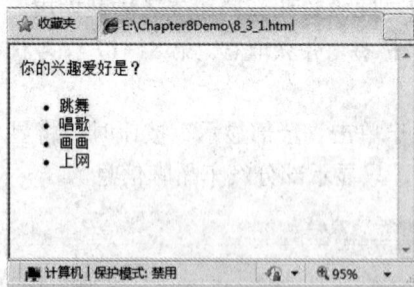

图 8-4 网页效果

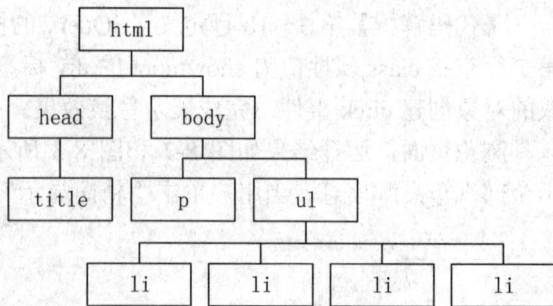

图 8-5 DOM 树

8.3.1 操作元素内容和属性

对于网页元素最常见的操作是读取或者设置元素的内容和属性，例如，设置表格某单元格的文本内容，获取<div>标签中的内容，设置<img>标签的图片路径属性等。jQuery 主要提供了相关的方法来实现这些功能，其语法格式与功能说明如表 8-5 所示。

表 8-5　与内容和属性相关的方法

语 法 格 式	描　　述
html()	用于获取指定元素标签内的 HTML 代码
html(val)	使用参数 val 的值替换指定元素标签内的 HTML 代码
text()	用于获取指定元素标签内的文本
text(val)	使用参数 val 的值替换指定元素标签内的文本
attr(key)	获取匹配元素名称为 name 的属性值
attr(key,value)	设置匹配元素名称为 key 的属性值为 value

案例演练 **例 8-3**：操作元素内容。使用 html 方法实现在页面加载之后增加"看书"的选项，使用 text 方法修改选项的显示效果，使用 attr 方法输出标签属性。

（1）对图 8-4 所构建的网页，在页面的<head>标签中添加如下代码。

```
01   <!--程序文件：8_3_1.html-->
02   <!--程序功能：使用 html 方法操作元素内容-->
03   <script type="text/javascript">
04     $(function () {
05       var ul_html = $("ul").html();              //获取<ul>标签内的 HTML 代码
06       ul_html += "<li title='看书'>看书</li>";     //增加看书这个选项的代码
07       $("ul").html(ul_html);
08     });
09   </script>
```

【代码解析】第 4～8 行使用 jQuery 核心函数$(document).ready()的简写，在网页加载完毕之后执行。第 5～7 行获取<ul>标签内的 HTML 代码，并增加"看书"这个选项的 HTML 代码，重新放置在<ul>标签内。

浏览页面，运行效果如图 8-6 所示。

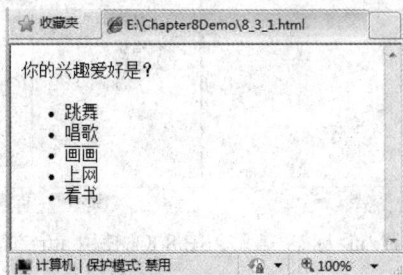

图 8-6　使用 html 方法获取并设置<ul>标签

（2）修改上述 jQuery 代码，使用 text 方法操作元素内容，即获取网页中<ul>标签内的文本内容，并使用 text(val)重新设置兴趣爱好的选项。

```
01    <!--程序文件：8_3_2.html-->
02    <!--程序功能：使用 text 方法操作元素内容-->
03    <script type="text/javascript">
04      $(function () {
05        var ul_text = $("ul").text();              //获取<ul>标签内的文本内容
06        $("ul").text(ul_text);                     //设置<ul>标签内的文本内容
07      });
08    </script>
```

【代码解析】第 5 行获取<ul>标签内的文本内容，即"跳舞 唱歌 画画 上网"。第 6 行使用 text(val)替换了<ul>标签内原有的内容，因此<ul>中所有的<li>标签被去除了。

浏览页面，运行效果如图 8-7 所示。

学习提示：（1）jQuery 的 html 方法类似于 JavaScript 的 innerHtml 属性，html 方法可以用于 XHTML 文档，但不能用于 XML 文档。

（2）jQuery 的 text 方法类似于 JavaScript 的 innerText 属性，text 方法支持所有的浏览器，对 HTML 文档和 XML 文档都有效。

（3）修改上述 jQuery 代码，使用 attr 方法输出标签属性，即获取网页中<p>标签的 title 属性值，并以提示框的形式输出。

```
01    <!--程序文件：8_3_3.html-->
02    <!--程序功能：使用 attr 方法操作元素属性-->
03    <script type="text/javascript">
04      $(function () {
05        var title = $("p").attr("title");      //获取<p>标签的 title 属性值
06        alert(title);                          //弹出提示框输出属性值
07      });
08    </script>
```

浏览页面，运行效果如图 8-8 所示。

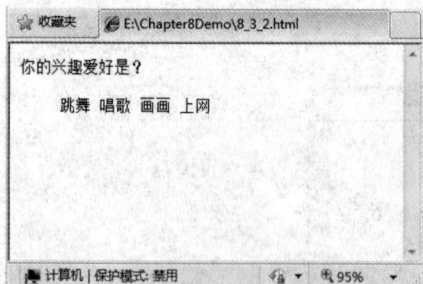

图 8-7　使用 text 方法获取并设置<ul>标签　　　　图 8-8　使用 attr 方法获取<p>标签的 title 属性值

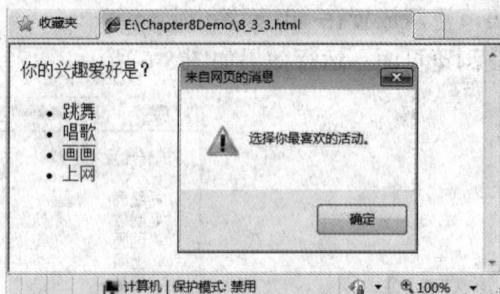

8.3.2　更改元素样式

在动态设计样式时，经常需要与元素的 class 属性打交道，该属性可以为元素定义类样式。jQuery 为了方便设计师的操作，单独定义了几个与类样式相关的操作方法，表 8-6 对这些方法进行了详细说明。

表 8-6 与类样式相关的方法

语 法 格 式	描　　述
addClass(classname)	给匹配的元素追加类名为 classname 的样式
removeClass(classname)	从匹配的元素中删除类名为 classname 的样式
toggleClass(classname)	如果匹配的元素应用了名称为 classname 的样式，则将其移除；否则追加
css(name)	获取名称为 name 的 css 属性值
css(name,value)	设置名称为 name 的 css 属性值为 value

案例
演练　例 8-4：使用与类样式相关的方法更改元素样式。使用 addClass 方法为 p 元素追加名称为 high 的类样式，使用 removeClass 方法删除追加的样式，使用 toggleClass 方法为 p 元素实现样式的切换。

（1）在图 8-4 所构建的网页中添加一组类样式。

```
01   <!--程序文件：8_4_1.html-->
02   <!--程序功能：使用 addClass 方法追加样式-->
03   <style>
04     .high {
05       font-style:italic;                    /*斜体字*/
06       color: red;                           /*字体颜色为红色*/
07     }
08   </style>
```

【代码解析】第 4～7 行定义了一个 CSS 类样式，类名称为 high。

（2）然后在网页的<head>标签之间添加如下代码，实现页面加载完毕后使用 addClass 方法动态给元素 p 追加 high 样式。

```
01   <script type="text/javascript">
02     $(function () {
03       $("p").addClass("high");              //给 p 元素追加 high 样式
04     });
05   </script>
```

【代码解析】第 2～4 行定义函数给元素 p 添加样式。

浏览页面，运行效果如图 8-9 所示。

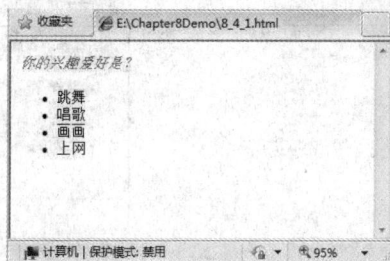

图 8-9   addClass 方法

（3）修改上述 jQuery 代码，使用 removeClass 方法实现删除 p 元素的 high 样式。

```
01  <!--程序文件：8_4_2.html-->
02  <!--程序功能：使用 removeClass 方法移除样式-->
03  <script type="text/javascript">
04      $(function () {
05          $("p").addClass("high");                    //给 p 元素追加 high 样式
06          $("p").removeClass("high");
07      });
08  </script>
```

【代码解析】第 6 行移除元素 p 的 high 样式。

学习提示：使用 removeClass 方法移除样式时，如果不带参数，则移除所有 class 的值。

（4）修改上述 jQuery 代码，使用 css 方法设置 p 元素样式，设置其背景色为 wheat。

```
01  <!--程序文件：8_4_3.html-->
02  <!--程序功能：使用 css 方法设置样式-->
03  <script type="text/javascript">
04      $(function () {
05          $("p").css("background-color", "wheat");
06      });
07  </script>
```

【代码解析】第 5 行设置元素 p 的背景色为 wheat。

浏览页面，运行效果如图 8-10 所示。

（5）修改上述 jQuery 代码，使用 css 方法获取 p 元素的背景色并设置给 ul 元素。

```
01  /*  程序文件：8_4_4.html */
02  /*  程序功能：使用 css 方法获取样式  */
03  <script type="text/javascript">
04      $(function () {
05          $("p").css("background-color", "wheat");
06          $("ul").css("background-color", $("p").css("background-color"));
07      });
08  </script>
```

【代码解析】第 6 行设置将元素 ul 的背景色设置为元素 p 的背景色。

浏览页面，运行效果如图 8-11 所示。

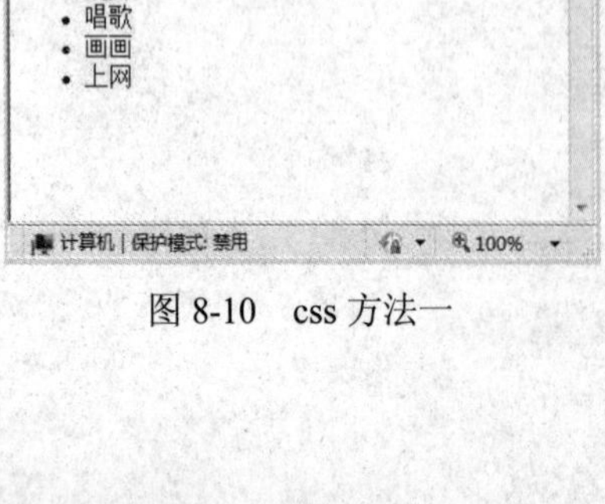

图 8-10　css 方法一

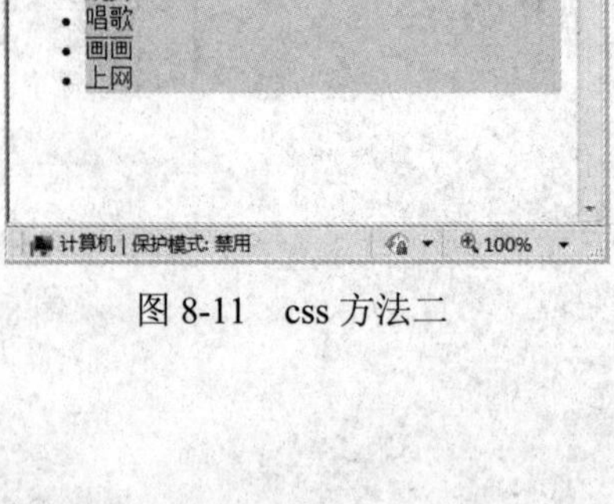

图 8-11　css 方法二

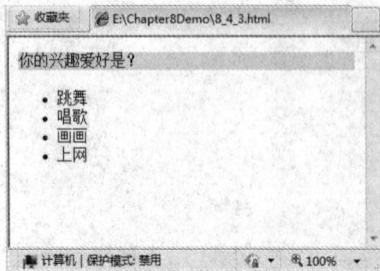

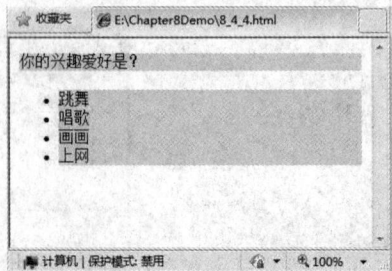

（6）对图 8-4 所构建网页的 HTML 代码添加一个名称为 high 的类样式和一个重复切换的按钮。

```
01  <!--程序文件：8_4_5.html-->
02  <!--程序功能：使用 toggleClass 方法切换样式-->
03  <html>
04    <head>
05      <title></title>
06      <style>
07        .high {
08          font-style:italic;              /*斜体字*/
09          color: red;                     /*字体颜色为红色*/
10        }
11      </style>
12    </head>
13    <body>
14      <p title="选择你最喜欢的活动。">你的兴趣爱好是？</p>
15      <ul>
16        <li title="跳舞">跳舞</li>
17        <li title="唱歌">唱歌</li>
18        <li title="画画">画画</li>
19        <li title="上网">上网</li>
20      </ul>
21      <input type="button" value="切换样式" />
22    </body>
23  </html>
```

（7）在网页的 head 标签之间添加代码，实现单击按钮对 p 元素是否应用 high 样式进行切换。

```
01  <script type="text/javascript">
02    $(function () {
03      $("input").click(function () {
04        $("p").toggleClass("high");              //对 p 元素切换应用 high 样式
05      });
06    });
07  </script>
```

【代码解析】第 2～6 行使用函数$(document).ready()的简写，在网页加载完毕之后给按钮添加单击事件，实现样式切换。

8.3.3　遍历 DOM 元素

遍历是指根据相对于元素的关系来查找指定的元素。从某个元素开始，沿着特定方向移动，从而到达期望的元素为止。任何一个网页都可以表示成一棵 DOM 树，通过遍历，可以从当前元素开始，轻松地在 DOM 树上向上（祖先）移动、向下（子孙）移动和水平（同胞）移动，这种移动过程称为遍历 DOM。

jQuery 提供了多种遍历 DOM 的方法。表 8-7 列出了常用方法的语法格式和功能说明。

表 8-7　遍历 DOM 元素相关方法

语 法 格 式	描　　述
parent([expr])	参数可选，用于获取所有匹配元素的父元素集合，可以通过可选参数进行筛选
parents([expr])	参数可选，用于获取所有匹配元素的祖先元素集合，可以通过可选参数进行筛选
children([expr])	参数可选，用于获取所有匹配元素的直接子元素集合，可以通过可选参数进行筛选
find(expr)	在所有匹配元素的子孙元素中查找，获取所有与参数 expr 匹配的子孙元素

案例
演练
例 8-5：遍历 DOM 元素。在页面加载之后，使用 parent 方法获取 ul 元素的父元素，并修改元素的文字颜色；使用 children 方法获取 ul 元素的子元素，并设置元素的背景颜色；使用 find 方法查找 body 元素下的所有 p 元素，并设置其元素的文字颜色。

在图 8-4 所构建的网页中添加 jQuery 代码，实现遍历 DOM，关键代码如下。

```
01   <!--程序文件：8_5.html-->
02   <!--程序功能：遍历 DOM 元素-->
03   <script type="text/javascript">
04     $(function () {
05       $("ul").parent().css("color", "white");
06       $("ul").children().css("background-color", "green");
07       $("body").find("p").css("color", "red");
08     });
09   </script>
```

【代码解析】第 5 行设置 ul 元素的父元素的文字颜色；第 6 行设置 ul 元素的子元素的背景颜色；第 7 行查找 body 元素下的 p 元素，并设置其文字颜色。

浏览页面，运行效果如图 8-12 所示。

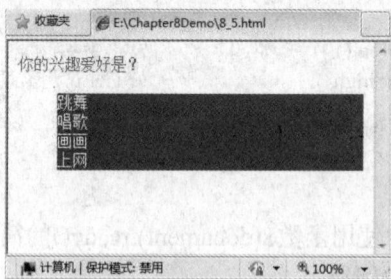

图 8-12　遍历 DOM 元素

任务实施

步骤 1．新建一个 ASP.NET 空网站，命名为 MenuDemo，添加 Web 窗体，命名为 Menu.aspx。

步骤 2．在 Menu.aspx 网页中切换到设计视图，使用<ul>标签、<li>标签和<a>标签设计菜单，并设置每个<a>标签的文本信息，关键代码如下。

```
01  <!--程序文件：Menu.aspx -->
02  <!--程序功能：滑动菜单-->
03  <form id="form1" runat="server">
04    <ul class="nav">
05      <li><a href="#">商城首页</a></li>
06      <li><a href="#">商品展示</a></li>
07      <li><a href="#">购物车</a></li>
08      <li>
09        <a href="#">用户管理</a>
10        <ul class="nav_sub">
11          <li><a href="#">会员注册</a></li>
12          <li><a href="#">会员登录</a></li>
13        </ul>
14      </li>
15      <li><a href="#">留言板</a></li>
16    </ul>
17  </form>
```

【代码解析】第 4～16 行使用<ul>标签设置整个菜单，并使用类样式 nav 设置整个菜单的样式；第 5～15 行使用<li>标签设置每个一级菜单项，并使用<a>标签设置每个一级菜单项的超链接。第 10～13 行为"用户管理"的一级菜单使用嵌套<ul>标签设置二级菜单。

步骤 3． 在网站中添加样式文件 css.css 设置滑动菜单的样式，其关键代码如下。

```
01  /*  程序文件：css.css */
02  /*  程序功能：设置样式  */
03  .nav{width:960px;text-align:center;background:#06F;margin:0 auto;position:relative;}
04  .nav li{width:104px;height:41px;line-height:41px;display:inline-block;margin-right:30px;
05      position:relative;z-index:0;list-style:none;}
06  .nav_sub{display: none;z-index: 1;position: absolute;width:150px;background: #58a039;}
07  .nav li a {color: white;}
```

步骤 4． 在 Menu.aspx 网页中添加对样式文件 css.css 的引用，即在 Menu.aspx 文件的<head>标签之间添加如下代码。

```
<link href="css.css" rel="stylesheet" />
```

步骤 5． 为网站新建文件夹，命名为 scripts，并将 jQuery 库文件 jquery.js 放置在此文件夹中。

步骤 6． 在 Menu.aspx 网页中添加对 jQuery 库文件 jquery.js 的引用，即在 Menu.aspx 文件的<head>标签之间添加如下代码。

```
<script src="scripts/jquery.js"></script>
```

步骤 7． 在 Menu.aspx 网页的<head>标签中添加 jQuery 代码完成滑动菜单功能，关键代码如下。

```
01  <script>
```

```
02      $(function() {
03        $(".nav>li").mouseover(function () {              //鼠标指针移至某个一级菜单项时触发
04          $(this).css("background", "#F00");              //设置该菜单项背景颜色为#F00
05          $(this).find("ul").css("display", "block");     //显示该菜单项的子菜单
06        });
07        $(".nav>li").mouseout(function () {               //鼠标指针离开某个一级菜单项时触发
08          $(this).css("background", "#06F");              //设置该菜单项背景颜色为#06F
09          $(this).find("ul").css("display", "none");      //隐藏该菜单项的子菜单
10        });
11      });
12    </script>
```

【代码解析】第 3～6 行实现当鼠标指针移上某个一级菜单项时，设置该菜单项的背景颜色为#F00，并显示该菜单项的子菜单；第 7～10 行实现当鼠标指针离开某个一级菜单项时，设置该菜单项的背景颜色为#06F，并隐藏该菜单项的子菜单。

浏览页面，运行效果如图 8-13 所示。

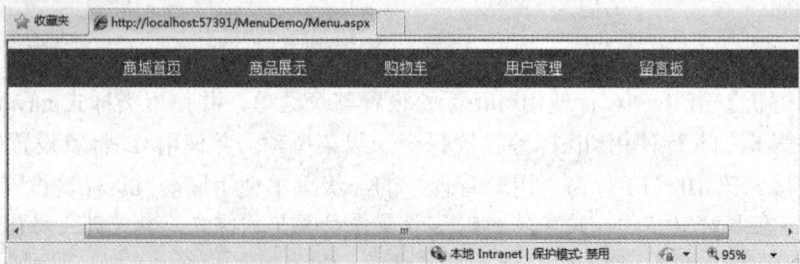

图 8-13　浏览网页效果

鼠标指针移入某个菜单项，显示的效果如图 8-14 所示。

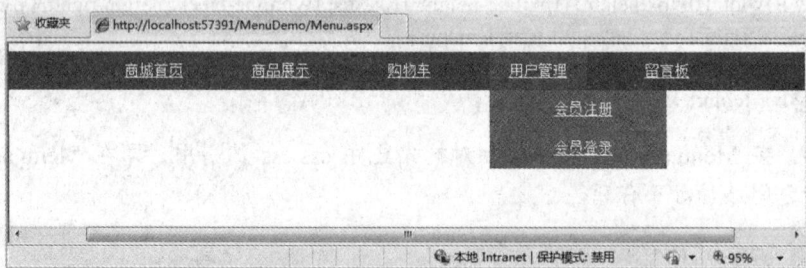

图 8-14　鼠标指针移入效果

任务 2　影片海报预览

任务场景

影片海报对于电影网站是不可缺少的部分，仅仅只靠电影的名字还不能完全吸引观影者的眼球，所以每部电影都会有绚丽多彩的海报，来提高观众对影片的关注度，电影网站

也会展示每部影片的海报，吸引更多的访问者。本任务使用 jQuery 中的事件和动画，实现影片海报预览的效果。

知识引入

8.4　jQuery 中的事件

当用户浏览页面时，浏览器会对页面代码进行解释或编译，这个过程通过事件来驱动。当页面加载时，会触发 Load 事件；当用户单击某个按钮时，会触发该按钮的 Click 事件。通过各种不同的事件实现各项功能或执行某个操作事件在元素与功能代码中起着重要的桥梁作用。

8.4.1　绑定事件

jQuery 提供了 bind 方法来匹配元素进行特定事件的绑定。bind 方法的调用格式如下。

```
bind(type [,data], fn);
```

bind 方法有 3 个参数，其中 type 参数为一个或多个事件类型的字符串，如 click 或 change，也可以自定义类型；data 参数可选，是作为 event.data 属性值传递给事件对象的额外数据对象；fn 参数是绑定到所匹配元素事件上的处理函数。

案例演练　例 8-6：单击图片显示文字。

单击页面中的图片，在图片的下方显示"very beautiful!"，实现步骤如下。

（1）创建页面文件，添加<img>标签和<div>标签，其关键代码如下。

```
01  <!--程序文件：8_6.html-->
02  <!--程序功能：单击图片显示文字-->
03  <html>
04    <head>
05      <title></title>
06    </head>
07    <body>
08      <img src="images/beauty.png" />
09      <div></div>
10    </body>
11  </html>
```

（2）在<head>标签中添加 jQuery 代码实现其功能，其关键代码如下。

```
01  <script type="text/javascript">
02    $(function () {
03      $("img").bind("click",function () {//为<img>标签绑定 click 事件
04        $("div").text("very beautiful!");//设置<div>标签内的文本内容
05      });
06    });
07  </script>
```

【代码解析】第 3～5 行使用 bind 方法为 img 元素绑定了 click 事件，并编写绑定的处理函数。在函数中实现在 div 元素中设置文本"very beautiful!"。

浏览页面，并单击图片，运行效果如图 8-15 所示。

图 8-15 网页效果

8.4.2 封装默认事件

除了使用 bind 方法绑定事件之外，jQuery 还把 DOM 默认的事件封装成了对应的方法，这样就可以在 jQuery 对象中作为一个方法直接调用。例如，click 方法用来触发元素的单击事件，而 click(fn)用来设置元素的单击事件。单击元素时，将触发执行该参数函数。例 8-5 中的 jQuery 代码使用 jQuery 封装事件之后，改写如下。

```
01  <script type="text/javascript">
02    $(function () {
03      $("img").click(function () {
04        $("div").text("very beautiful!");
05      });
06    });
07  </script>
```

除 click 事件之外，jQuery 封装的默认事件如表 8-8 所示。

表 8-8 封装默认事件

语 法 格 式	描　　　述
click()	触发匹配元素的 click 事件
click(fn)	为匹配元素的 click 事件设置处理函数，该事件在元素上单击时被触发
focus()	触发匹配元素的 focus 事件
focus(fn)	为匹配元素的 focus 事件设置处理函数，该事件通过鼠标单击或 Tab 键触发
blur()	触发匹配元素的 blur 事件
blur(fn)	为匹配元素的 blur 事件设置处理函数，该事件在元素失去焦点时触发
keydown()	触发匹配元素的 keydown 事件
keydown(fn)	为匹配元素的 keydown 事件设置处理函数，该事件在键盘按下时触发
keypress()	触发匹配元素的 keypress 事件
keypress(fn)	为匹配元素的 keypress 事件设置处理函数，该事件在敲击按键时触发

续表

语 法 格 式	描　　　述
mouseover()	触发匹配元素的 mouseover 事件
mouseover(fn)	为匹配元素的 mouseover 事件设置处理函数，该事件在鼠标指针移入对象时触发
mouseout()	触发匹配元素的 mouseout 事件
mouseout(fn)	为匹配元素的 mouseout 事件设置处理函数，该事件在鼠标从元素上离开后触发

案例演练 例 8-7：文字显示隐藏。

鼠标指针移入图片时显示文字"very beautiful!"，鼠标指针移开，图片下方的文字消失。

（1）创建页面文件，添加<img>标签和<div>标签，其关键代码如下。

```
01  <!--程序文件：8_7_1.html-->
02  <!--程序功能：鼠标指针移入图片显示文字，鼠标指针移开图片文字消失-->
03  <html>
04    <head>
05      <title></title>
06    </head>
07    <body>
08      <img src="images/beauty.png" />
09      <div></div>
10    </body>
11  </html>
```

（2）在<head>标签中添加 jQuery 代码实现其功能，其关键代码如下。

```
01  <script type="text/javascript">
02    $(function () {
03      $("img").mouseover(function () {
04        if ($("div").text() == "") {
05          $("div").text("very beautiful!");      //设置<div>标签内的文本内容为"very beautiful!"
06        } else {
07          $("div").text("");                     //设置<div>标签内的文本内容为空
08        }
09      });
10      $("img").mouseout(function () {
11        if ($("div").text() == "") {
12          $("div").text("very beautiful!");      //设置<div>标签内的文本内容为"very beautiful!"
13        } else {
14          $("div").text("");                     //设置<div>标签内的文本内容为空
15        }
16      });
17    });
18  </script>
```

【代码解析】第 3～9 行为<img>标签的 mouseover 事件设置处理函数，该函数实现如果 div 标签中无文本，则设置为"very beautiful!"，否则设置为空文本。第 10～16 行为<img>

标签的 mouseout 事件设置处理函数，函数实现相同功能。

8.4.3 事件合成

从例 8-7 可以看出，mouseover 和 mouseout 方法中的代码重复度高，为了简化代码，jQuery 提供了 hover 和 toggle 方法实现事件合成，两个方法的说明如表 8-9 所示。

表 8-9　hover 和 toggle 方法

语 法 格 式	描　　述
hover (enter,leave)	模拟指针悬停事件。当指针移动到元素上时，会调用 enter 函数，当指针移出元素时，会调用 leave 函数
toggle(fn1,fn2)	模拟鼠标切换单击事件。第一次单击，调用 fn1 函数，当再次单击同一元素，调用 fn2 函数，随后的每次单击对两个函数轮番调用

使用 hover 方法简化例 8-7，修改后的代码如下。

```
01  <!--程序文件：8_7_2.html-->
02  <!--程序功能：鼠标指针移入图片显示文字，鼠标指针移开图片文字消失-->
03  <script type="text/javascript">
04    $(function () {
05      $("img").hover(function () {
06        $("div").text("very beautiful!");
07      }, function () {
08        $("div").text("");
09      });
10    });
11  </script>
```

【代码解析】第 5～9 行对 img 元素使用 hover 方法，鼠标指针移入 img 元素，调用第一个函数，设置文本为"very beautiful!"；鼠标指针移出 img 元素调用第二个函数，设置文本为空。

8.5　jQuery 中的动画

动画效果也是 jQuery 吸引用户的地方。通过 jQuery 动画方法，能够非常轻松地为网页添加非常精彩的视觉效果，最大程度优化页面的用户体验度。

8.5.1 显示隐藏

在页面中，元素的显示和隐藏是使用最频繁的操作。使用 jQuery 提供的 show 和 hide 方法可以实现这个功能。show 和 hide 方法还可以带有参数指定显示隐藏的速度，从而实现合适的动画效果，对这两个方法的描述如表 8-10 所示。

表 8-10　show 和 hide 方法

语 法 格 式	描　述
show()	显示匹配元素
show(speed[,callback])	动画显示匹配元素，并在显示完成后可选地触发一个回调函数
hide()	隐藏匹配元素
hide(speed[,callback])	动画隐藏匹配元素，并在隐藏完成后可选地触发一个回调函数

案例
演练　**例 8-8**：使用 show 和 hide 方法实现文字显示隐藏。

鼠标指针移入图片显示文字"very beautiful!"；鼠标指针移出，图片下方的文字消失。

（1）创建页面文件，添加<img>标签设置图片，添加<div>标签设置文本，关键代码如下。

```
01  <!--程序文件：8_8.html-->
02  <!--程序功能：鼠标指针移入图片显示文字，鼠标指针移开图片文字消失-->
03  <html>
04    <head>
05      <title></title>
06    </head>
07    <body>
08      <img src="images/beauty.png" />
09      <div> very beautiful!</div>
10    </body>
11  </html>
```

（2）在<head>标签中添加 jQuery 代码实现其功能，关键代码如下。

```
01  <script type="text/javascript">
02    $(function () {
03      $("img").hover(function () {
04        $("div").hide();//使用 hide 方法隐藏文本
05      }, function () {
06        $("div").show();//使用 show 方法显示文本
07      });
08    });
09  </script>
```

8.5.2　淡入淡出

jQuery 除了提供显示隐藏元素的功能之外，还提供了使元素淡入淡出的功能，主要通过 fadeIn 和 fadeOut 方法实现。与 show 和 hide 方法不同的是，fadeIn 和 fadeOut 方法只改变元素的不透明度。fadeOut 方法会在指定的一段时间内降低元素的不透明度，直到元素完全消失。fadeIn 方法则完全相反。表 8-11 列出对这两个方法的描述。

表 8-11　fadeIn 和 fadeOut 方法

语 法 格 式	描　　述
fadeIn(speed[,callback])	通过不透明度的变化来实现匹配元素的淡入效果，并在动画完成后可选地触发一个回调函数
fadeOut(speed[,callback])	通过不透明度的变化来实现匹配元素的淡出效果，并在动画完成后可选地触发一个回调函数

案例演练　例 8-9：文字淡入淡出。

页面加载后第一行文字淡出，第二行文字淡入。

（1）创建页面文件，添加两个<div>标签并设置文本，其关键代码如下。

```
01  <!--程序文件：8_9.html-->
02  <!--程序功能：文字淡入淡出-->
03  <html>
04    <head>
05      <title></title>
06    </head>
07    <body>
08      <div id="div1">这是第一行文本</div>
09      <!--设置 display:none，页面加载时第二行文字不显示-->
10      <div id="div2" style="display:none">这是第二行文本</div>
11    </body>
12  </html>
```

【代码解析】第 10 行为 div 元素设置样式，当页面加载时不会显示该元素。

（2）在<head>标签中添加 jQuery 代码实现其功能，其关键代码如下。

```
01  <script type="text/javascript">
02    $(function () {
03      $("#div1").fadeOut(3000);          //在 3000 毫秒中淡出文字
04      $("#div2").fadeIn(3000);           //在 3000 毫秒中淡入文字
05    });
06  </script>
```

【代码解析】第 2～5 行实现 div1 元素在 3000 毫秒内逐渐消失，div2 元素在 3000 毫秒内逐渐出现。

任务实施

步骤 1. 新建一个 ASP.NET 空网站，命名为 PhotoDemo，添加 Web 窗体，命名为 Photo.aspx。

步骤 2. 在 Photo.aspx 网页中切换到设计视图，使用<div>标签和<img>标签来设计海报图片展示，关键代码如下。

```
01  <!--程序文件：Photo.aspx-->
02  <!--程序功能：海报预览-->
03  <form id="form1" runat="server">
04    <div id="bigpic"><img src="images/001.jpg" /></div>
05    <div id="div1">
06      <img id="img1" src="images/001.jpg"/>
07      <img id="img2" src="images/002.jpg"/>
08      <img id="img3" src="images/003.jpg"/>
09      <img id="img4" src="images/004.jpg"/>
10      <img id="img5" src="images/005.jpg" />
11      <img id="img6" src="images/006.jpg"/>
12      <img id="img7" src="images/007.jpg"/>
13      <img id="img8" src="images/008.jpg"/>
14    </div>
15  </form>
```

【代码解析】第 4 行设置预览的海报大图。第 5～14 行设置海报小图。

步骤 3．在网站中添加样式文件 css.css 设置海报预览的样式，关键代码如下。

```
01  /* 程序文件：css.css */
02  /* 程序功能：设置样式 */
03  body {text-align:center;}
04  #div1 {position:absolute;top:480px;z-index:1;opacity:0.5;background-color:#666666;right:50px;}
05  #div1 img {width:50px;height:70px;margin-right:15px;margin-top:5px;margin-bottom:5px;
06    margin-left:5px;}
07  #bigpic img {position:relative;z-index:0;height:600px;width:400px;}
```

步骤 4．在 Photo.aspx 网页中添加对样式文件 css.css 的引用，即在 Photo.aspx 文件的<head>标签之间添加如下代码。

```
<link href="css.css" rel="stylesheet" />
```

步骤 5．为网站新建文件夹，命名为 scripts，并将 jQuery 库文件 jquery.js 放置在此文件夹中。

步骤 6．在 Photo.aspx 网页中添加对 jQuery 库文件 jquery.js 的引用，即在 Photo.aspx 文件的<head>标签之间添加如下代码。

```
<script src="scripts/jquery.js"></script>
```

步骤 7．在 Menu.aspx 网页的<head>标签中添加 jQuery 代码完成海报预览功能，关键代码如下。

```
01  <script>
02    $(function () {
03      $("#div1>img").mouseover (function () {
04        $("#bigpic>img").attr("src", $(this).attr("src"));
05        $("#bigpic").css("display", "none");
06        $("#bigpic").fadeIn(500);
07      });
08    });
```

09   </script>

【代码解析】第 3 行实现当鼠标指针移入该海报小图时触发。第 4 行重新设置显示大图的<img>标签的 src 属性为小图的 src 属性。第 5 行设置大图不显示。第 6 行设置大图在 500 毫秒内逐渐显示。

浏览页面，运行效果如图 8-16 所示。

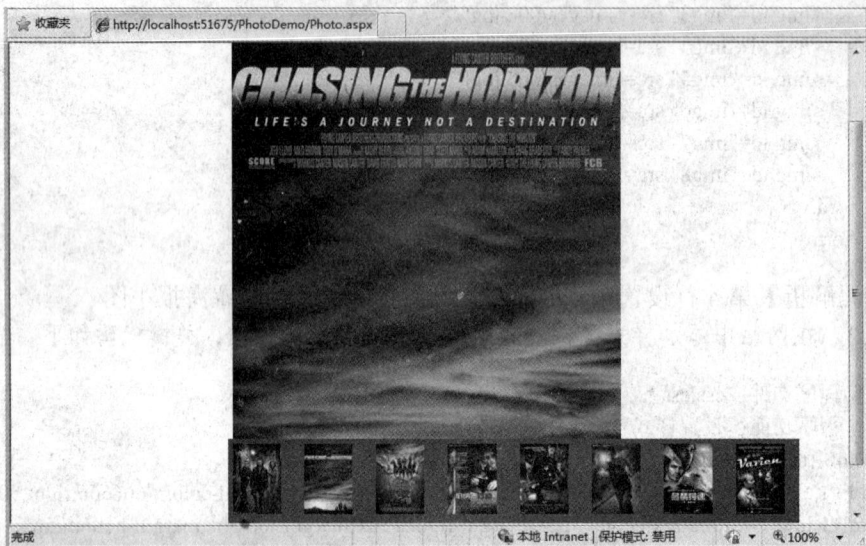

图 8-16   浏览网页效果

项 目 小 结

jQuery 技术的应用使用户能够快速、高效地在页面中添加动画和 AJAX 的动态效果，自推出以来受到开发人员的重视。本项目介绍了 jQuery 技术的基本内容，包括 jQuery 语法、选择器、jQuery 操作 DOM、jQuery 的事件和动画等知识，通过滑动菜单和影片海报预览两种特效的实现，使读者领略到在 Web 页中使用 jQuery 技术带来的精彩视觉效果。

本项目 IT 企业常见面试题

1. jQuery 和 JavaScript 的区别是什么？
2. jQuery 的核心函数有哪些？
3. 如何使用 jQuery 操作 DOM？
4. jQuery 如何绑定页面元素的特定事件？
5. jQuery 提供了哪些方法实现事件合成？

项 目 实 训

实训任务：

在 B2CSite 网站中使用 jQuery。

实训目的：

1．会使用 jQuery 选择器。

2．会使用 jQuery 操作 DOM。

3．会使用 jQuery 中的事件。

4．会使用 jQuery 中的动画。

实训内容：

1．根据例题内容，为 B2CSite 网站添加滑动菜单功能和商品图片预览功能。

2．为 B2CSite 网站首页添加广告图片切换功能。根据网站首页的布局，确定广告图片在首页的放置位置及尺寸，并根据确定的尺寸制作 6 张大小一致的广告图片和 6 张能够覆盖整个网站的大图。用户打开网站首页时，6 张广告图片间隔 20 秒轮翻地相互切换，当鼠标指针移动到广告图片上方，该图对应的大图在 1 秒钟内逐渐出现，然后在 1 秒钟内逐渐消失并恢复原大小图片。当鼠标指针移开时，广告图片继续切换。

项目 9　使用 AJAX 技术提升用户体验

近年来，Web 开发领域最流行的技术要算是 AJAX 技术。在传统的 Web 开发中，对页面进行操作往往需要进行回发，从而导致页面刷新。ASP.NET AJAX 是微软提供快速开发丰富用户体验的一个框架，由一系列相关技术有机组合在一起，以无刷新的呈现特性，大大增强了 Web 应用程序的可交互性和可响应性，为网站访问者提供更好的用户体验。

在本项目中，通过完成两个任务，来提升用户访问网站的体验。

任务 1　无刷新用户名验证

任务 2　站点时钟显示

任务 1　无刷新用户名验证

任务场景

几乎所有的网页浏览者都有会员注册的经历。当浏览者将注册信息填写完后，单击"注册"按钮，注册页面提交至服务器处理，如果用户名在数据库中不存在，则注册成功；否则页面返回，提示注册不成功，这时浏览者需对若干注册信息进行重新填写和提交，给用户体验造成了困扰。

在本任务中，通过 ASP.NET 提供的 AJAX 控件，当用户名文本框失去焦点时，判断输入的用户名是否存在，如果存在则在文本框下方提示"该用户名已经存在"，否则提示"该用户名不存在，可以注册"，以实现会员注册时用户名无刷新的验证，提升用户访问 Web 页面的体验。

知识引入

9.1　认识 AJAX

在 C/S 应用程序的开发过程中，很容易做到无"刷新"样式控制，主要是因为 C/S 应用程序能够维持客户端状态，对于状态的改变能够及时捕捉。相比之下，Web 应用程序是一种无状态的应用程序，在 Web 应用程序操作过程中，需要通过 POST 等方法进行页面参数传递，这样就产生了页面刷新。

9.1.1　什么是 AJAX

AJAX（Asynchronous JavaScript and XML）是目前 Web 应用程序中广泛使用的一种技术，改变了传统 Web 中客户端和服务器端"请求→等待→请求→等待"的模式，通过使用 AJAX 应用向服务器发送和接收需要的数据，避免产生页面刷新。

在传统的 Web 应用程序模型中，浏览器本身负责初始化客户端的请求，并处理来自服务器的响应，其工作模型如图 9-1 所示。

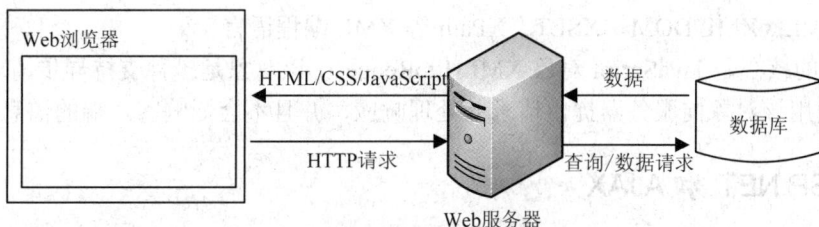

图 9-1　传统的 Web 应用模型

图 9-1 所示模型中，当浏览者浏览 Web 页面，并填写相应信息时，需要使用表单向服务器提交信息。当用户提交表单时，就会向服务器发送一个请求，服务器接受该请求并执行相应的操作后将生成一个页面返回给浏览者。然而，在服务器处理表单并返回新的页面时，浏览者第一次浏览的页面和服务器处理表单后返回的页面在形式上基本相同。当大量的用户进行表单提交操作时，会增加网络通信的带宽。

而 AJAX 应用模型则不同，它提供了一个中间层 AJAX 引擎来处理服务器和客户端之间的通信。这种方式的优点在于，只对页面进行局部更新，无须回发整个页面，就能够使 Web 服务器尽快地响应用户的要求，其应用模型如图 9-2 所示。

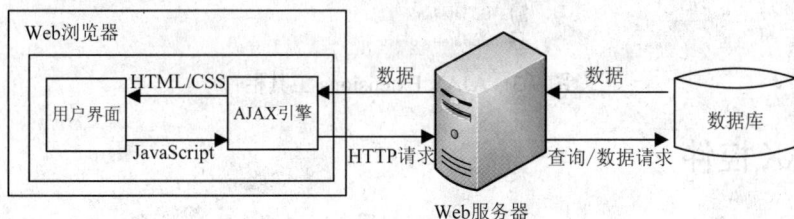

图 9-2　AJAX Web 应用模型

图 9-2 所示模型中的 AJAX 引擎实际上只是一个 JavaScript 对象或函数,只有当信息必须从服务器上获得时才调用。与传统的模型不同，此模型不再需要为其他资源（诸如其他网页）提供链接，而是当需要调度和执行这些请求时，向 AJAX 引擎发出一个函数调用。这些请求都是异步完成的，也就意味着不必等收到响应，就可以继续执行后续的操作。

服务器（传统模式中，提供 HTML、图像、CSS 或 JavaScript）将配置为向 AJAX 引擎返回其可用的数据，这些数据可以是纯文本、XML 或者需要的任何格式，唯一的要求就是 AJAX 引擎能够理解和翻译这种数据。当 AJAX 引擎收到服务器响应时，将会触发一些操作，通常是完成数据解析，并对用户界面做一些修改。由于这个过程中传送的信息比传统的 Web 应用程序模型少得多，因此用户界面的更新速度将更快，极大地提升用户的浏览体验。

从以上分析可以看出，AJAX 技术是多种旧技术的混合体，通过将这些技术进行一定的修改和整合就形成了 AJAX 技术。AJAX 组成部分的技术主要包括如下几种。

- HTML/XHTML：页面的表示语言。
- CSS：为 HTML/XHTML 提供文本格式定义。
- DOM：对已载入的页面进行动态更新。
- JavaScript：用来编写 AJAX 引擎的脚本语言。
- XML：XML DOM、XSLT、XPath 等 XML 编程语言。

AJAX 的核心是 JavaScript 对象 XMLHttpRequest，该对象是一种支持异步请求的技术，用户可以使用该对象向服务器提出请求并处理响应，并且不会影响客户端的信息通信。

9.1.2 ASP.NET 和 AJAX

在 ASP.NET 3.5 之前，ASP.NET 自身并不支持 AJAX 的应用。ASP.NET 2.0 中，AJAX 需要下载与安装，开发人员需要将相应的 DLL 文件分类存放并配置 web.config 文件才能够实现 AJAX 功能。而在 ASP.NET 3.5 之后的版本中，AJAX 已经成为了.NET 框架的原生功能。当在 Visual Studio 2010 中创建 ASP.NET 的 Web 应用程序时，可以在工具箱中看到 AJAX Extensions 工具栏，该栏列出了 ASP.NET 提供的 AJAX 服务器控件，如图 9-3 所示。开发人员可以像使用普通的服务器控件一样使用 AJAX 控件，有效简化了编写 AJAX 的复杂度。

图 9-3 AJAX Extensions 工具栏

9.2 AJAX 控件

Visual Studio 2010 提供的 AJAX 控件，极大地简化了在 ASP.NET 中进行的 AJAX 应用程序开发，能够减少大量的代码开发工作，使开发人员更容易在 Web 应用程序中添加 AJAX 特性。

9.2.1 脚本管理控件（ScriptManager）

在 ASP.NET AJAX 中，最核心的控件是 ScriptManager 服务器控件。通过使用 ScriptManager 能够对整个页面进行局部更新管理。ScriptManager 用来处理页面上局部更新，同时生成相关代理脚本以便能够通过 JavaScript 访问 Web 服务。每个要使用 AJAX 功能的页面都需要使用一个 ScriptManager 控件，且只能被使用一次。

ScriptManager 控件负责管理 AJAX 页面的客户端脚本。默认情况下，ScriptManager 控件向客户端发送 AJAX 所需脚本，这样客户端就可以使用 AJAX 的类型进行系统扩展，并在服务器和客户机之间来回编组信息，完成部分页面的更新。ScriptManager 控件的 HTML 代码如下所示。

```
<asp:ScriptManager ID="ScriptManager1" runat="server" ></asp:ScriptManager>
```

ScriptManager 控件常用属性如表 9-1 所示。

表 9-1　ScriptManager 控件常用属性

属性/方法	描　　述
AllowCustomErrorsRedirect	表示在异步回发过程中是否进行自定义错误重定向，默认值为 true
AsyncPostBackErrorMessage	表示在异步回送过程中发生的异常将显示出的消息
AsyncPostBackTimeout	异步回传时超时限制，默认值为 90，单位为秒
EnablePageMethods	该属性用于设定客户端 JavaScript 是否直接调用服务端静态 WebMethod
EnablePartialRendering	可以使页面的某些控件或区域实现 AJAX 类型的异步回送和局部更新功能，默认值为 true。当属性设置为 false 时，则整个页面将不进行局部更新而失去 AJAX 的效果
LoadScriptBeforeUI	是否需要在加载 UI 控件前首先加载脚本，默认为 false
ScriptMode	指定 ScriptManager 发送到客户端的脚本的模式，包括 Auto、Inherit、Debug 和 Release 4 种模式，默认值为 Auto
ScriptPath	设置脚本块的根目录，包括自定义的脚本块或者引用第三方的脚本块

在 AJAX 应用中，ScriptManager 控件基本不需要配置就能够使用。当在页面上放置了 ScriptManager 控件后，它就会负责加载 ASP.NET AJAX 需要的 JavaScript 库。

9.2.2　更新区域控件（UpdatePanel）

UpdatePanel 服务器控件是 ASP.NET AJAX 中最常用的控件，用于保存回送模型，允许执行页面的局部刷新。

UpdatePanel 控件是一个容器控件，其使用方法与 Panel 控件类似。在使用 UpdatePanel 控件时，整个页面中只有 UpdatePanel 控件中的服务器控件或事件进行刷新操作，而页面的其他区域不会被刷新。

当 UpdatePanel 控件中的某个控件触发了一个回送，UpdatePanel 可以截获这个请求，并启动一个异步回送来更新页面中局部内容。"异步"表示终端用户不必停下来等待从服务器中返回结果，而是可以继续使用其他 JavaScript 代码来处理网页，在等待服务器的响应时继续和其他的控件交互。

UpdatePanel 控件的常用属性如下。

● RenderMode：指明 UpdatePanel 控件内呈现的标记是<div>或<span>。

● UpdateMode：指明内容模板的更新模式。

● ChildrenAsTriggers：指明在 UpdatePanel 控件中的子控件回发是否导致更新，默认值为 true。

● EnableViewState：指明控件是否自动保存其往返过程。

UpdatePanel 控件要实现动态更新，必须依赖 ScriptManager 控件。当 ScriptManager 控件允许局部更新时，就会以异步的方式发送到服务器。服务器接受请求后，执行操作并通过 DOM 对象来替换局部代码。UpdatePanel 控件通过<ContentTemplate>和<Triggers>标签来处理页面上引发异步页面回送的控件。

（1）<ContentTemplate>标签

在 UpdatePanel 控件的<ContentTemplate>标签中，开发人员无须编写任何客户端脚本，只要在异步页面回送过程中，将需要修改的控件包含在此标签中，就能够实现这些控件的页面无刷新的更新操作。

案例演练 例 9-1：UpdatePanel 控件<ContentTemplate>标签的使用。

```
01  <!--程序名称：9_1.aspx-->
02  <%@ Page Language="C#" AutoEventWireup="true" CodeFile="9_1.aspx.cs" Inherits="_9_1" %>
03  <html xmlns="http://www.w3.org/1999/xhtml">
04   <head runat="server"><title>UpdatePanel 的使用 1</title></head>
05   <script runat="server">
06       protected void Button1_Click(object sender, EventArgs e)
07       {
08           TextBox1.Text = DateTime.Now.ToString();
09       }
10   </script>
11   <body>
12      <form id="form1" runat="server">
13        <asp:ScriptManager ID="ScriptManager1" runat="server" />
14        <asp:UpdatePanel ID="UpdatePanel1" runat="server">
15          <ContentTemplate>
16            <asp:TextBox ID="TextBox1" runat="server"></asp:TextBox>
17            <asp:Button ID="Button1" runat="server" Text="提交" onclick="Button1_Click" />
18          </ContentTemplate>
19        </asp:UpdatePanel>
20      </form>
21   </body>
22  </html>
```

【代码解析】第 5～10 行定义服务器端事件处理代码；第 13 行声明 AJAX 脚本管理控件 ScriptManager；第 14～19 行声明了 UpdatePanel 控件，在该控件的<ContentTemplate>标签加入了 TextBox1 和 Button1 控件。当这两个控件产生回发事件时，并不会对页面中其他元素进行更新，而只会对 UpdatePanel 控件中的内容进行更新。

浏览页面，单击"提交"按钮将触发一个异步页面回送，而不是整个页面的回送。每次单击"提交"按钮，都会改变显示在 TextBox1 控件中的时间。

然而本例中存在一个问题，当异步回送时，不仅要给文本框控件发送日期时间值，而且还发送回页面上按钮的全部代码。很显然，本例代码中仅文本框控件中的内容需要异步刷新，而按钮控件只是作为页面回送的触发事件。

（2）<Triggers>标签

如果希望 UpdatePanel 控件中只包含页面中实际更新的部分，而把按钮放在 UpdatePanel
控件的<ContentTemplate>部分之外，就必须在控件中包含<Triggers>标签。使用该标签可以
指定引发异步页面回送的各种触发器。

<Triggers>部分包含 AsyncPostBackTrigger 和 PostBackTrigger 两个控件。

AsyncPostBackTrigger 控件用来指定某个服务器控件，以及将其触发的服务器事件作为
UpdatePanel 异步更新的一种触发器；它包含 ControlID 和 EventName 两个属性，用于把按
钮控件与触发器关联起来，进行异步回送。ControlID 属性的值是要用作异步页面回送的触
发器的控件（控件名由控件的 ID 属性指定）；EventName 属性值是 ControlID 指定的控件
的事件名，该事件要在客户端的异步请求中调用。

案例
演练　例 9-2：使用 UpdatePanel 控件中的<Triggers>标签实现异步传送。

```
01    <!--程序名称：9_2.aspx-->
02    <%@ Page Language="C#" AutoEventWireup="true" CodeFile="9_2.aspx.cs" Inherits="_9_2" %>
03    <html xmlns="http://www.w3.org/1999/xhtml">
04     <head runat="server"><title>UpdatePanel 的使用 2</title></head>
05     <script runat="server">
06         protected void Button1_Click(object sender, EventArgs e)
07         {
08             TextBox1.Text = DateTime.Now.ToString();
09         }
10     </script>
11     <body>
12        <form id="form1" runat="server">
13          <asp:ScriptManager ID="ScriptManager1" runat="server" />
14          <asp:UpdatePanel ID="UpdatePanel1" runat="server">
15            <ContentTemplate>
16               <asp:TextBox ID="TextBox1" runat="server"></asp:TextBox>
17            </ContentTemplate>
18            <Triggers>
19               <asp:AsyncPostBackTrigger ControlID="Button1" EventName="Click" />
20            </Triggers>
21          </asp:UpdatePanel>
22          <asp:Button ID="Button1" runat="server" Text="提交" onclick="Button1_Click" />
23        </form>
24     </body>
25    </html>
```

【代码解析】第 18～20 行声明引发异步传送的触发器；第 19 行声明异步传递的触发
器关联 Button1 按钮的 Click 事件。

PostBackTrigger 控件用来指定在 UpdatePanel 中的某个控件，并指定控件产生的事件将
使用传统方式进行回发。当使用 PostBackTrigger 控件进行控件描述时，该控件产生一个事
件，此时页面并不会异步更新，只会使用传统的方法进行页面刷新。

<Triggers>标签的设置也可以通过界面来完成，右击界面中的 UpdatePanel 控件的属性，如图 9-4 所示，单击 Triggers 集合打开如图 9-5 所示对话框，并添加触发器与 Button1 按钮的 Click 事件相关。

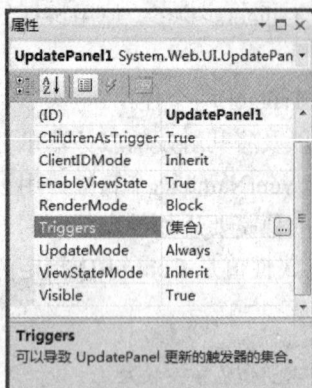

图 9-4 UpdatePanel 属性窗口

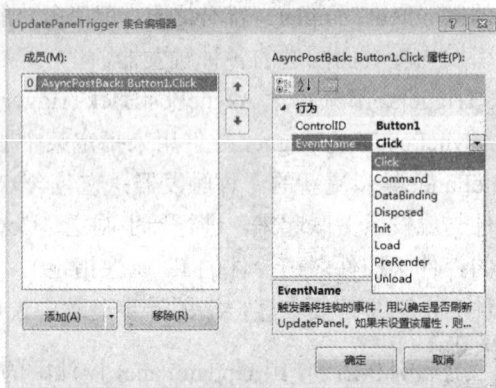

图 9-5 UpdatePanelTrigger 集合编辑器

任务实施

无刷新用户名验证的实现步骤如下：

步骤 1. 新建一个 ASP.NET 空网站，命名为 AjaxNoRefreshDemo。在网站中新建会员注册页面 UserCheck.aspx，并添加如图 9-6 所示的页面元素。本例中使用的数据为项目 4 中的 SMDB 数据库的表 Users。

步骤 2. 在页面中"用户名"文本框，即 txtUName 控件右边的单元格中，添加 Label 控件、ScriptManager 控件和 UpdatePanel 控件，并将 Label 控件置于 UpdatePanel 控件的 <ContentTemplate>标签中。页面代码如下。

图 9-6 无刷新用户名验证 UI

```
01    <!--程序名称：UserCheck.aspx-->
02    <asp:ScriptManager ID="ScriptManager1" runat="server">
03    </asp:ScriptManager>
04    <asp:UpdatePanel runat="server">
05        <ContentTemplate>
06            <asp:Label ID="Label1" runat="server" Text=""></asp:Label>
07        </ContentTemplate>
08    </asp:UpdatePanel>
```

【代码解析】第 4～8 行声明异步更新区域。

步骤 3. 在 web.config 中添加<connectionStrings>节，代码如下。

```
01    <!--程序名称：web.config-->
```

```
02    <connectionStrings>
03      <add name="smdb"connectionString="server=(local);database=smdb;integrated security=true;"/>
04    </connectionStrings>
```

【代码解析】第 3 行声明数据库连接字符串。

步骤 4. 在 SMDB 数据库中创建存储过程 upCheckUName，用来检测输入的用户名是否存在。

```
01    //程序功能：检测用户名是否在 Users 表中存在
02    create proc upCheckUName
03    (@uName varchar(30))
04    as
05    begin
06        select count(*) from users where uName=@uName
07    end
```

【代码解析】第 6 行统计用户数，若值为 0 表示不存在。

步骤 5. 在 UserCheck.aspx 页中编写检测用户名是否存在的方法。

```
01    //程序名称：UserCheck.aspx.cs
02    //程序功能：根据用户名和密码，判断用户是否存在，若返回为 0 表示不存在
03    using System.Data.SqlClient;
04    /// <summary> 获取会员 ID</summary>
05    protected int checkUName(string uName)
06    {
07        int flag=0;
08        string connstr = ConfigurationManager.ConnectionStrings["smdb"].ConnectionString;
09        using(SqlConnection conn = new SqlConnection(connstr))
10        {
11            conn.Open();
12            SqlCommand cmd = new SqlCommand("upCheckUName ",conn);
13            cmd.CommandType = CommandType.StoredProcedure;
14            SqlParameter ps = new SqlParameter("@uName",uName);
15            cmd.Parameters.Add(ps);
16            flag =(int)cmd.ExecuteScalar();
17        }
18        return flag;
19    }
```

【代码解析】第 8 行获取数据库连接字符串；第 12~13 行定义执行的 SQL 命令为存储过程 upCheckUName；第 14~15 行为命令添加参数；第 16 行执行命令。

步骤 6. 为 txtUName 文本框控件添加 TextChanged 事件，并设置该控件的 AutoPostBack 属性为 true。

```
20    protected void txtUName_TextChanged(object sender, EventArgs e)
21    {
22        if (checkUName(txtUName.Text) == 1)
23            Label1.Text = "用户名已经存在，不能注册";
24        else
```

```
25              Label1.Text = "用户名不存在，可以注册";
26      }
```

【代码解析】第 22 行调用 checkUName 方法，判断用户是否存在。

步骤 7. 浏览页面，在文本框中输入 admin，这时在文本框下方提示"该用户名已经存在"，运行效果如图 9-7 所示。

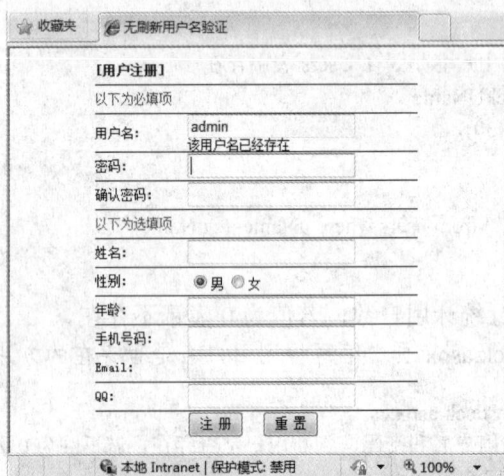

图 9-7　无刷新用户名验证运行效果

知识拓展

更新进度控件（UpdateProgress）

使用 ASP.NET AJAX 常常会给用户带来很多困惑。在无刷新用户名验证任务中，当网络或数据库查询系统造成数据回发缓慢时，由于页面只进行了局部刷新，这时用户弄不清楚到底发生了什么，因此很可能会进行重复操作，甚至进行非法操作。

ASP.NET 提供的更新进度控件 UpdateProgress 可以用来解决这个问题。当服务器与客户端进行异步通信时，UpdateProgress 控件给终端用户显示一个可视化元素，提示页面局部回送过程正在进行。

例如，当用户名输入控件失去焦点时，系统应该提示"正在进行用户名检验…"，从而让用户知道应用程序正在运行中。这种提示不仅能够减少用户错误操作的频率，还能够有效地提升用户进行数据交互的体验。UpdateProgress 控件的 HTML 代码如下。

```
01  <asp:UpdateProgress ID="UpdateProgress1" runat="server">
02      <ProgressTemplate>
03          正在进行用户名检验…
04      </ProgressTemplate>
05  </asp:UpdateProgress>
```

同 UpdatePanel 控件类似，UpdateProgress 控件也需要设置其 ProgressTemplate 标记进行等待中的样式控制。当"用户名"文本框失去焦点时，如果服务器和客户端之间需要时间等待，则 ProgressTemplate 标记就会呈现在用户面前，以提示用户应用程序正在进行。本项目任务 1"无刷新用户名验证"任务实施中，在 UpdatePanel 控件中添加 UpdateProgress 控件，代码修改如下。

```
01    <!--程序名称：UserCheck.aspx-->
02    <asp:UpdatePanel runat="server">
03        <ContentTemplate>
04            <asp:UpdateProgress ID="UpdateProgress1" runat="server">
05                <ProgressTemplate>
06                    正在进行用户名检验...
07                </ProgressTemplate>
08            </asp:UpdateProgress>
09            <asp:Label ID="Label1" runat="server" Text=""></asp:Label>
10        </ContentTemplate>
11        <Triggers>
12            <asp:AsyncPostBackTrigger ControlID="txtUName" EventName="TextChanged" />
13        </Triggers>
14    </asp:UpdatePanel>
```

【代码解析】第 4～8 行添加更新进度提示，当文本框控件失去焦点时，则会提示"正在进行用户名检验..."。

为了更好地查看 UpdateProgress 进度控件的效果，在 txtUName 文本框的 TextChanged 事件中添加如下代码。

```
Threading.Thread.Sleep(2000);
```

【代码解析】Threading.Thread.Sleep 方法指定系统线程挂起，这里设置为 2 秒。

浏览页面，在用户操作后 2 秒的时间内会出现"正在进行用户名检验..."的提示信息，运行效果如图 9-8 所示；当用户名不存在时，提示"该用户名不存在，可以注册"，运行效果如图 9-9 所示。

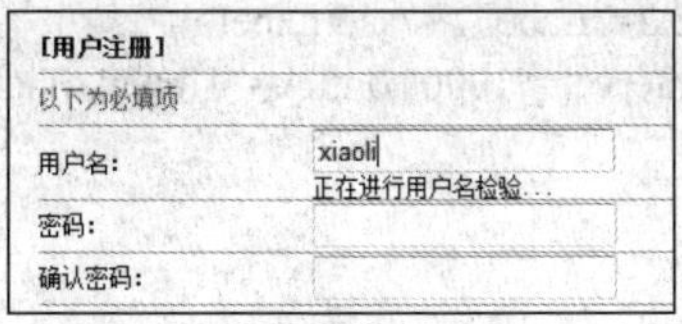

图 9-8　正在检验用户名 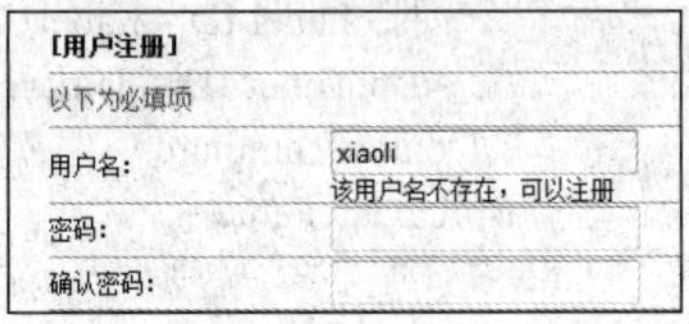　　　　图 9-9　用户名检测不存在

任务 2　站点时钟显示

任务场景

几乎所有的网站都会为浏览者提供无刷新的系统时钟，用来显示系统当前的时间，要实现这一效果通常需要编写 JavaScript 脚本代码。ASP.NET AJAX 中提供了类似于 Windows 定时器的控件 Timer，本任务将通过 Timer 控件的使用轻松实现网站时钟显示。

知识引入

9.3　Timer 控件

Timer 控件用于在一定的时间间隔后触发某个事件，是能够自动完成任务的一种特殊控件，其对应的 HTML 代码如下。

```
<asp:Timer ID="Timer1" runat="server"></asp:Timer>
```

开发人员只需配置 Timer 控件的属性进行相应事件的触发。Timer 控件主要事件和属性如下。

- Tick 事件：当达到指定的时间间隔时被触发，通常用于设计要完成的任务。
- Enabled 属性：是否启用了 Tick 事件引发。
- Interval 属性：设置 Tick 事件之间的连续时间，单位为毫秒。

由于 Timer 控件是 AJAX 控件，因此如果要实现时钟的无刷新变化，还需要将该控件放置于有 ScriptManager 控件进行页面全局管理的页中，并使用 UpdatePanel 控件，实现时钟的局部更新。

案例
演练　例 9-3：无刷新显示系统时钟。

```
01  <!--程序名称：9_3.aspx-->
02  <form id="form1" runat="server">
03    <div>
04      <asp:ScriptManager ID="ScriptManager1" runat="server">
05      </asp:ScriptManager>
06      <asp:UpdatePanel ID="UpdatePanel1" runat="server">
07        <ContentTemplate>
08          <asp:Label ID="Label1" runat="server" Text="Label"></asp:Label>
09          <asp:Timer ID="Timer1" runat="server" Interval="1000" ontick="Timer1_Tick" />
10        </ContentTemplate>
11      </asp:UpdatePanel>
12    </div>
13  </form>
```

【代码解析】第 6～11 行声明 UpdatePanel 控件，其中包括一个 Label 控件和一个 Timer 控件；第 9 行声明 Timer 控件，每 1000 毫秒执行一次 Time1_Tick 事件。

```
01  //程序名称：9_3.aspx.cs
02  //程序功能：无刷新显示时钟
03  protected void Page_Load(object sender, EventArgs e)
04  {
05      Label1.Text = DateTime.Now.ToString();
06  }
07  protected void Timer1_Tick(object sender, EventArgs e)
08  {
```

```
09             Label1.Text = DateTime.Now.ToString();
10      }
```

【代码解析】第 7~10 行定义了 Timer 控件的 Tick 事件，用于显示系统时间。

浏览页面，页面加载时在 Label1 控件中显示系统当前时间，而 Timer 控件用于每隔一秒进行一次刷新并将当前时间显示在 Label1 控件中，运行效果如图 9-10 所示。

图 9-10　时钟显示页面

可以看出，使用 Timer 控件是一种实现对系统时间控制的简单方法，而通过 JavaScript 脚本文件实现对系统时间的控制，不仅复杂而且还会占用大量的服务器资源。

9.4　脚本管理代理控件（ScriptManagerProxy）

ScriptManager 控件是整个页面的管理者，能够提供强大的功能，使得开发人员专注于程序开发，而不必关心 ScriptManager 控件怎样实现 AJAX 功能。然而，一个页面只能使用一个 ScriptManager 控件。

在 Web 应用的开发过程中，通常采用母版页为应用程序中的页面创建一致布局。在项目 2 中提到，母版页与内容页一同组合成一个新页面呈现在客户端浏览器中。如果在母版页中使用了 ScriptManager 控件，而在内容页中也使用 ScriptManager 控件，整合在一起的页面就会出现异常。脚本管理代理控件 ScriptManagerProxy 可以有效地解决这一问题。

案例
演练　例 9-4：ScriptManagerProxy 控件的使用

本例将呈现在母版页和内容页中均无刷新地显示系统时钟。首先创建名为 9_4Master. master 的母版页，添加页面代码如下。

```
01    <!--程序名称：9_4Master.master -->
02    <form id="form1" runat="server">
03      <div style="float:left;width:40%;background-color:Yellow;height:700px;">
04        <asp:ScriptManager ID="ScriptManager1" runat="server" />
05        <asp:UpdatePanel ID="UpdatePanel1" runat="server">
06          <ContentTemplate>
07            <asp:TextBox ID="TextBox1" runat="server" /><br />
08            <asp:Button ID="Button1" runat="server"Text="母版页时间"
09                                    onclick="Button1_Click" /> <br />
10            <asp:Label ID="Label1" runat="server" Text="Label" /><br />
11            <asp:Timer ID="Timer1" runat="server" Interval="1000" ontick="Timer1_Tick" />
12          </ContentTemplate>
13        </asp:UpdatePanel>
```

```
14        </div>
15        <div style="float:left;width:60%;background-color:Gray;height:700px;">
16          <asp:ContentPlaceHolder id="ContentPlaceHolder1" runat="server">
17          </asp:ContentPlaceHolder>
18        </div>
19      </form>
```

【代码解析】第 4 行声明 ScriptManager 控件；第 5～13 行定义母版页的更新区域；第 16～17 行声明 ContentPlaceHolder 占位符，用于映射内容页。

为母版页中的添加事件代码如下。

```
01    //程序名称：9_4Master.master.cs
02    //程序功能：无刷新在母版页中显示时钟
03    protected voidButton1_Click(object sender, EventArgs e)
04    {
05        TextBox1.Text = DateTime.Now.ToString();
06    }
07    protected void Timer1_Tick(object sender, EventArgs e)
08    {
09        Label1.Text = DateTime.Now.ToString();
10    }
```

【代码解析】单击按钮 Button1，文本框 TextBox1 中显示当前系统时间。

在内容页中使用母版页进行统一样式布局。内容页的页面代码如下。

```
01    <!--程序名称：9_4.aspx -->
02    <%@ Page Language="C#" AutoEventWireup="true" CodeFile="9_4.aspx.cs" Inherits="_9_4"
03        MasterPageFile="~/9_4Master.master" Title="ScriptManagerProxy 控件的使用" %>
04    <asp:Content ID="c1" ContentPlaceHolderID="ContentPlaceHolder1" runat="server">
05      <asp:ScriptManagerProxy ID="ScriptManagerProxy1" runat="server" />
06      <asp:UpdatePanel ID="UpdatePanel1" runat="server">
07        <ContentTemplate>
08          <asp:TextBox ID="TextBox2" runat="server"></asp:TextBox> <br />
09          <asp:Button ID="Button2" runat="server" Text="内容页时间" onclick="Button2_Click" />
10          <br /><asp:Label ID="Label1" runat="server" Text="Label"></asp:Label>
11        </ContentTemplate>
12      </asp:UpdatePanel>
13    </asp:Content>
```

【代码解析】第 2～3 行使用 9_4Master.master 母版页作为样式控制；第 5 行声明 ScriptManagerProxy 控件支持内容页的 AJAX 应用；第 6～12 行定义内容页的更新区域。

为内容页中的按钮 Button2 控件添加单击事件，代码如下。

```
01    //程序名称：9_4.aspx.cs
02    //程序功能：无刷新在内容页中显示时钟
03    protected void Button2_Click(object sender, EventArgs e)
04    {
05        TextBox2.Text = DateTime.Now.ToString();
06    }
```

【代码解析】单击按钮 Button2，文本框 TextBox2 中显示当前系统时间。

浏览页面，分别单击母版页和内容页中的按钮，运行效果如图 9-11 所示。

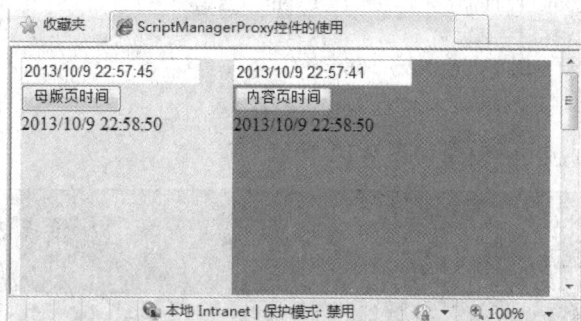

图 9-11　脚本管理代理控件的应用

学习提示：使用脚本管理代理控件 ScriptManagerProxy 可以解决页面中需要多个 ScriptManager
控件的问题。实际应用中，若内容页需要进行局部更新时，只需在内容页中加
入 UpdatePanel 控件，就可以实现由母版页中的 ScriptManager 控件控制整个
页面。

任务实施

步骤 1. 打开项目 2 任务 2 中的 MasterPageDesign 网站，双击打开母版页
MyMaster.master，在该母版页<div id="branding">中添加 div 布局，并在表格中添加
ScriptManager 控件和 UpdatePanel 控件，在 UpdatePanel 中添加时间控件 Timer1 和时间显示
控件 Label1，设置 Timer1 控件的 Interval 属性为 1000 毫秒，代码如下。

```
01    <!--程序名称：MyMaster.master -->
02    <div id="branding">
03        <div style="float:left"><h1>我的网站</h1></div>
04        <div style="float:right">
05        <asp:ScriptManager ID="ScriptManager1" runat="server" />
06        <asp:UpdatePanel ID="UpdatePanel1" runat="server">
07           <ContentTemplate>
08              <asp:Label ID="Label1" runat="server" Text="Label" />
09              <asp:Timer ID="Timer1" runat="server" Interval="1000" ontick="Timer1_Tick" />
10           </ContentTemplate>
11        </asp:UpdatePanel>
12        </div>
13    </div>
```

步骤 2. 为母版页添加事件代码，使得 Label1 中显示时钟的频率为每秒钟变化一次。

```
01    //程序名称：MyMaster.master.cs
02    //程序功能：无刷新显示时钟
03    protected void Page_Load(object sender, EventArgs e)
```

```
04      {
05          Label1.Text = DateTime.Now.ToString();
06      }
07      protected void Timer1_Tick(object sender, EventArgs e)
08      {
09          Label1.Text = DateTime.Now.ToString();
10      }
```

步骤 3．浏览页面，运行效果如图 9-12 所示。

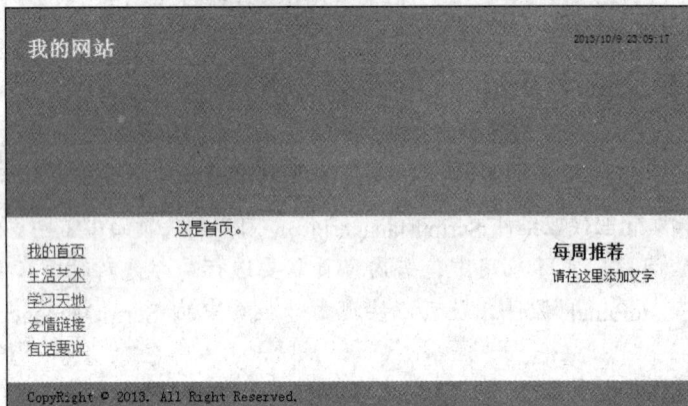

图 9-12　站点时钟显示效果

从运行效果来看，网站的每一个页面都可以动态地显示系统当前时间。

知识拓展

使用多个 UpdatePanel 控件

实际应用中可以在一个页面上使用多个 UpdatePanel 控件控制页面上指定区域的输出。下面的代码演练了多个 UpdatePanel 控件的使用。

```
01      <!--程序名称：Extend9_1.aspx -->
02      <div>
03          <asp:ScriptManager ID="ScriptManager1" runat="server" />
04          </asp:ScriptManager>
05          <asp:UpdatePanel ID="UpdatePanel1" runat="server">
06            <ContentTemplate>
07                <asp:Label ID="Label1" runat="server" ></asp:Label>
08            </ContentTemplate>
09            <Triggers>
10                <asp:AsyncPostBackTrigger ControlID="Button1" EventName="Click" />
11            </Triggers>
12          </asp:UpdatePanel>
13          <asp:UpdatePanel ID="UpdatePanel2" runat="server">
14            <ContentTemplate>
```

```
15              <asp:Label ID="Label2" runat="server" ></asp:Label>
16          </ContentTemplate>
17      </asp:UpdatePanel>
18      <asp:Button ID="Button1" runat="server" Text="Button" onclick="Button1_Click" />
19  </div>
```

【代码解析】第 5～12 行声明第一个 UpdatePanel 控件,其中包含一个标签控件 Label1;第 10 行声明了引发异步传送的触发事件为 Button1 控件的单击事件;第 13～17 行声明了第二个 UpdatePanel 控件,其中包含一个标签控件 Label2。

为按钮 Button1 添加 Click 事件,代码如下。

```
01  //程序名称:Extend9_1.aspx.cs
02  //程序功能:多 UpdatePanel 控件使用
03  protected void Button1_Click(object sender, EventArgs e)
04  {
05      Label1.Text = " Label1: " + DateTime.Now;
06      Label2.Text = " Label2: " + DateTime.Now;
07  }
```

【代码解析】在 Label 控件中输出当前系统时间。

浏览页面,单击 Button 按钮,运行效果如图 9-13 所示。

图 9-13   多 UpdatePanel 的运行效果

从运行效果来看,位于 UpdatePanel1 和 UpdatePanel2 中的标签控件都从服务器响应中提取当前时间。而页面代码中仅 UpdatePanel1 控件关联一个触发器,即 Button1 的单击事件。由于在默认情况下,单个页面上所有的 UpdatePanel 控件都在每个异步回送发生时更新,即按钮 Button1 控件引发的回送也会引发 UpdatePanel2 控件的回送。

若要 UpdatePanel2 控件中的信息不随 UpdatePanel1 控件中触发的事件引起更新,需要设置 UpdatePanel 控件的 UpdateMode 属性。

UpdateMode 属性有两个枚举值,即 Always 和 Conditional。默认情况下属性值为 Always,表示每个 UpdatePanel 控件总是在每次异步请求时更新;如果该属性设置为 Conditional 时,表示 UpdatePanel 仅在满足一个触发条件时更新。

修改 Extend9_1.aspx 页面中第 13 行代码如下。

```
13  <asp:UpdatePanel ID="UpdatePanel2" runat="server" UpdateMode="Conditional" >
```

再次浏览页面,运行效果如图 9-14 所示。

图 9-14 满足触发条件时事件更新的运行效果

从运行效果可以看出，即使 Button1_Click 事件试图改变 Label1 和 Label2 的值，然而只有 Label1 通过异步请求实现了更新，由于 UpdatePanel2 控件没有满足触发器的条件，因此 Label2 没有实现更新。

学习提示：除提供标准的 ASP.NET AJAX 控件外，微软还发布了 ASP.NET AJAX 控件的扩展包 AjaxControlToolKit，该扩展包是免费、开源的 AJAX 服务器控件包，包含了 30 多种 AJAX 扩展控件，最新版本的安装文件可以在 http://ajaxcontroltoolkit. codeplex.com/中下载，安装包中含有各控件的使用 Demo，有兴趣的读者可以进一步研究。

项 目 小 结

AJAX 是当今流行的 Web 应用技术，以提供响应速度更快的 Web 界面，受到了用户的青睐。本项目通过无刷新用户名验证和站点时钟显示两个典型任务，详细介绍了 ASP.NET 提供的 AJAX 技术的相关组件，包括 ScriptManager 对象、ScriptManagerProxy 对象、UpdatePanel 对象、UpdateProgress 对象和 Timer 对象的使用方法。

本项目 IT 企业常见面试题

1. 为什么使用 AJAX 技术，它与传统 Web 应用有什么不同？
2. AJAX 技术的核心内容有哪些？
3. 怎样创建 ASP.NET AJAX 的 Web 应用程序？
4. UpdatePanel 控件有何作用？

项 目 实 训

实训任务：
在 B2CSite 网站添加具有 AJAX 特性的功能，提升用户访问体验。

实训目的:

1. 理解 AJAX 技术的工作原理。

2. 会使用 ASP.NET AJAX 控件。

实训内容:

1. 为 B2CSite 网站中的会员注册功能添加用户名是否存在的无刷新验证。

2. 修改项目 3 实训任务中第 5 题,实现聊天信息无刷新的显示。

3. 为 B2CSite 网站添加系统时钟。

项目 10 案例解析：物流管理系统

前面的 9 个项目中系统地介绍了基于 ASP.NET 的 Web 应用开发的关键技术。本项目利用前面所学的知识设计并实现一个企业物流管理系统。系统采用企业的开发模式，按照分层的方式进行设计。

任务 1 物流管理系统介绍

10.1 项目背景

随着信息技术的日益发展，物流管理的信息化已成为物流运输系统的必然趋势。物流管理系统主要为物流公司解决日常办公和项目管理的需求，协助工作人员进行日常物流管理和人员管理，提高管理效率，降低运作成本，增强企业长期竞争力。物流管理的核心部分是对运输车队的管理及调度以及对承运货物的跟踪管理。

通过该系统，物流公司运输管理人员能实现对车队和车辆的动态管理；调度人员能随时了解车辆动向和使用情况；承运业务员能开出和接收承运单；财务人员也能通过该系统进行运输成本的核算。

物流管理系统面向物流公司的工作人员，包括财务人员、运输管理人员、调度人员以及承运业务员等。

10.2 物流管理系统功能说明

物流管理系统由运输管理、承运管理、调度管理、财务管理和系统维护 5 个功能模块组成，如图 10-1 所示。

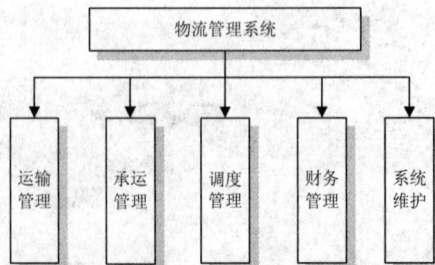

图 10-1 物流管理系统功能模块

各功能包括的子功能模块如表 10-1 所示。

表 10-1 物流管理系统子系统描述

子系统名称	子系统功能
运输管理	车队信息维护、车辆信息维护和驾驶员信息维护
承运管理	运力综合查询、历史承运任务查询、承运单开出和承运单接收
调度管理	车辆的调度、查询运输单以及录入回执单
财务管理	车队运输成本维护、车队运输成本核算
系统维护	用户登录、用户注销、用户角色维护和用户账号维护

1. 承运管理功能描述

承运管理功能包括录入承运单、承运单管理、承运单跟踪、运力查询、客户信息、运价查询、货物信息和货物包装等功能。

- **录入承运单**：业务员录入客户信息、货物信息等相关信息。
- **承运单管理**：业务员查看承运信息，包括编号、发货客户、填单信息、状态等，并且可以进行修改操作和查看详情操作。
- **承运单跟踪**：业务员可以录入承运单的状态、描述信息等信息。
- **运力查询**：根据各种信息查询运力。
- **客户信息查询**：业务员可以查看客户信息。
- **运价查询**：查询各个线路的价格信息。
- **货物信息查询**：业务员可以查看货物的基本信息（包括名称、数量、体积和重量等），并且可以进行修改操作和查看详细信息。
- **货物包装**：业务员可以查看货物包装信息（包括包装名称和描述信息），并且可以添加、修改包装信息。

2. 运输管理功能描述

运输管理功能包括车辆管理、录入车辆类型信息、管理车队信息、管理驾驶员信息和事故信息记录。

- **车辆管理**：运输管理员可以查询车辆的信息（包括车辆名称、耗油量、状态、车辆类型以及运力等），并且能对车辆信息进行添加、修改和删除等操作。
- **车辆类型**：运输管理员可以查询车辆类型信息（包括车辆类型名称、体积和重量），并且能进行添加、删除和修改车辆类型信息的操作。
- **车队管理**：运输管理员可以按要求查询，并筛选车队信息（包括车队名称、车队编号等信息），并且能进行车队信息的添加、编辑和删除等操作。
- **驾驶员管理**：运输管理员可以查看驾驶员信息（包括驾驶员的姓名、性别、身份证号和电话等个人信息），并能进行驾驶员信息的添加、修改和删除操作。
- **事故记录**：运输管理员可以查看事故信息（包括事故时间、事故地点和对应的驾驶员等信息），并能进行事故信息的添加、删除和修改操作。

3. **系统维护功能描述**

系统维护功能包括分点管理、部门管理、人员管理、运价管理和系统日志管理。

- **分点管理**：管理员查询分公司、代理点的信息（包括名称、所在城市、电话和地址等信息），并且能进行添加、修改和删除操作。
- **部门管理**：管理员能查询部门信息，并且能进行部门信息的添加、删除和修改等操作。
- **人员管理**：管理员能查询工作人员信息，并能够添加、删除和修改工作人员的信息。
- **运价管理**：管理员可以根据线路信息进行运价的录入和修改操作。
- **系统日志管理**：查看和删除系统操作日志。

4. **调度管理功能描述**

调度管理功能包括任务调度、运力查询、运输单管理、运输单跟踪、城市信息维护和线路信息生成及查询。

- **任务调度**：调度员根据承运单生成运输单，查询运输单进行任务调度，并且能添加、修改和删除任务信息。
- **运力查询**：查询运力信息。
- **运输单管理**：调度员可以根据条件查询运输单信息，并且进行运输单的修改和删除操作。
- **运输单跟踪**：业务员可以录入运输单的状态，描述信息等信息。
- **城市信息维护**：调度员查询城市信息，并且可进行城市信息的添加、编辑和删除操作。
- **线路信息生成及查询**：调度员选择城市信息生成线路信息，根据条件查询线路信息，并且可进行线路信息的添加、编辑和删除操作。

5. **财务管理功能描述**

财务管理功能包括添加账目信息、管理账目、财务统计、财务对账、财务销账和成本类型管理。

- **添加账目**：财务人员根据运输单进行账目的添加录入。
- **管理账目**：财务人员根据条件进行账目的查询，并且进行成本的修改。
- **财务统计**：财务人员进行账目统计，打印报表。
- **财务对账**：财务人员根据各个信息进行对账。
- **财务销账**：财务人员根据各个信息进行销账。
- **成本类型**：指系统中的成本类型，可以是运输费、装卸货、加班费、工资成本等。

6. **权限管理功能描述**

权限管理功能包括登录限制和访问限制两个功能。

- **登录限制**：此系统的任何页面请求必须登录方可完成，再通过数据验证，才能提交并处理数据。

● **访问限制**：此系统有 3 级权限，4 个角色。每个角色对应一个系统模块，完成相应的功能。不同角色拥有不同的权限。例如，业务员可以查看承运信息，包括编号、发货客户、填单信息和状态等，并且可以进行修改操作和查看详情操作。

任务 2　物流管理系统数据库设计

针对物流管理系统的数据存储需要，共设计了 24 个信息表。

1. 事故信息登记表（Logistics_Accident）

事故信息登记表如表 10-2 所示。

表 10-2　事故信息登记表

序号	列名	数据类型	长度	标识	主键	允许空	默认值	说明
1	Accident_Id	int	4	是	是	否		ID
2	Accident_PlaceTime	datetime	8			是		事故时间
3	Accident_DriverId	int	4			是		驾驶员
4	Accident_Remark	ntext	16			是		备注
5	Accident_PlaceAddress	nchar	100			是		地点
6	Accident_Time	datetime	8			是		添加时间

2. 车辆信息表（Logistics_Car）

车辆信息表如表 10-3 所示，其中状态有"可用"和"不可用"两种。

表 10-3　车辆信息表

序号	列名	数据类型	长度	小数位	标识	主键	允许空	默认值	说明
1	Car_ID	int	4	0	是	是	否		车辆 ID
2	Fleet_ID	int	4	0		外键	否		车队 ID
3	Driver_ID	int	4	0		外键	否		驾驶员 ID
4	Company_ID	int	4	0		外键	否		公司 ID
5	Car_plate	nvarchar	16	0			否		车牌
6	Car_name	nvarchar	20	0			否		车辆名称
7	Car_typeID	int	4	0		外键	否		类型 ID
8	Car_oil	float	8	0			是		油耗
9	Car_state	nvarchar	20	0			是		车辆状态
10	Car_remark	ntext	16	0			是		备注

3. 车辆类型表（Logistics_Car_Type）

车辆类型表如表 10-4 所示。

表 10-4　车辆类型表

序号	列名	数据类型	长度	小数位	标识	主键	允许空	默认值	说明
1	CP_ID	int	4	0	是	是	否		类型 ID
2	CP_Name	nvarchar	20	0			否		类型名称
3	CP_volume	float	8	0			是		可乘体积
4	CP_weight	float	8	0			是		可乘重量
5	CP_Remark	ntext	16	0			是		备注

4. 城市信息表（Logistics_Cities）

城市信息表如表 10-5 所示。

表 10-5　城市信息表

序号	列名	数据类型	长度	小数位	标识	主键	允许空	默认值	说明
1	Cities_ID	int	4	0	是	是	否		城市 ID
2	Cities_Code	nvarchar	10	0			否		助记符
3	Cities_Name	nvarchar	20	0			否		城市名称
4	Cities_Type	nvarchar	10	0			是		城市类型

5. 客户信息表（Logistics_ClientInfo）

客户信息表如表 10-6 所示。

表 10-6　客户信息表

序号	列名	数据类型	长度	标识	主键	允许空	默认值	说明
1	Clientinfo_ID	int	4	是	是	否		客户 ID
2	ClientInfo_Name	varchar	50			否		客户名称
3	ClientInfo_Code	nvarchar	16			否		助记符
4	ClientInfo_Type	varchar	20			是		客户类型
5	ClientInfo_Contacts	varchar	20			是		联系人
6	ClientInfo_Phone	varchar	13			是		电话
7	ClientInfo_Mobile	varchar	13			是		手机
8	ClientInfo_Fax	varchar	13			是		传真
9	ClientInfo_Adderss	varchar	100			是		地址
10	ClientInfo_Remark	varchar	100			是		备注

6. 成本类型表（Logistics_Costtype）

成本类型表如表 10-7 所示。

表 10-7 成本类型表

序号	列名	数据类型	长度	小数位	标识	主键	允许空	默认值	说明
1	Costtype_ID	int	4	0	是	是	否		成本 ID
2	Costtype_Type	nvarchar	20	0			否		成本类型
3	Costtype_Remark	ntext	16	0			是		备注

7. 公司信息表（Logistics_Company）

公司信息表如表 10-8 所示。

表 10-8 公司信息表

序号	列名	数据类型	长度	小数位	标识	主键	允许空	默认值	说明
1	Company_ID	int	4	0	是	是	否		公司 ID
2	Company_Name	nvarchar	50	0			否		公司名称
3	Company_City	nvarchar	20	0			是		所在城市
4	Company_Phone	nvarchar	13	0			是		公司电话
5	Company_Fax	nvarchar	13	0			是		传真
6	Company_Adress	nvarchar	100	0			是		地址
7	Company_Remark	ntext	16	0			是		备注

8. 驾驶员信息表（Logistics_Driver）

驾驶员信息表如表 10-9 所示。

表 10-9 驾驶员信息表

序号	列名	数据类型	长度	标识	主键	允许空	默认值	说明
1	Driver_ID	int	4	是	是	否		驾驶员 ID
2	Driver_Name	varchar	12			否		姓名
3	Driver_Sex	varchar	4			否		性别
4	Driver_Brithdata	datetime	8			是		出生日期
5	Driver_Idcard	varchar	20			否		身份证
6	Driver_Phone	varchar	13			是		电话
7	Driver_Address	varchar	100			是		地址
8	Driver_Age	int	4			是		年龄
9	Driver_License	nvarchar	20			是		驾照
10	Driver_Photo	varchar	255			是		图像
11	Driver_Remark	ntext	16			是		备注

9. 承运单信息表（Logistics_Fcr）

承运单信息表如表 10-10 所示，其中，状态有"正在处理"、"正在途中"和"已经到达" 3 种。

表 10-10   承运单信息表

序号	列名	数据类型	长度	标识	主键	允许空	默认值	说明
1	Fcr_ID	int	4	是	是	否		ID
2	User_ID	int	4		外键	否		业务员 ID
3	Fcr_Send_Client	int	4		外键	否		发货客户 ID
4	Fcr_Accept_Client	int	4		外键	否		收货客户 ID
5	Fcr_Num	nvarchar	16			否		编号
6	Fcr_Filling_Time	datetime	8			是		填单时间
7	Fcr_Arrived_time	datetime	8			是		到达时间
8	Fcr_Weight	float	8			是		重量
9	Fcr_Volume	float	8			是		体积
10	Fcr_Payway	nvarchar	10			是		支付方式
11	Fcr_Cost	float	8			是		费用
12	Fcr_Precost	float	8			是		预付
13	Fcr_State	nvarchar	20			是		状态
14	Fcr_Remark	ntext	16			是		备注

10. 承运跟踪表（Logistics_Fcr_Track）

承运跟踪表如表 10-11 所示。

表 10-11   承运跟踪表

序号	列名	数据类型	长度	标识	主键	允许空	默认值	说明
1	FT_ID	int	4	是	是	否		ID
2	Fcr_ID	int	4		外键	否		承运单 ID
3	FT_State	nvarchar	50			是		状态
4	FT_Disc	nvarchar	200			是		状态描述
5	FT_Time	datetime	8			是		时间
6	FT_Remark	ntext	16			是		备注

11. 财务表（Logistics_Finance）

财务表如表 10-12 所示。

表 10-12   财务表

序号	列名	数据类型	长度	标识	主键	允许空	默认值	说明
1	Finance_ID	int	4	是	是	否		ID
2	Costtype_ID	int	4		外键	否		成本类型 ID
3	User_ID	int	4		外键	否		财务人员 ID
4	FCU_ID	int	4		外键	否		对账 ID
5	FC_ID	int	4		外键	否		销账 ID
6	Transit_ID	int	4		外键	否		运输单 ID

序号	列名	数据类型	长度	标识	主键	允许空	默认值	说明
7	Finance_Object	nvarchar	50			是		支出对象
8	Finance_amount	float	8			是		金额
9	Finance_Time	datetime	8			是		时间

12. 对账表（Logistics_Finance_CheckUp）

对账表如表 10-13 所示。

表 10-13　对账表

序号	列名	数据类型	长度	小数位	标识	主键	允许空	默认值	说明
1	FCU_ID	int	4	0	是	是	否		ID
2	User_ID	int	4	0		外键	否		财务人员 ID
3	FCU_State	nvarchar	16	0			是		对账状态
4	FCU_Time	datetime	8	3			是		对账时间

13. 销账表（Logistics_Finance_Cross）

销账表如表 10-14 所示。

表 10-14　销账表

序号	列名	数据类型	长度	小数位	标识	主键	允许空	默认值	说明
1	FC_ID	int	4	0	是	是	否		ID
2	User_ID	int	4	0		外键	否		财务员 ID
3	FC_State	nvarchar	16	0			是		销账状态
4	FC_Time	datetime	8	3			是		销账时间

14. 车队信息表（Logistics_Fleet）

车队信息表如表 10-15 所示。

表 10-15　车队信息表

序号	列名	数据类型	长度	小数位	标识	主键	允许空	默认值	说明
1	Fleet_ID	int	4	0	是	是	否		ID
2	Fleet_Name	nvarchar	50	0			否		名称
3	Fleet_Functionary	nvarchar	12	0			否		负责人
4	Fleet_Remark	ntext	16	0			是		备注

15. 系统日志表（Logistics_Log）

系统日志表如表 10-16 所示，其中，动作有"添加"、"删除"和"修改"3 种。

表 10-16　系统日志表

序号	列名	数据类型	长度	标识	主键	允许空	默认值	说明
1	Log_ID	int	4	是	是	否		ID
2	Log_TableName	varchar	40			否		操作表名
3	Log_UserID	int	4			否		操作用户
4	Log_Action	varchar	20			是		动作
5	Log_Time	datetime	8			是		时间
6	Log_Remark	ntext	16			是		备注
7	Log_RowID	int	4			是		记录号

16. 货物信息表（Logistics_Goods）

货物信息表如表 10-17 所示。其中，状态分为 0-未处理、1-已经装车、2-已经发车、3-已经送达 4 种。

表 10-17　货物信息表

序号	列名	数据类型	长度	小数位	标识	主键	允许空	默认值	说明
1	Goods_ID	int	4	0	是	是	否		ID
2	Fcr_ID	int	4	0		外键	否		承运单 ID
3	Package_ID	int	4	0		外键	否		包装 ID
4	Goods_Name	nvarchar	100	0			否		名称
5	Goods_Type	nvarchar	100	0			是		类型
6	Goods_Weight	float	8	0			是		重量
7	Goods_Volume	float	8	0			是		体积
8	Goods_Property	nvarchar	200	0			是		属性
9	Goods_Count	int	4	0			是		数量
10	Goods_State	Int	4	0			是		状态

17. 货运跟踪表（Logistics_Goods_Track）

货运跟踪表如表 10-18 所示。

表 10-18　货运跟踪表

序号	列名	数据类型	长度	小数位	标识	主键	允许空	默认值	说明
1	Track_ID	int	4	0	是	是	否		ID
2	Transit_ID	int	4	0		是	否		运输单 ID
3	Track_State	nvarchar	50	0			是		状态
4	Track_Disc	nvarchar	200	0			是		状态描述
5	Track_Time	datetime	8	3			是		发生时间
6	Track_Remark	ntext	16	0			是		备注

18. 货物包装表（Logistics_Package）

货物包装表如表 10-19 所示。

表 10-19　货物包装表

序号	列名	数据类型	长度	标识	主键	允许空	默认值	说明
1	Package_ID	int	4	是	是	否		ID
2	Package_Name	nvarchar	50			否		包装名称
3	Package_Remark	ntext	16			是		备注

19. 线路信息表（Logistics_Roadinfo）

线路信息表如表 10-20 所示。

表 10-20　线路信息表

序号	列名	数据类型	长度	标识	主键	允许空	默认值	说明
1	Roadinfo_ID	int	4	是	是	否		ID
2	Roadinfo_Startcity	int	4			否		起始城市 ID
3	Roadinfo_Endcity	int	4			否		目标城市 ID
4	Roadinfo_Distance	float	8			是		里程
5	Roadinfo_Remark	ntext	16			是		备注

20. 用户角色表（Logistics_Role）

用户角色表如表 10-21 所示。

表 10-21　用户角色表

序号	列名	数据类型	长度	小数位	标识	主键	允许空	默认值	说明
1	Role_ID	int	4	0	是	是	否		ID
2	Role_Name	nvarchar	20	0			否		角色名称
3	Role_Remark	ntext	16	0			是		备注

21. 运输单信息表（Logistics_Transit）

运输单信息表如表 10-22 所示。其中，状态有"正在装车"、"正在途中"和"已经到达"3 种。

表 10-22　运输单信息表

序号	列名	数据类型	长度	标识	主键	允许空	默认值	说明
1	Transit_ID	int	4	是	是	否		ID
2	Roadinfo_ID	int	4		外键	否		线路 ID
3	Car_ID	int	4		外键	否		车辆 ID
4	User_ID	int	4		外键	否		调度员 ID
5	Transit_Num	nvarchar	16			否		编号

续表

序号	列名	数据类型	长度	标识	主键	允许空	默认值	说明
6	Transit_Start_Time	datetime	8			是		出车时间
7	Transit_End_Time	datetime	8			是		到达时间
8	Transit_State	nvarchar	20			是		运输单状态
9	Transit_Remark	ntext	16			是		备注

22. 运输单-货物信息表（Logistics_Transit_Goods）

运输单-货物信息表如表 10-23 所示。

表 10-23　运输单-货物信息表

序号	列名	数据类型	长度	小数位	标识	主键	允许空	默认值	说明
1	TG_ID	int	4	0	是	是	否		ID
2	Transit_ID	int	4	0		外键	否		运输单 ID
3	Goods_ID	int	4	0		外键	否		货物 ID
4	TG_Count	int	4	0			是		数量

23. 线路运价表（Logistics_Transit_Price）

线路运价表如表 10-24 所示。

表 10-24　线路运价表

序号	列名	数据类型	长度	标识	主键	允许空	默认值	说明
1	TP_ID	int	4	是	是	否		ID
2	Roadinfo_ID	int	4		外键	否		线路 ID
3	TP_Fill	float	8			是		整车运价
4	TP_Part_W	float	8			是		零担运价（重量）
5	TP_Part_V	float	8			是		零担运价（体积）

24. 用户信息表（Logistics_User）

用户信息表如表 10-25 所示。

表 10-25　用户信息表

序号	列名	数据类型	长度	标识	主键	允许空	默认值	说明
1	User_ID	int	4	是	是	否		ID
2	Role_ID	int	4		外键	否		角色 ID
3	User_Account	nvarchar	16			否		用户账号
4	User_Name	nvarchar	12			是		姓名
5	User_Password	nvarchar	12			是		密码
6	User_Phone	nvarchar	15			是		电话
7	User_Mphone	nvarchar	15			是		手机
8	User_Remark	ntext	16			是		备注

任务 3　物流管理系统的实现

10.3　系统架构设计

物流管理系统采用分层框架结构，其体系结构如图 10-2 所示。

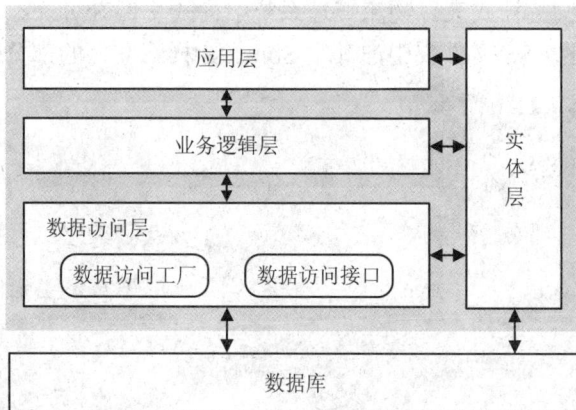

图 10-2　物流管理系统结构

物流管理系统结构主要由实体层、数据访问层、业务逻辑层和应用层 4 个部分组成。

- 实体层的主要功能是实现关系数据库实体和实体关系表到应用程序对象的映射。
- 数据访问层的主要功能是使用 ADO.NET 实现对数据库的操作，并为业务逻辑层提供所需数据。
- 业务逻辑层是应用层与数据访问层之间的桥梁，负责关键业务的处理和数据传递。
- 应用层的功能主要是页面设计和参数的传递。应用层在不知道应用程序其他各层细节的情况下也能调用业务逻辑层的方法来实现相应的业务逻辑，达到应用层和业务逻辑层的协同工作。

系统解决方案如图 10-3 所示。

如图 10-3 所示，整个物流管理系统的解决方案采用了逻辑分层的原则，其中项目 WEBUI 对应应用层，项目 BLL 对应系统的业务逻辑层，项目 DAL 对应系统的数据访问层，项目 IDal 对应实体类的通用接口层，项目 Model 对应实体层。

图 10-3　物流管理系统解决方案

10.4　系统公用模块创建

在系统的开发过程中，为了保证系统的可扩展性和可维护性，通常将需要使用的部分创建成系统的公共模块，主要包括应用层的界面布局、界面外观和数据访问层中封装的数据库访问操作。系统的公共模块可以被系统中的任何页面或类库所调用，当需求进行更改时，可以通过修改应用模块来降低维护成本。

1. 应用层中创建 CSS

CSS 作为页面布局中的全局文件，可以对物流管理系统全局的布局进行控制。通过使用 CSS 能够将页面代码和布局代码进行分离，这样就能够方便地进行系统样式的修改和维护。

样式表可以统一存放在一个文件夹中，该文件夹能够进行样式表的统一存放和规划，以便系统可以使用不同的样式表。物流管理系统中样式文件 Style.css 和 subModal.css 均存放在项目 WEBUI 下的 CSS 文件夹中，其中 Style.css 样式文件的部分代码如下。

```
<!--程序名称：Style.css-->
body
{
 margin: 0px;
 font-family: 宋体;
 font-size: 12px;
}
.loginfo
{
 font-family: 宋体;
 font-size: 12px;
 color: White;
 background-image: url(../images/info.jpg);
 background-color: #53B879;
 background-position: right;
 background-repeat: no-repeat;
 text-align: left;
 padding-left: 10px;
}
```

上述代码只是呈现了<body>标签和类 loginfo 的样式，详细代码读者可参考教材配套资源提供的源码。

2. 应用层中创建主题和外观

通过前面章节的学习已经知道主题是属性的集合，通过设置主题可以定义页面和控件的外观。在 Web 应用程序中的 Web 页和整个应用程序的所有页面中应用同一主题，可以实现控件外观的一致。

物流管理系统中定义的主题文件 SkinFile.skin 处于应用层项目 WEBUI 中的 App_Themes 文件夹中的 SkinFile 文件夹下，其详细代码如下。

```
<%--程序名称：SkinFile.skin--%>
<%--TextBox--%>
<asp:TextBox SkinID="TextBox_S" runat="server" Font-Size="12px" Height="16px"
BorderWidth="1" BorderColor="#a6c9c3" Font-Names="宋体"></asp:TextBox>
<asp:TextBox SkinID="TextBox_M" runat="server" Font-Size="12px" BorderWidth="1"
```

```
BorderColor="#a6c9c3" Font-Names="宋体"></asp:TextBox>
<%--GridView--%>
<asp:GridView SkinID="GW" runat="server" BorderColor="#a6c9c3"
BorderStyle="Solid">
<RowStyle Font-Size="12px" BorderColor="#a6c9c3" Wrap="false"
HorizontalAlign="Center" Height="20px" />
<HeaderStyle Font-Size="12px" Font-Bold="true" ForeColor="#007a71" Wrap="false"
Height="22px"/>
<FooterStyle Font-Size="12px" Font-Bold="true" ForeColor="#007a71" Wrap="false"
Height="22px"/>
<EmptyDataRowStyle Font-Size="12px" />
</asp:GridView>
<%--Button--%>
<asp:Button runat="server" Font-Size="12px" SkinID="btn" Height="16px"
BorderColor="#a6c9c3" BackColor="White" BorderWidth="1" />
<%--Label--%>
<asp:Label Font-Size="12px" Height="16" SkinID="L_P_B" BorderWidth="1"
BackColor="Blue" runat="server"></asp:Label>
<asp:Label Font-Size="12px" Height="16" SkinID="L_P_R" BorderWidth="1"
BackColor="Red" runat="server"></asp:Label>
<asp:Label Font-Size="12px" Height="16" SkinID="L_D" runat="server"
Font-Bold="false"></asp:Label>
<%--DropDownList--%>
<asp:DropDownList runat="server" SkinID="DropDown" Font-Size="12px" Height="16px"
BorderWidth="1" BorderColor="#a6c9c3" Font-Names="宋体"></asp:DropDownList>
<%--CheckBoxList--%>
<asp:CheckBoxList BorderColor="#a6c9c3" runat="server" SkinID="CheckBoxList"
Font-Size="12px" BorderWidth="1" Font-Names="宋体"></asp:CheckBoxList>
<%--LinkButton--%>
<asp:LinkButton runat="server" SkinID="LinkButton" Font-Size="12px" Font-Names="宋
体"></asp:LinkButton>
```

上面的代码主要定义了物流管理系统中页面中常用的控件 TextBox、Button、Label、GridView、DropDownList 和 CheckBoxList、LinkButton 等的外观。通过对 web.config 文件的设置，将该主题应用于整个应用程序项目，web.config 中的设置代码如下。

```
<!--程序名称：web.config-->
<system.web>
  <pages theme=" SkinFile"/>
</system.web>
```

3. 系统主界面设计

根据项目 3 的知识，为物流管理系统创建主界面，其外观如图 10-4 所示。主界面设计包括了导航菜单设置、站点版权和母版页设计等信息，其中母版页中提供一个内容占位符，用于呈现内容页的信息。

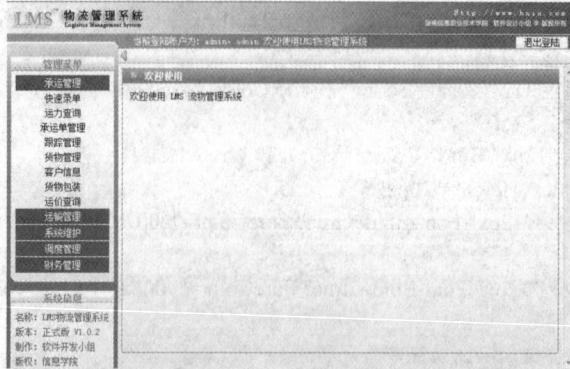

图 10-4　系统主界面

4. 数据访问公共类 SqlUtil.cs

　　为了有效维护系统数据的访问，在数据访问层　DAL　项目中定义了数据访问的公共类 SqlUtil.cs，该类是对系统中所需要进行数据访问操作的封装。在物流管理系统的整个设计中，为了提高代码的重用率和数据的安全性，系统中所有对数据库中数据的操作都封装在数据库的存储过程中，因此使用 SqlUtil.cs 类主要是通过对数据库中存储过程的访问，来实现数据的插入、查找、更新和删除等操作，而无须使用大量的 ADO.NET 代码进行连接。 SqlUtil.cs 类代码如下。

```
//程序名称：SqlUtil.cs
//程序功能：通用数据访问公共类
using System;
using System.Collections.Generic;
using System.Text;
using System.Data.SqlClient;
using Logistics.IDal;
using System.Reflection;
using System.Data;

namespace Logistics.DAL
{
    /// <summary>
    /// 公共 Sql 操作类
    /// </summary>
    public class SqlUtil
    {
        /// <summary>
        /// 得到一个 SqlConnection 对象
        /// </summary>
        /// <returns>SqlConnection 对象</returns>
        public static SqlConnection getConnection()
        {
            string connectionString = System.Configuration.ConfigurationSettings.AppSettings
            ["connstring"].Trim();
            SqlConnection conn = new SqlConnection(connectionString);
```

```
            conn.Open();
            return conn;
    }


    /// <summary>
    /// 执行返回数据表的存储过程
    /// </summary>
    /// <param name="procname"></param>
    /// <param name="pars"></param>
    /// <param name="connection"></param>
    /// <returns></returns>
    public static DataTable executeProc(string procname, System.Data.SqlClient.SqlParameter[] pars,
SqlConnection connection, SqlTransaction transaction)
    {
        SqlCommand comm = connection.CreateCommand();
        comm.CommandText = procname;
        comm.CommandType = CommandType.StoredProcedure;
        foreach (var v in pars)
        {
            comm.Parameters.Add(v);
        }
        comm.Transaction = transaction;
        DataTable ds = new DataTable();
        SqlDataAdapter sda = new SqlDataAdapter(comm);
        sda.Fill(ds);
        return ds;
    }

//执行返回整型数据的存储过程
    public static int executeProcInt(string procname, System.Data.SqlClient.SqlParameter[] pars,
SqlConnection connection, SqlTransaction transaction)
    {
        SqlCommand comm = connection.CreateCommand();
        comm.CommandText = procname;
        comm.CommandType = CommandType.StoredProcedure;
        foreach (var v in pars)
        {
            comm.Parameters.Add(v);
        }
        comm.Transaction = transaction;
        comm.ExecuteScalar();
        return 1;
    }

//执行返回数据表的 SQL 语句
    public static DataTable executeSQL(string sql, System.Data.SqlClient.SqlParameter[] pars,
SqlConnection connection, SqlTransaction transaction)
    {
        SqlCommand comm = connection.CreateCommand();
```

```
            comm.CommandText = sql;
            if (pars != null)
            {
                foreach (var v in pars)
                {
                    comm.Parameters.Add(v);
                }
            }
            comm.Transaction = transaction;
            DataTable ds = new DataTable();
            SqlDataAdapter sda = new SqlDataAdapter(comm);
            sda.Fill(ds);
            return ds;
        }

//执行返回整数的 SQL 语句
        public static int executeSQLInt(string sql, System.Data.SqlClient.SqlParameter[] pars,
        SqlConnection connection, SqlTransaction transaction)
        {
            SqlCommand comm = connection.CreateCommand();
            comm.CommandText = sql;
            comm.Transaction = transaction;
            foreach (var v in pars)
            {
                comm.Parameters.Add(v);
            }
            return comm.ExecuteNonQuery();
        }
}
```

SqlUtil.cs 类的实现大大方便了系统中的业务逻辑对数据的访问，同时当需求发生变更时也更易于维护。

5. 实体类通用接口定义

为了让数据访问层易于替换并支持其他数据库，物流管理系统中设计了一个公共接口类 IDao.cs，通过使用该接口强制实现整个数据访问类的结构。IDao.cs 类的代码如下。

```
//程序名称：IDao.cs
//程序功能：实体类通用接口定义
using System;
using System.Collections.Generic;
using System.Collections;
using System.Linq;
using System.Text;
using System.Data.SqlClient;
using System.Data;
namespace Logistics.IDal
{
```

```csharp
public interface IDao
{
    /// <summary>
    /// 数据连接属性
    /// </summary>
    SqlConnection connection { get; set; } //得到数据库连接

    SqlTransaction transaction { get; set; } //得到事务

    /// <summary>
    /// 向数据库插入一个 Model 对象
    /// </summary>
    /// <param name="m">Model 对象</param>
    /// <returns>是否成功</returns>
    int add(object m);

    /// <summary>
    /// 通过指定的属性名和值得到 Model 列表
    /// </summary>
    /// <param name="attribute">属性名</param>
    /// <param name="value">值</param>
    /// <returns>Model 类表</returns>
    DataTable getModelListByAttribute(string attribute, string value);

    /// <summary>
    /// 根据指定的 where 表达式得到 Model 类表
    /// </summary>
    /// <param name="where">where 表达式</param>
    /// <returns>Model 类表</returns>
    DataTable getModelListByWhere(string where);

    /// <summary>
    /// 得到对象列表
    /// </summary>
    /// <typeparam name="T"></typeparam>
    /// <param name="top"></param>
    /// <param name="where"></param>
    /// <param name="orderBy"></param>
    /// <returns></returns>
    DataTable getModelList(int top, string where, string orderBy);
    /// <summary>
    /// 更新指定对象
    /// </summary>
    /// <param name="m">Model 对象</param>
    /// <returns>是否成功</returns>
    bool update(object m);

    /// <summary>
    /// 删除指定对象
```

```
        /// </summary>
        /// <param name="m">Model 对象</param>
        /// <returns>是否成功</returns>
        bool delete(object m);

        /// <summary>
        /// 根据 ID 得到一个 Model
        /// </summary>
        /// <typeparam name="T">制定得到哪种 Model</typeparam>
        /// <param name="i">id</param>
        /// <returns>Model 对象</returns>
        object get(int id);

        /// <summary>
        /// 通过指定的属性名和值删除 Model
        /// </summary>
        /// <param name="attribute">属性名</param>
        /// <param name="value">值</param>
        /// <returns>删除了几个</returns>
        int deleteModelsByAttribute(string attribute, string value);

        /// <summary>
        /// 根据指定的 where 表达式删除 Model
        /// </summary>
        /// <param name="where">where 表达式</param>
        /// <returns>删除了几个</returns>
        int deleteModelsByWhere(string where);
    }
}
```

从上述代码可以看出，通用接口没有任何实现代码，但是要求在业务逻辑层上能够访问实现类中的所有方法。

10.5　主要功能模块的设计与实现

10.5.1　登录模块的实现

物流管理系统的登录模块采用了分角色和权限的管理机制。角色分为系统管理员、承运管理员、运输管理员、财务管理员及调度管理员 5 类，每一类用户只能访问自己有权限操作的页面。

1．设计登录页面

用户登录页用于实现合法用户的登录，完成用户名和口令信息的验证。为了防止恶意程序暴力破解密码，登录页中同时进行图形验证码验证，页面设计如图 10-5 所示。

图 10-5　系统登录页面

Login.aspx 页面主要代码如下所示。

```
<!--程序名称：Login.aspx-->
<script language="JavaScript" type="text/javascript">
rnd.today=new Date();
rnd.seed=rnd.today.getTime();
function rnd() {
    rnd.seed = (rnd.seed*9301+49297) % 233280;
    return rnd.seed/(233280.0);
};
function rand(number) {
    return Math.ceil(rnd()*number);
};
</script>

<script language="javascript" type="text/javascript">
function ChangeCodeImg()
{　、
        a = document.getElementById("ImageCheck");
        a.src = "inc/Checkcode.aspx?"+rand(10000000);
}
</script>
<body>
……
        <asp:TextBox ID="ustext" runat="server" CssClass="logtextbox"
                            title="请输入用户名~16:!"></asp:TextBox>
        <asp:TextBox ID="pwdtext" runat="server" TextMode="Password"
                        title="请输入密码~!" CssClass="logtextbox"></asp:TextBox>
        <asp:TextBox ID="checkcode" runat="server" CssClass="logtextbox"
                            title="请输入验证码~4:!"></asp:TextBox>
        //Checkcode.aspx 页为图形验证码页
        <img src="Inc/Checkcode.aspx" id="ImageCheck"
                    align="absmiddle" style="cursor:hand" width="40" height="16"
                    onclick="javascript:ChangeCodeImg();" title="单击更换验证码图片!"/>
        <asp:ImageButton ID="ImageButton1" runat="server"
            ImageUrl="~/images/login_button.jpg"    OnClick="ImageButton1_Click" />
……
</body>
```

登录页面的业务处理文件 Login.aspx.cs 代码如下所示，程序中用到了 Session 来实现用户信息的状态管理。

```csharp
//程序名称：Login.aspx.cs
//程序功能：用户登录的业务处理
using System;
using System.Configuration;
using System.Data;
using System.Web;
using System.Web.Security;
using System.Web.UI;
using System.Web.UI.HtmlControls;
using System.Web.UI.WebControls;
using System.Web.UI.WebControls.WebParts;
using Logistics.BLL;          //系统业务逻辑层命名空间
using Logistics.Model;        //系统实体层命名空间

public partial class Login : System.Web.UI.Page
{
    //图片按钮"登录"单击事件
    protected void ImageButton1_Click(object sender, ImageClickEventArgs e)
    {
        //定义用户变量
        Logistics.BLL.User user = new Logistics.BLL.User();
        //创建登录用户
        LoginUser lu = new LoginUser();
        if (Session["CheckCode"] == null)
        {
            JavaScript.redirect();
            Response.End();
        }
        else
        {
            if (Session["CheckCode"].ToString() != checkcode.Text.Trim())
            {
                JavaScript.alert("验证码错误，请检查您的输入！");
                JavaScript.redirect();
                Response.End();
            }
            else
            {
                //返回登录用户
                Logistics_User l_u = user.login(ustext.Text,
                                JavaScript.ToMd5(pwdtext.Text.Trim()));
                if (l_u == null)
                {
                    JavaScript.alert("用户名或密码错误，请检查您的输入！");
                    JavaScript.redirect();
                    Response.End();
                }
```

```
            else
            {
                lu.CompanyId = l_u.Company_ID;
                lu.Role = l_u.Role_ID;
                lu.UserId = l_u.User_ID;
                lu.Username = l_u.User_Name;
                lu.Account = l_u.User_Account;
                Session["LoginUser"] = lu;
                JavaScript.redirect("index.aspx");
}      }  }      } }
```

2.　生成图形验证码

在物流管理系统中，动态网页 Checkcode.aspx 作为图形验证码的图像源，位于应用层 WEBUI 的 Inc 文件夹下。该页面随机产生一个由 4 个数字组成的图像，其中数字的颜色也是随机产生的。页面处理代码 Checkcode.aspx.cs 如下所示。

```
//程序名称：Checkcode.aspx.cs
//程序功能：生成验证码
using System;
using System.Collections.Generic;
using System.Drawing;

public partial class Inc_Checkcode : System.Web.UI.Page
{
    protected void Page_Load(object sender, EventArgs e)
    {
        //调用函数将验证码生成图片
        this.CreateCheckCodeImage(GenerateCheckCode());
    }

    private string GenerateCheckCode()
    {    //产生 4 位的随机字符串
        int number;
        char code;
        string checkCode = String.Empty;
        System.Random random = new Random();
        for (int i = 0; i < 4; i++)
        {
            number = random.Next();
            code = (char)('0' + (char)(number % 10));
            checkCode += code.ToString();
        }
        Session["CheckCode"] = checkCode;//用于客户端校验码比较
        return checkCode;
    }

    private void CreateCheckCodeImage(string checkCode)
    {    //将验证码生成图片显示
```

```
        if (checkCode == null || checkCode.Trim() == String.Empty)
            return;
    System.Drawing.Bitmap image = new System.Drawing.Bitmap(55, 20);
    Graphics g = Graphics.FromImage(image);
    try
    {
        //生成随机生成器
        Random random = new Random();
        //清空图片背景色
        g.Clear(Color.White);
        //画图片的背景噪音线
        for (int i = 0; i < 8; i++)
        {
            int x1 = random.Next(image.Width);
            int x2 = random.Next(image.Width);
            int y1 = random.Next(image.Height);
            int y2 = random.Next(image.Height);
            g.DrawLine(new Pen(Color.FromArgb(random.Next(255),
                    random.Next(255), random.Next(255))), x1, y1, x2, y2);
        }
        StringFormat sf = new StringFormat();
        sf.Alignment = StringAlignment.Center;
        sf.LineAlignment = StringAlignment.Center;
        List<FontStyle> a = GetColorList;
        for (int i = 0; i < checkCode.Length; i++)
        {
            FontStyle Ftyle = GetColor(a);
            Font font = new System.Drawing.Font("Verdana", Ftyle.FontSize,
                                        (System.Drawing.FontStyle.Bold));
            SolidBrush brush = new SolidBrush(Ftyle.FontColor);
            g.DrawString(checkCode.Substring(i, 1), font, brush, GetCodeRect(i), sf);
        }
        //画图片的边框线
        g.DrawRectangle(new Pen(Color.Silver), 0, 0, image.Width - 1, image.Height - 1);

        System.IO.MemoryStream ms = new System.IO.MemoryStream();
        image.Save(ms, System.Drawing.Imaging.ImageFormat.Gif);
        Response.ClearContent();
        Response.ContentType = "image/Gif";
        Response.BinaryWrite(ms.ToArray());
    }
    finally
    {
        g.Dispose();
        image.Dispose();
    }
}

/// <summary>
```

```
///  从颜色列表中随机选取颜色
/// </summary>
/// <param name="Color_L"></param>
/// <returns></returns>
private FontStyle GetColor(List<FontStyle> Color_L)
{
    Random rnd = new Random();
    int i = rnd.Next(0, Color_L.Count);
    FontStyle l = Color_L[i];
    Color_L.RemoveAt(i);
    return l;
}

/// <summary>
///  获取颜色列表
/// </summary>
private List<FontStyle> GetColorList
{
    get
    {
        List<FontStyle> a = new List<FontStyle>(4);
        a.Add(new FontStyle(Color.Red, 12));
        a.Add(new FontStyle(Color.Green, 12));
        a.Add(new FontStyle(Color.Blue, 12));
        a.Add(new FontStyle(Color.Black, 12));
        return a;
    }
}

/// <summary>
///  获取单个字符的绘制区域
/// </summary>
/// <param name="index">The index.</param>
/// <returns></returns>
public Rectangle GetCodeRect(int index)
{
    //计算一个字符应该分配有多宽的绘制区域（等分为 CodeLength 份）
    int subWidth = 55 / 4;
    //计算该字符左边的位置
    int subLeftPosition = subWidth * index;
    return new Rectangle(subLeftPosition + 1, 1, subWidth, 20);
}
}

/// <summary>
///  字体类
/// </summary>
public class FontStyle
{
```

```
/// <summary>
/// 构造函数
/// </summary>
/// <param name="FontColor">颜色</param>
/// <param name="FontSize">字体大小</param>
public FontStyle(Color FontColor, int FontSize)
{
    _FontColor = FontColor;
    _FontSize = FontSize;
}
#region "Private Variables"
private Color _FontColor;
private int _FontSize;
#endregion

#region "Public Variables"
/// <summary>
/// 字体颜色
/// </summary>
public Color FontColor
{
    get {   return _FontColor; }
    set {   _FontColor = value;    }
}
/// <summary>
/// 字体大小
/// </summary>
public int FontSize
{
    get { return _FontSize; }
    set {_FontSize = value; }
}
#endregion
}
```

3. 业务逻辑层 BLL 的用户处理

为了有效地对用户数据进行处理，物流系统的业务层定义了用户的主要业务逻辑处理类 User.cs 来实现对用户对象的操作，其代码如下。

```
//程序名称：User.cs
//程序功能：用户业务逻辑处理类
using System;
using System.Collections.Generic;
using System.Linq;
using System.Text;
using System.Data;
using Logistics.DAL;
using Logistics.IDal;
```

```
using Logistics.Model;

namespace Logistics.BLL
{
    public class User : BllAbstract
    {
        private const string tablename = "Logistics_User";
        /// <summary>
        /// 增加一条数据
        /// </summary>
        public Boolean add(Logistics.Model.Logistics_User user,int userid)
        {
            ISessionn session = SessionFactory.createSession();
            bool result;
            try
            {
                int i = session.add(user);
                result = i > 0;
                if (result)
                { Log.record(tablename, userid, "添加", userid + "添加了一个用户", i); }

            }
            catch
            {    result = false;      }
            finally
            {    session.Dispose(); }
            return result;
        }

        /// <summary>
        /// 更新一条数据
        /// </summary>
        public bool update(Logistics.Model.Logistics_User car, int userid)
        {
            ISessionn session = SessionFactory.createSession();
            bool result;
            try
            {
                result = session.update(car);
                if (result)
                {
                    Log.record(tablename, userid, "更新", userid + "更新了一辆车", car.User_ID);
                }
            }
            catch
            {    result = false;    }
            finally
            {    session.Dispose();    }
            return result;
```

```
    }

    /// <summary>
    ///通过对象删除一条数据
    /// </summary>
    public bool delete(int id, int userid)
    {
        ISessionn session = SessionFactory.createSession();
        Logistics.Model.Logistics_User c = new Logistics.Model.Logistics_User();
        c.User_ID = id;
        bool result;
        try
        {
            result = session.delete(c);
            if (result)
            { Log.record(tablename, userid, "删除", userid + "删除了一个用户", id); }
        }
        catch
        { result = false; }
        finally
        {       session.Dispose(); }
        return result;
    }


    public Logistics_User login(string username, string password)
    {
        Logistics_User l_u = new Logistics_User();
        DataTable dt = session.getModelListByWhere<Logistics_User>
          ("User_Account='" + username + "' and User_Password='" + password + "'");
        if (dt.Rows.Count > 0)
        {
            l_u.Company_ID = int.Parse(dt.Rows[0]["Company_ID"].ToString());
            l_u.Role_ID = int.Parse(dt.Rows[0]["Role_ID"].ToString());
            l_u.User_Account = username;
            l_u.User_ID = int.Parse(dt.Rows[0]["User_ID"].ToString());
            l_u.User_Mphone = dt.Rows[0]["User_Mphone"].ToString();
            l_u.User_Name = dt.Rows[0]["User_Name"].ToString();
            l_u.User_Password = password;
            l_u.User_Phone = dt.Rows[0]["User_Phone"].ToString();
            l_u.User_Remark = dt.Rows[0]["User_Remark"].ToString();
        }
        else
        {   l_u = null;     }
        return l_u;
    }


    /// <summary>
    /// 获取数据表通过条件
    /// </summary>
```

```
        public DataTable getModelListByWhere(string where)
        {
             ISessionn session = SessionFactory.createSession();
             DataTable dt;
             try
             {       dt = session.getModelListByWhere
                            <Logistics.Model.Logistics_User>(where);
             }
             catch
             {    dt = null; }
             finally
             {    session.Dispose(); }
             return dt;
        }

        public Logistics.Model.Logistics_User get(int id)
        {
             ISessionn session = SessionFactory.createSession();
             Logistics.Model.Logistics_User mu;
             try
             {
                 mu = session.get<Logistics.Model.Logistics_User>(id);
             }
             catch
             { mu = null; }
             finally
             {
                 session.close();
                 session.Dispose();
             }
             return mu;
    }     }     }
```

4. 数据访问层 DAO 操作用户对象

为支持业务逻辑层的用户操作数据，在物流管理系统中的数据访问层 DAO 上定义的类 Logistics_UserDAO.cs 实现了公共接口类 IDAO.cs 中所有的方法，以实现对用户信息的数据访问。类 Logistics_UserDAO.cs 的代码如下。

```
//程序名称：Logistics_UserDAO.cs
//程序功能：操作用户数据处理类
using System;
using System.Collections.Generic;
using Logistics.IDal;
using Logistics.Model;
using System.Data;
using System.Text;
using System.Data.SqlClient;
namespace Logistics.DAL.DAO
{
```

```csharp
[Serializable]
public class Logistics_UserDAO : IDao
{
    #region IDao 成员

    public SqlConnection connection { get; set; }
    public SqlTransaction transaction { get; set; }

    /// <summary>
    /// 添加一个对象
    /// </summary>
    /// <param name="m"></param>
    /// <returns></returns>
    public int add(object m)
    {
        Logistics_User model = m as Logistics_User;
        int rowsAffected;
        SqlParameter[] parameters = {
            new SqlParameter("@User_ID", SqlDbType.Int,4),
            new SqlParameter("@Role_ID", SqlDbType.Int,4),
            new SqlParameter("@Company_ID", SqlDbType.Int,4),
            new SqlParameter("@User_Account", SqlDbType.NVarChar,16),
            new SqlParameter("@User_Name", SqlDbType.NVarChar,12),
            new SqlParameter("@User_Password", SqlDbType.NVarChar,18),
            new SqlParameter("@User_Phone", SqlDbType.NVarChar,15),
            new SqlParameter("@User_Mphone", SqlDbType.NVarChar,15),
            new SqlParameter("@User_Remark", SqlDbType.NText)};
        parameters[0].Direction = ParameterDirection.Output;
        parameters[1].Value = model.Role_ID;
        parameters[2].Value = model.Company_ID;
        parameters[3].Value = model.User_Account;
        parameters[4].Value = model.User_Name;
        parameters[5].Value = model.User_Password;
        parameters[6].Value = model.User_Phone;
        parameters[7].Value = model.User_Mphone;
        parameters[8].Value = model.User_Remark;
        rowsAffected = SqlUtil.executeProcInt("UP_Logistics_User_ADD", parameters, connection,
                                    transaction);
        return (int)parameters[0].Value;
    }

    /// <summary>
    /// 通过指定属性得到实体对象列表
    /// </summary>
    /// <param name="attribute"></param>
    /// <param name="value"></param>
    /// <returns></returns>
    public DataTable getModelListByAttribute(string attribute, string value)
    {
        DataTable lo = new DataTable();
        string where = attribute + "='" + value + "'";
        lo = getModelList(0, where, null);
        return lo;
    }
```

```
/// <summary>
/// 通过条件得到实体列表对象列表
/// </summary>
/// <param name="where"></param>
/// <returns></returns>
public DataTable getModelListByWhere(string where)
{
    DataTable lo = new DataTable();
    lo = getModelList(0, where, null);
    return lo;
}

public DataTable getModelList(int top, string where, string orderBy)
{
    StringBuilder strSql = new StringBuilder();
    DataTable dt = new DataTable();
    strSql.Append("select ");
    if (top > 0)
    {
        strSql.Append(" top " + top.ToString());
    }
    strSql.Append(" User_ID,Role_ID,Company_ID,User_Account,
        User_Name,User_Password,User_Phone,User_Mphone, User_Remark ");
    strSql.Append(" FROM Logistics_User ");
    if (where != null)
    {
        strSql.Append(" where " + where);
    }
    if (orderBy !=null){strSql.Append(" order by " + orderBy);}
    dt = SqlUtil.executeSQL(strSql.ToString(), null, connection,transaction);
    return dt;
}

/// <summary>
/// 更新一个对象
/// </summary>
/// <param name="m"></param>
/// <returns></returns>
public bool update(object m)
{
    Logistics_User model = m as Logistics_User;
    int rowsAffected;
    SqlParameter[] parameters = {
        new SqlParameter("@User_ID", SqlDbType.Int,4),
        new SqlParameter("@Role_ID", SqlDbType.Int,4),
        new SqlParameter("@Company_ID", SqlDbType.Int,4),
        new SqlParameter("@User_Account", SqlDbType.NVarChar,16),
        new SqlParameter("@User_Name", SqlDbType.NVarChar,12),
        new SqlParameter("@User_Password", SqlDbType.NVarChar,18),
        new SqlParameter("@User_Phone", SqlDbType.NVarChar,15),
        new SqlParameter("@User_Mphone", SqlDbType.NVarChar,15),
        new SqlParameter("@User_Remark", SqlDbType.NText)};
    parameters[0].Value = model.User_ID;
```

```
                parameters[1].Value = model.Role_ID;
                parameters[2].Value = model.Company_ID;
                parameters[3].Value = model.User_Account;
                parameters[4].Value = model.User_Name;
                parameters[5].Value = model.User_Password;
                parameters[6].Value = model.User_Phone;
                parameters[7].Value = model.User_Mphone;
                parameters[8].Value = model.User_Remark;
                rowsAffected = SqlUtil.executeProcInt("UP_Logistics_User_Update", parameters, connection,
                                            transaction);
                return rowsAffected > 0 ? true : false;
        }


        /// <summary>
        /// 删除一个对象
        /// </summary>
        /// <param name="m"></param>
        /// <returns></returns>
        public bool delete(object m)
        {
                int rowsAffected;
                Logistics_User lc = m as Logistics_User;
                SqlParameter[] parameters = {
                        new SqlParameter("@User_ID", SqlDbType.Int,4)};
                parameters[0].Value = lc.User_ID;
                rowsAffected = SqlUtil.executeProcInt("UP_Logistics_User_Delete", parameters, connection,
                                            transaction);
                return rowsAffected > 0 ? true : false;
        }
        /// <summary>
        /// 得到一个对象
        /// </summary>
        /// <param name="i"></param>
        /// <returns></returns>
        public object get(int i)
        {
                DataTable dt = new DataTable();
                SqlParameter[] parameters = {
                        new SqlParameter("@User_ID", SqlDbType.Int,4)};
                parameters[0].Value = i;
                dt = SqlUtil.executeProc("UP_Logistics_User_GetModel", parameters, connection, transaction);
                return SqlUtil.TableToModel<Logistics_User>(dt);
        }


        /// <summary>
        /// 通过指定属性删除对象
        /// </summary>
        /// <param name="attribute"></param>
        /// <param name="value"></param>
        /// <returns></returns>
        public int deleteModelsByAttribute(string attribute, string value)
        {
                return 1;
        }
```

```
/// <summary>
/// 通过指定条件删除对象
/// </summary>
/// <param name="where"></param>
/// <returns></returns>
public int deleteModelsByWhere(string where)
{
    return 0;
}
#endregion
    }
}
```

10.5.2　设计实现承运管理子系统

承运管理子系统只面向系统管理员和承运管理员两类用户，主要包括承运单的录入、承运单管理、承运单跟踪、运力查询、客户信息查询、运价查询和货物信息管理等功能。承运管理子系统的架构如图 10-6 所示。其功能菜单如图 10-7 所示。

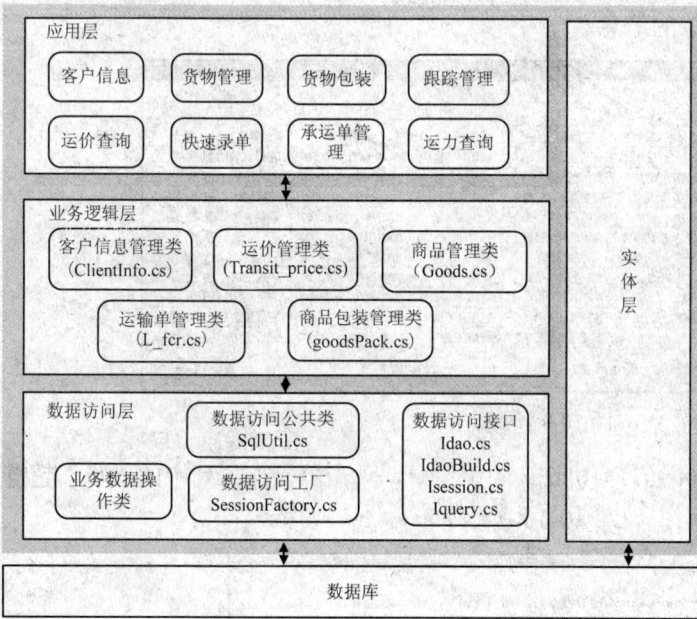

图 10-6　承运管理子系统架构

图 10-7　承运管理子菜单

1．添加承运单

添加承运单页（Fcr_Add.aspx）位于应用层 WEBUI 的 PageModel/Fcr_Manage 文件夹下。由承运管理员录入客户及需要运输的货物信息，包括单据信息、货物信息、客户信息和承运单备注等内容，其设计视图如图 10-8 所示。

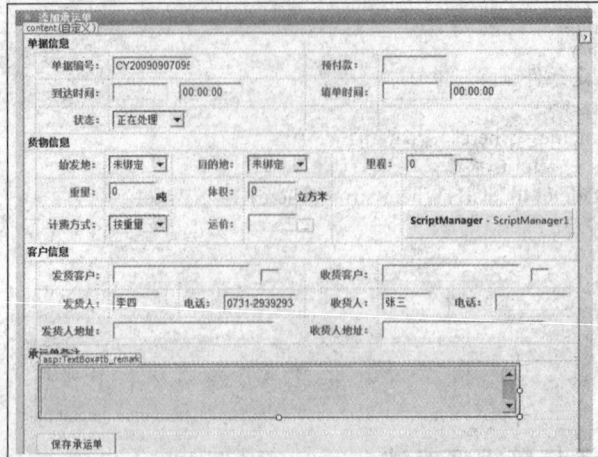

图 10-8　添加承运单信息页

2. 承运单管理页

承运单管理页（Fcr_Manage.aspx）用于查询指定编号（支持模糊查询）的承运单信息，管理员可以对指定承运单的货物信息进行修改、删除、跟踪及查询。如图 10-9 所示显示了编号以 CY 开始的所有承运单的信息。

图 10-9　承运单管理页

选择承运单编号为 CY20090917102657 的承运单，单击"操作"列中的"货"超链接，打开对承运单的货物管理页面，如图 10-10 所示。

图 10-10　承运单货物管理页

单击图 10-9 中"操作"列中的"跟"超链接，打开对承运单的货物跟踪页面，如图 10-11 所示。

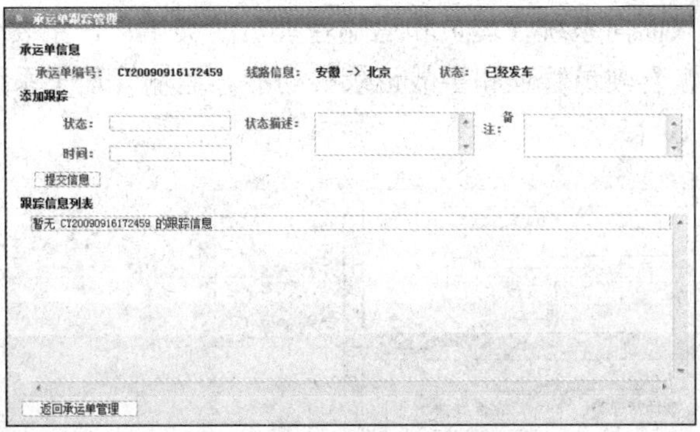

图 10-11　承运单跟踪管理页

对承运单的跟踪与货物管理操作只能在承运单未发送前进行，一旦已经发车或是送达，就不能对其进行相关操作。

3. 客户信息管理页

客户信息管理页（Client_Manage.aspx）用于显示客户资料。客户类型分为长期客户和临时客户，管理员可以对客户信息进行查看和修改。客户信息管理页如图 10-12 所示。

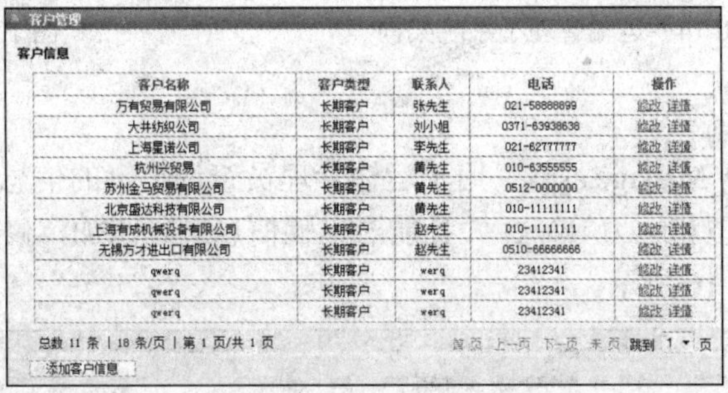

图 10-12　客户信息管理页

单击图 10-12 中的"添加客户信息"按钮，可以打开添加客户信息页（Client_Info.aspx），如图 10-13 所示。

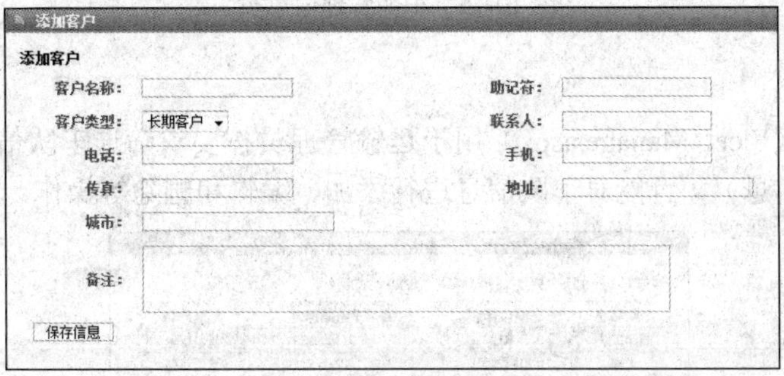

图 10-13　添加客户信息页

10.5.3 设计实现运输管理子系统

运输管理子系统只面向系统管理员和运输管理员两类用户，主要包括车辆管理、车辆类型管理、车队管理、驾驶员管理和事故记录等功能。运输管理子系统架构如图 10-14 所示。其功能菜单如图 10-15 所示。

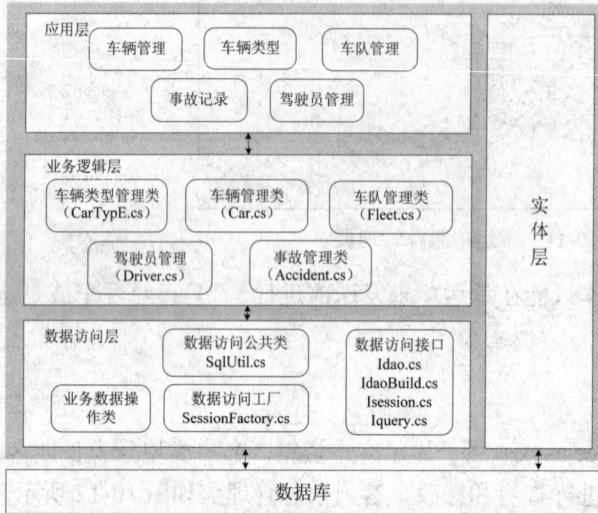

图 10-14　运输管理子系统架构

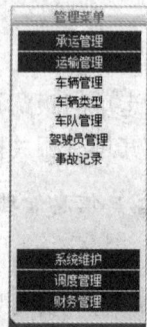

图 10-15　运输管理子菜单

1. 车辆管理

车辆管理页（Car_Manage.aspx）用于运输管理员查询车辆的信息（包括车辆名称、耗油量、状态、车辆类型和运力等），并且能对车辆信息进行添加、修改和删除等操作。车辆信息管理页如图 10-16 所示。

图 10-16　车辆管理信息页

2. 车队管理

车队管理页（Fleet_Manage.aspx）用于运输管理员按要求筛选车队信息（包括车队名称、车队编号等信息），且能对车队信息进行添加、编辑和删除等操作，如图 10-17 所示。

图 10-17　车队管理信息页

3. 车辆类型管理

车辆类型管理页（CarType_Manage.aspx）用于运输管理员查询车辆类型信息，并对车辆类型信息进行添加、删除和修改操作，如图 10-18 所示。

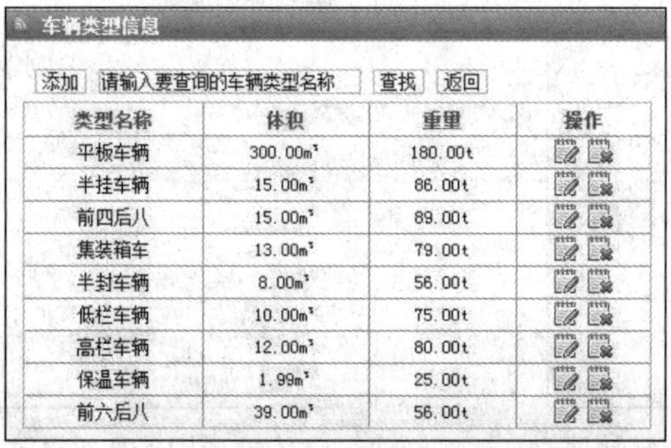

类型名称	体积	重量	操作
平板车辆	300.00m^3	180.00t	
半挂车辆	15.00m^3	86.00t	
前四后八	15.00m^3	89.00t	
集装箱车	13.00m^3	79.00t	
半封车辆	8.00m^3	56.00t	
低栏车辆	10.00m^3	75.00t	
高栏车辆	12.00m^3	80.00t	
保温车辆	1.99m^3	25.00t	
前六后八	39.00m^3	56.00t	

图 10-18　车辆类型管理页

4. 驾驶员管理

驾驶员管理页（Driver_Manage.aspx）用于运输管理员查看驾驶员信息（包括驾驶员的姓名、性别、身份证号和电话等个人信息），且能对驾驶员信息进行添加、修改和删除操作，如图 10-19 所示。

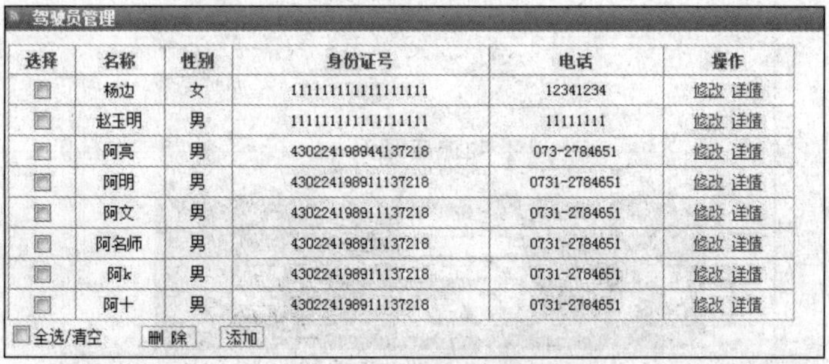

选择	名称	性别	身份证号	电话	操作
	杨边	女	11111111111111111	12341234	修改 详情
	赵玉明	男	11111111111111111	11111111	修改 详情
	阿亮	男	430224198944137218	073-2784651	修改 详情
	阿明	男	430224198911137218	0731-2784651	修改 详情
	阿文	男	430224198911137218	0731-2784651	修改 详情
	阿名师	男	430224198911137218	0731-2784651	修改 详情
	阿k	男	430224198911137218	0731-2784651	修改 详情
	阿十	男	430224198911137218	0731-2784651	修改 详情

图 10-19　驾驶员管理页

限于篇幅，这里只介绍承运管理和运输管理两个子系统的系统架构及其功能设计，其实现方式类似于登录模块。相关详细代码，读者可自行参阅教材配套资源提供的案例源码。

10.5.4　系统发布

当物流管理系统开发完成后，就可以向 Web 服务器发布网站，可以按照项目 7 中 7.7 节的步骤，发布网站。由于物流管理系统采用了分层开发模式，因此在网站发布前必须保证实体层、数据访问层和业务逻辑层的代码均已编译并已加载到应用层 WEBUI 的 Bin 目录中，如图 10-20 所示。

接下来右击应用层项目 WEBUI，在弹出的快捷菜单中选择“发布网站”命令，发布物流系统如图 10-21 所示。

图 10-20 引用各层动态链接库

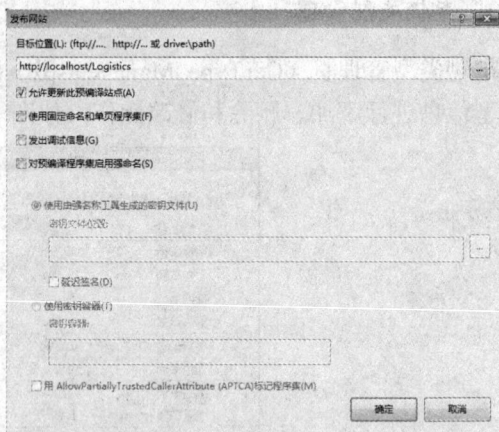

图 10-21 "发布网站"对话框

当网站发布成功后，打开 Web 服务器的浏览器，在地址栏中输入 http://localhost/Logistics/WEBUI/Login.aspx，链接到如图 10-22 所示的系统登录窗口。

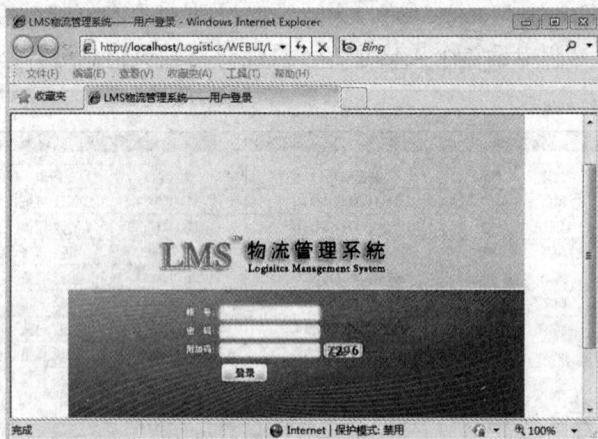

图 10-22 系统登录窗口

当 Web 服务器与指定 IP 绑定后，物流公司就可以在 Internet 上实现对公司业务信息的管理和维护。

参 考 文 献

[1] http://www.icourses.cn/coursestatic/course_3803.html

[2] 李锡辉，朱清妍，等．SQL Server 2008 数据库案例教程[M]．北京：清华大学出版社，2011．

[3] 李锡辉，王樱，等．ASP.NET 案例开发教程[M]．西安：西安电子科技大学出版社，2010．

[4] 郭靖．ASP.NET 开发技术大全[M]．北京：清华大学出版社，2009．

[5] http://msdn.microsoft.com/library/

[6] http://social.msdn.microsoft.com/Forums/zh-CN/home

[7] http://msdn.itellyou.cn/

[8] http://www.w3school.com.cn/

[9] 刘云峰，房大伟．ASP.NET 编程之道[M]．北京：人民邮电出版社，2011．

[10] Matthew MacDonald, Adam Freeman．ASP.NET 4 高级程序设计[M]．第 4 版．博思工作室，译．北京：人民邮电出版社，2011．

[11] 魏汪洋，张建林，等．零基础学 ASP.NET[M]．北京：机械工业出版社，2012．

[12] Scott Mitchell．ASP.NET4 入门经典[M]．陈武，袁国忠，译．北京：人民邮电出版社，2011．

附录 A   B2C 网上商城的系统设计

A.1   项目背景

B2C（Business-to-Customer，商家对顾客）是电子商务的典型模式，是企业通过 Internet 开展的在线销售活动，直接面向消费者销售产品和服务。消费者通过网络在网上选购商品和服务、发表相关评论及电子支付等。由于这种模式节省了客户和企业的时间和空间，因此大大提高了交易效率，是目前广泛流行的商品交易模式。

B2C 网上商城通常包括用户购物和信息管理两大功能。用户购物主要是前台商品展示和用户购物的行为活动，而后台则是管理员维护商品信息、会员信息及系统设置等功能。该系统由游客、会员和管理员 3 类用户组成。

A.2   系统功能说明

A.2.1   前台用户购物主要包括的功能模块

- **商品展示**：游客和会员可以通过商品展示列表了解商品基本信息，可以通过商品详细页面获知商品的详细情况，可以根据商品名称、商品类别、商品编号、价格、销售量等条件进行商品的查询。
- **用户管理**：在实际系统中，游客只能浏览商品信息，不能进行购买活动。游客可以通过注册成为系统的会员。会员成功登录系统后，可以进行商品购买活动，也可以查看和维护个人信息，购物结束后可以注销账号。
- **商品购买**：会员在浏览商品的过程中，可以将商品添加到自己的购物车中，会员在确认购买商品前，可对购物车中的商品进行修改和删除，确认购买后，系统将生成订单，会员可以查看自己的订单信息，可以对购买的商品进行评价。
- **留言板**：用户可以通过留言板对商城服务情况和热点信息进行交流和讨论。

A.2.2   后台信息管理主要包括的功能模块

- **维护管理员**：系统管理员可以根据需要添加、修改和删除一般管理员。
- **维护商品**：管理员维护商品类别，根据需要添加、修改、删除商品信息。
- **维护会员信息列表**：管理员可以根据用户反馈信息对会员管理和维护。
- **其他管理功能**：包括系统备份和恢复等。

A.2.3　系统用例图

根据功能描述和业务分析 B2C 网上商城用例图如图 A-1 所示。

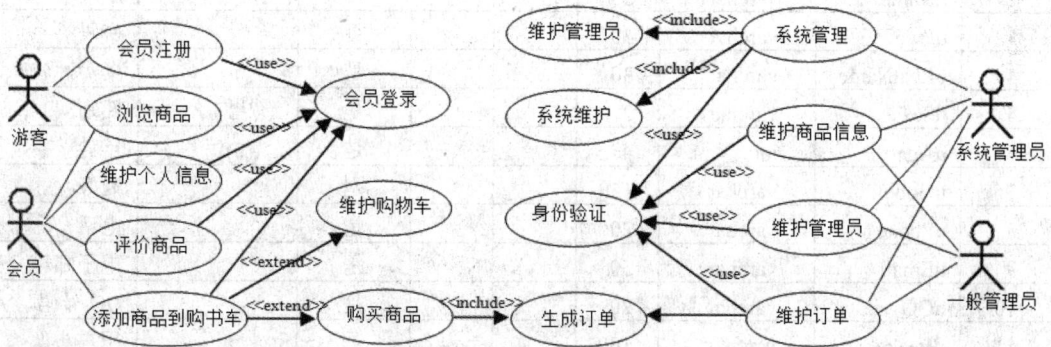

图 A-1　B2C 网上商城用例图

A.3　数据库设计

根据系统功能描述和业务分析，设计的物理数据模型如图 A-2 所示。数据库命名为 SMDB，共包含 9 个数据表，如表 A-1～A-9 所示。

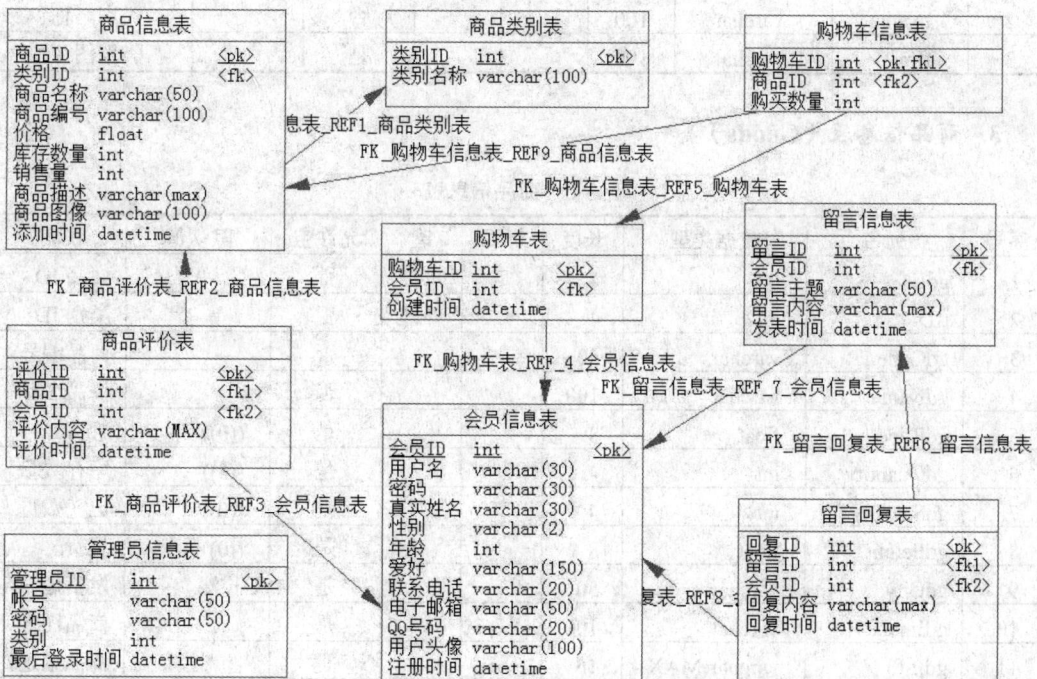

图 A-2　B2C 网上商城 PDM 模型

1. 会员信息表（Users）

表 A-1　会员信息表

序号	列名	数据类型	长度	标识	键	允许空	默认值	说明
1	uID	int	4	是	主键	否		会员 ID
2	uName	varchar	30			否		用户名
3	uPwd	varchar	30			否		密码
4	uRealName	varchar	30			是		真实姓名
5	uSex	varchar	2			是	('男')	性别
6	uAge	int	4			是	((0))	年龄
7	uHobby	varchar	150			是		爱好
8	uPhone	varchar	20			是		电话
9	uEmail	varchar	50			是		电子邮箱
10	uQQ	varchar	20			是		QQ 号码
11	uImage	varchar	100			是		用户头像
12	uRegTime	datetime	8			是	getdate()	注册时间

2. 商品类别表（GoodsType）

表 A-2　商品类别表

序号	列名	数据类型	长度	标识	键	允许空	默认值	说明
1	tID	int	4	是	主键	否		类别 ID
2	tName	varchar	100			否		类别名称
3	tImg	varchar	100			是		类别图片

3. 商品信息表（Goods）

表 A-3　商品信息表

序号	列名	数据类型	长度	标识	键	允许空	默认值	说明
1	gdID	int	4	是	主键	否		商品 ID
2	tID	int	4		外键	否		类别 ID
3	gdCode	varchar	50			否		商品编号
4	gdName	varchar	100			否		商品名称
5	gdPrice	float	8			是	((0))	价格
6	gdQuantity	int	4			是	((0))	库存数量
7	gdSaleQty	int	4			是	((0))	已卖数量
8	gdFeight	float	8			是	((0))	运费
9	gdCity	varchar	50			是	长沙	发货地
10	gdImage	varchar	100			是		商品图像
11	gdInfo	varchar(MAX)	16			是		商品描述
12	gdAddTime	datetime	8			是	getdate()	添加时间
13	gdEvNum	int	4			是	((0))	评价数

4. 商品评价表（GoodEvaluate）

表 A-4　商品评价表

序号	列名	数据类型	长度	标识	键	允许空	默认值	说明
1	geID	int	4	是	主键	否		评价 ID
2	uID	int	4		外键	否		用户 ID
3	gdID	int	4		外键	否		商品 ID
4	geContent	varchar(MAX)	16			否		评价内容
5	geAddTime	datetime	8			否	getdate()	评价时间

5. 购物车表（Scar）

表 A-5　购物车表

序号	列名	数据类型	长度	标识	键	允许空	默认值	说明
1	scID	int	4	是	主键	否		购物车 ID
2	uID	int	4		外键	否		用户 ID
3	scAddTime	datetime	8			否	getdate()	创建时间

6. 购物车信息表（SCarInfo）

表 A-6　购物车信息表

序号	列名	数据类型	长度	标识	键	允许空	默认值	说明
1	sciID	int	4	是	主键	否		购物车信息 ID
2	scID	int	4		外键	否		购物车 ID
3	gdID	int	4		外键	否		商品 ID
4	scNum	int	4			否	((0))	购买数量

7. 留言信息表（BBSNote）

表 A-7　留言信息表

序号	列名	数据类型	长度	标识	键	允许空	默认值	说明
1	bnID	int	4	是	主键	否		留言 ID
2	uID	int	4		外键	否		用户 ID
3	bnSubject	varchar	50			否		留言主题
4	bnContent	varchar(MAX)	16			否		留言内容
5	bnAddTime	datetime	8			否	getdate()	发表时间

8. 留言回复表（BBSAnswer）

表 A-8　留言回复表

序号	列名	数据类型	长度	标识	键	允许空	默认值	说明
1	baID	int	4	是	主键	否		回复 ID

序号	列名	数据类型	长度	标识	键	允许空	默认值	说明
2	uID	int	4		外键	否		用户 ID
3	bnID	int	4		外键	否		留言 ID
4	baContent	varchar(MAX)	16			否		回复内容
5	baAddTime	datetime	8			否	getdate()	回复时间

9. 管理员信息表（Admins）

表 A-9　管理员信息表

序号	列名	数据类型	长度	标识	键	允许空	默认值	说明
1	aID	int	4	是	主键	否		管理员 ID
2	aName	varchar	50			否		账号
3	aPwd	varchar	50			否		密码
4	aType	int	4			否	((0))	管理员类别
5	aLastLogin	datetime	8			否	getdate()	最后登录时间